保存版

# 東京大改造2030

## 都心の景色を変える100の巨大プロジェクト

日経クロステック
日経アーキテクチュア
日経コンストラクション 編

### はじめに

東京が2030年に向けて大きく動き出しています。日本一の高さを競い、麻布台ヒルズの「森JPタワー」やTOKYO TORCHの「Torch（トーチ） Tower（タワー）」など新しいランドマークになる超高層ビルが次々と出現。一方、空高く積み上げた建物の足元では、広大な緑化や広場、公園の整備が進んでいます。スポーツやエンターテインメントの施設はますます充実し、鉄道の新路線計画も目白押しです。

首都の玄関口である東京駅周辺はもちろんのこと、品川・新宿・渋谷といった都心のターミナル駅前は、街の景色が劇的に変化します。「100年に一度」という表現は決して大げさではありません。湾岸エリアにも新しい施設や住宅が完成し、東京は「拡大」しながら大変貌を遂げそうです。

技術系のネット媒体「日経クロステック（https://xtech.nikkei.com/）」と建築雑誌「日経アーキテクチュア」、土木雑誌「日経コンストラクション」は、変わりゆく東京の姿を追い続けています。各媒体の取材から、2030年ごろまでの計画が次々と判明。「東京大改造」は2024～2030年に1つのピークを迎えると判断し、2024年春に本書の発行を決めました。

東京五輪前の建設ラッシュに引けを取らない規模の大工事があちこちで進行中の東京。新型コロナウイルス禍にも手を緩めることなく走り続けた結果、東京はインバウンド（訪日外国人）も強く引き付けています。まだまだ進化し続ける東京から目が離せません。

本書は東京を中心に、横浜・川崎や千葉まで網羅し、合計100以上の建築・土木の最新プロジェクトを取り上げています。首都圏で同時多発的に展開される大規模開発に注目ください。新しい東京の景観が既に見え始めています。

日経クロステック
川又 英紀

# 東京に新しいランド

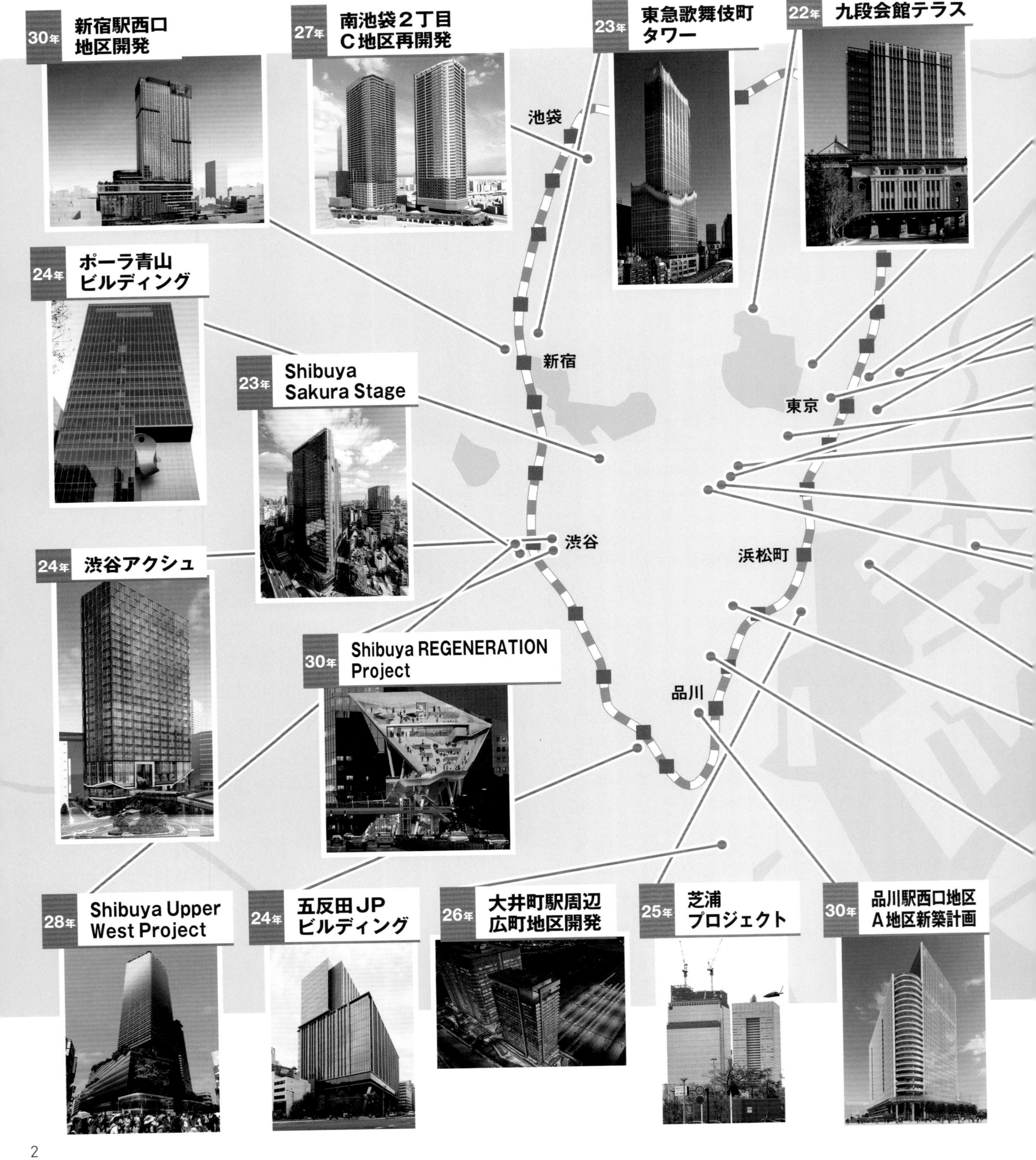
30年
新宿駅西口
地区開発
27年
南池袋２丁目
Ｃ地区再開発
23年
東急歌舞伎町
タワー
22年
九段会館テラス
24年
ポーラ青山
ビルディング
23年
Shibuya
Sakura Stage
24年
渋谷アクシュ
30年
Shibuya REGENERATION
Project
28年
Shibuya Upper
West Project
24年
五反田ＪＰ
ビルディング
26年
大井町駅周辺
広町地区開発
25年
芝浦
プロジェクト
30年
品川駅西口地区
Ａ地区新築計画
池袋
新宿
渋谷
東京
浜松町
品川

# マークが続々誕生！

29年 東京海上 新・本店ビル

28年 Torch Tower

23年 東京ミッドタウン 八重洲

26年 日本橋1丁目 中地区再開発

29年 MUFG 本館

28年 赤坂2・6丁目 地区開発

37年 帝国ホテル 東京 新本館

23年 虎ノ門ヒルズ ステーションタワー

25年 豊洲4-2街区開発

24年 東京ワールドゲート赤坂

25年 HARUMI FLAG SKY DUO

23年 麻布台ヒルズ

25年 TAKANAWA GATEWAY CITY

25年 三田ガーデンヒルズ

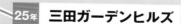

＊このページの資料や写真は公表資料から引用した。カメラマンまたは日経クロステックが撮影した写真を含む

# 新名所が続々、

## 千葉

- ① 24年 東京ディズニーシー ファンタジースプリングス
- ② 24年 LaLa arena TOKYO-BAY
- ③ 27年 東京ディズニーランド スペース・マウンテン 建て替え

1

2

3

(資料：❶と❸はDisney)

## 神奈川

- ① 22年 横浜ゲートタワー (プラネタリアYOKOHAMA)
- ② 23年 Kアリーナ横浜
- ③ 24年 横浜BUNTAI
- ④ 26年 横浜市旧市庁舎 街区活用事業(仮称)
- ⑤ 27年 ゲームアート ミュージアム(仮称)
- ⑥ 28年 川崎新! アリーナシティ・プロジェクト
- ⑦ 30年 等々力緑地再編整備・運営等事業
- ⑧ 31年 KAMISEYA PARK (仮称、2027年国際園芸博覧会の跡地)

23年 羽田空港 HANEDA INNOVATION CITY

1

2
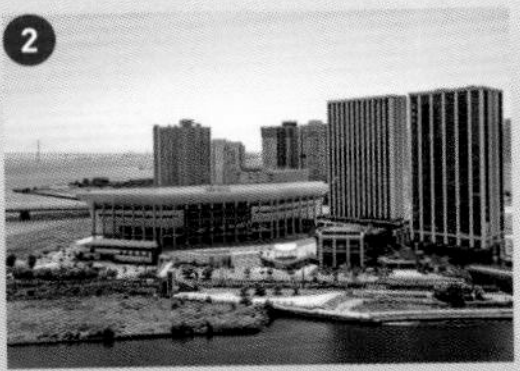
3

4

5

6

7

8

# 次はどこ行く?

## 東京のランドマーク

- A 東京タワー
- B 東京スカイツリー
- C 渋谷スクランブル交差点

千葉県

2

A

B

C

## 東京

| | | |
| --- | --- | --- |
| 1 | 22年 | 本の森ちゅうおう |
| 2 | 23年 | 東急歌舞伎町タワー |
| 3 | 23年 | ワーナー ブラザース スタジオツアー東京 - メイキング・オブ・ハリー・ポッター |
| 4 | 23年 | 虎ノ門ヒルズ ステーションタワー (TOKYO NODE) |
| 5 | 23年 | 魔法の文学館 (江戸川区角野栄子児童文学館) |
| 6 | 23〜24年 | 都立明治公園 |
| 7 | 23〜24年 | 東京ドームシティ (ラクーア) 改修 |
| 8 | 24年 | 豊洲 千客万来 |
| 9 | 24年 | 森ビル デジタルアート ミュージアム :エプソン チームラボボーダレス |
| 10 | 24年 | IMMERSIVE FORT TOKYO |
| 11 | 24年 | 東急プラザ原宿「ハラカド」 |
| 12 | 24年 | 葛飾区亀有地域観光拠点施設 |
| 13 | 24年 | 有明アーバンスポーツパーク (仮称) |
| 14 | 24年 | チームラボプラネッツ TOKYO DMM (増築) |
| 15 | 25年 | TOYOTA ARENA TOKYO |
| 16 | 26年 | TAKANAWA GATEWAY CITY 文化創造棟 |
| 17 | 26年 | 新コンサートホール (仮称、バンダイナムコベース) |
| 18 | 27年 | 新秩父宮ラグビー場 (仮称) |
| 19 | 28年 | 練馬区立美術館・貫井図書館改築 |
| 20 | 28年 | 葛西臨海水族園 (仮称) 整備等事業 |

1

(資料:③ 'Wizarding World'and all related names,characters and indicia are trademarks of and ©Warner Bros. Entertainment Inc.– Wizarding World publishing rights ©J.K.Rowling.)

2
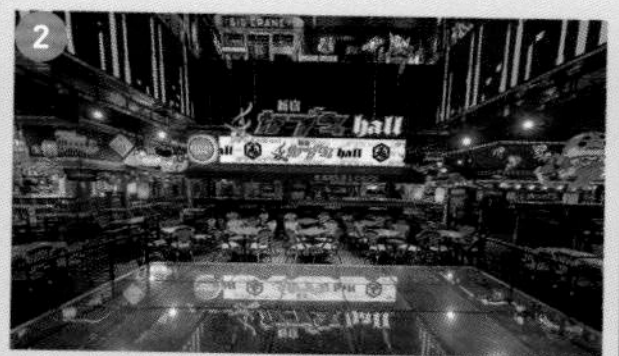

3

4

5

6

7

8

9

10

11

12

13

14

15

16

17

18

19

20

＊このページの資料や写真は公表資料から引用した。カメラマンまたは日経クロステックが撮影した写真を含む

c o n t e n t s

## 第4章 品川・高輪・三田・田町・浜松町



## 第5章 新宿・中野



## 第6章 渋谷・代々木・原宿・青山

### プロジェクトデータの見方

取り上げたプロジェクトや開発計画の概要データは、「1. 所在地 2. 発注者、事業者 3. 設計者 4. 施工者 5. 竣工時期 6. オープン時期 7. 主構造 8. 階数 9. 延べ面積」を記載した。「—」は未定や非公表、不明を示す。プロジェクトの冒頭に記した年数は、おおむね竣工年。「年度」で公表されている場合は原則として、次年扱いとした。プロジェクト名は仮称や略称を含む。

第1章

# 麻布台 虎ノ門 六本木 赤坂

大規模複合施設「麻布台ヒルズ」が2023年11月24日に開業を迎えた。開発のコンセプトに、Green & Wellnessを柱とする「Modern Urban Village（モダン・アーバン・ビレッジ）」を掲げた。さらに、街全体で「RE100」に対応する再生可能エネルギー電力を100％提供するなど脱炭素化も推進（写真：吉田 誠）

23年

# 麻布台ヒルズ徹底解剖

## 東京大改造の到達点、巨大再開発の全貌

費やしたのは膨大な時間と人員、最先端の技術とアイデア——。
これほど手間をかけた巨大再開発は二度と見られないかもしれない。
日本一高い超高層タワーと、アイコニックな低層群から成る麻布台ヒルズ。
2020年代最大規模ともいえるこの開発は社会に何をもたらすのか。
関係者や識者たちへの取材のほか、建築の視点から
この巨大再開発の全貌を解き明かす。

# Part 1
## グラビアリポート

麻布台ヒルズを北東上空から見る。2023年8月に撮影。左手奥の最も高いビルが森JPタワー、右隣がレジデンスA。右下の白い超高層が、12年8月に完成したアークヒルズ仙石山森タワー（写真：森ビル）

# 緑とにぎわいに包まれた 1つの街が立ち上がる

敷地東側の桜田通り（国道1号）と、西側の麻布通り（都道415号）を結ぶように、「桜麻通り」が新たに整備された（写真：特記以外は吉田 誠）

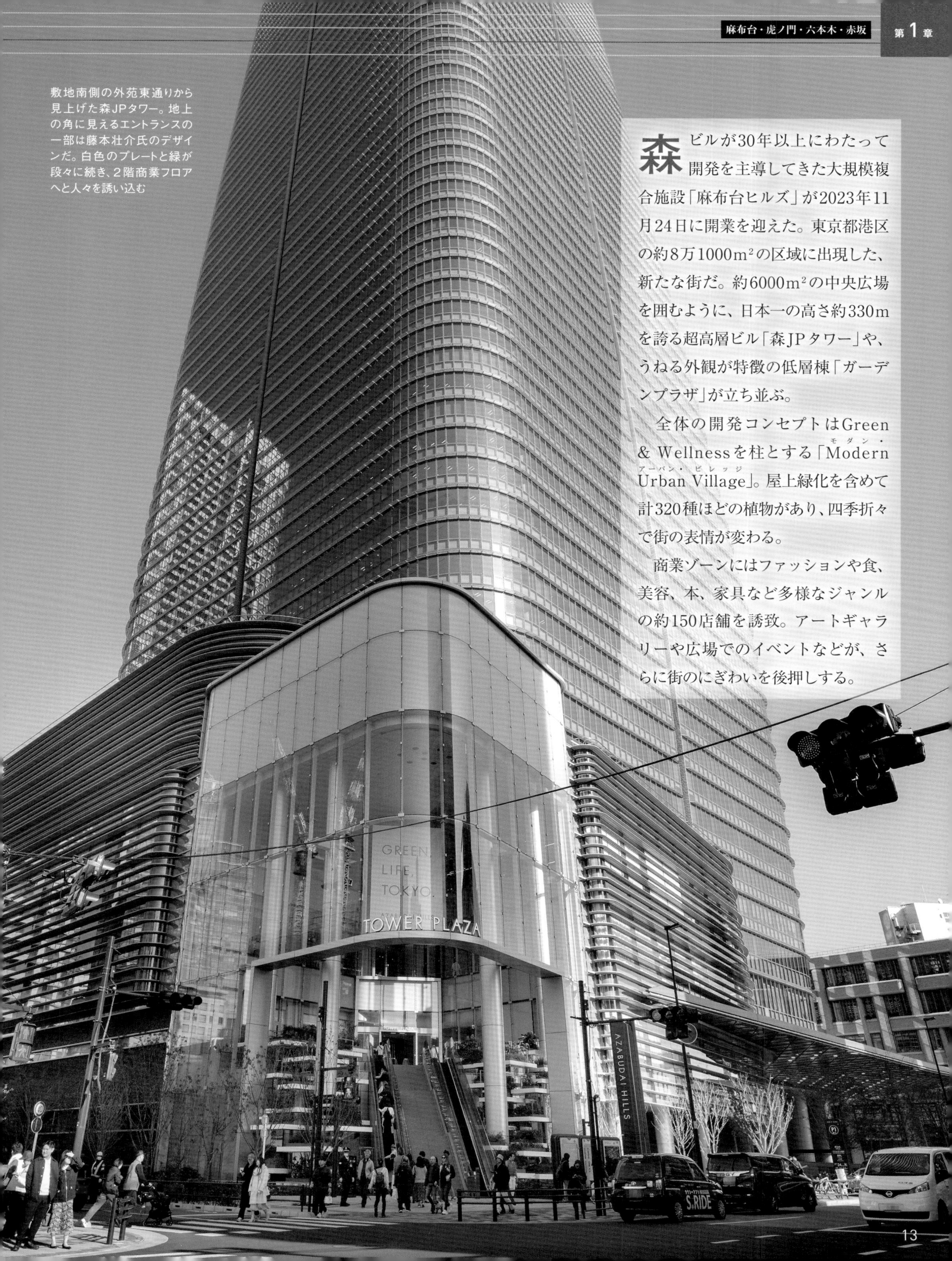


敷地南側の外苑東通りから見上げた森JPタワー。地上の角に見えるエントランスの一部は藤本壮介氏のデザインだ。白色のプレートと緑が段々に続き、2階商業フロアへと人々を誘い込む

森ビルが30年以上にわたって開発を主導してきた大規模複合施設「麻布台ヒルズ」が2023年11月24日に開業を迎えた。東京都港区の約8万1000$m^2$の区域に出現した、新たな街だ。約6000$m^2$の中央広場を囲むように、日本一の高さ約330mを誇る超高層ビル「森JPタワー」や、うねる外観が特徴の低層棟「ガーデンプラザ」が立ち並ぶ。

全体の開発コンセプトはGreen & Wellnessを柱とする「Modern Urban Village（モダン・アーバン・ビレッジ）」。屋上緑化を含めて計320種ほどの植物があり、四季折々で街の表情が変わる。

商業ゾーンにはファッションや食、美容、本、家具など多様なジャンルの約150店舗を誘致。アートギャラリーや広場でのイベントなどが、さらに街のにぎわいを後押しする。

森JPタワー北側に位置する中央広場。芝生の中に、アーティスト奈良美智氏による野外彫刻《東京の森の子》などパブリックアートを置いた。タワーのエントランスに架かる大屋根「The Cloud（ザ・クラウド）」は、英国建築家トーマス・ヘザウィック氏がデザインした

# Green

1

■1敷地内の各所に緑を植えている。写真はガーデンプラザB　■2中央広場の横に設けた果樹園。菜園も含めて、ブルーベリーやレモン、モモといった11種の果樹などを植えた　■3ガーデンプラザA。桜田通りと桜麻通りの交差点付近は、2階へと続く階段でも緑が楽しめる。桜麻通りは34種の在来植生で構成した（写真：日経アーキテクチュア）

2

3

❶森JPタワー低層部の商業ゾーン「タワープラザ」。内装デザインは小坂竜氏によるもの。淡い白色で統一されている。写真は吹き抜けの見下ろし　❷吹き抜けを1階から見上げる。左のエスカレーターは地下1階と中央広場前へと続く　❸ガーデンプラザの地下通路。所々にサンクンガーデンを設けており、地下でありながら外部の光を感じられる　❹ガーデンプラザの地下通路。両脇に飲食店などが並び、買い物客でにぎわう　❺東京メトロ日比谷線・神谷町駅の接続通路から見た地下入り口。地上から明るい光が届く

# Shop

1

3

4

2

5

## Shop

**1**ガーデンプラザA、2階の開放的なカフェ　**2**ガーデンプラザAの地下には「麻布台ヒルズギャラリー」がある。写真は、その作品と関連した食べ物などを提供するコンセプトのカフェ「THE KITCHEN」（写真：日経アーキテクチュア）　**3**タワープラザ3階の飲食店が集まるゾーン　**4**商業ゾーンの目玉の1つ、「麻布台ヒルズ マーケット」は24年3月に開業。内装デザインはSUPPOSE DESIGN OFFICE

## Art

**1**東京・お台場から移転した「森ビル デジタルアートミュージアム：エプソン チームラボボーダレス」。24年2月9日に開館（写真：日経アーキテクチュア）　**2**中央広場ではアートイベントも開催　**3**ガーデンプラザA地下にある「麻布台ヒルズギャラリー」。開館記念として展覧会「オラファー・エリアソン展：相互に繋がりあう瞬間が協和する周期」を開催

中央広場から大屋根「The Cloud」と、森JPタワーを見上げた夕景。東京タワーとの間に見える低層の建物はインターナショナルスクール

# 大規模VC集積拠点が誕生 インターナショナルスクールも

コンパクトシティとして、様々な機能を内包する麻布台ヒルズ。オフィス空間にも、充実した環境を整えた。森JPタワーには33～34階にラウンジやカフェを内包する「ヒルズハウス」を設置。タワーに入居する企業のビジネスパーソンが集い、交流し、学び、憩う場となる。

ガーデンプラザBの4～5階に設けたTokyo Venture Capital Hub（トウキョウ ベンチャー キャピタル ハブ）は、日本初となる大規模なベンチャーキャピタル（VC）の集積拠点だ。国際都市間競争を背景に、スタートアップ企業を支援して日本経済の活性化につなげる狙いがある。

海外からビジネスパーソンを受け入れるため、その生活を支える環境も整備した。森JPタワーに隣接する「ブリティッシュ・スクール・イン 東京」は、東京都心で最大級となるインターナショナルスクールだ。ポール・タフ学校長が「このような素晴らしい

1 森JPタワー33階のスカイロビー。イベント利用なども想定する　2 52階のオフィスフロアでは、東京タワーや東京湾を一望できる　3 オフィス側エントランス。曲面で構成する壁面や芸術家のオラファー・エリアソン氏が手掛けたパブリックアートが印象的だ

# Office

左は森JPタワー33階に設けた「ヒルズハウス」のエントランス。会員制のエリアで、三國清三氏がプロデュースするレストランも入居する。下がラウンジの様子。自由な働き方ができるワークプレイスだ。この他、ミーティングルームや個別ブースも備える

ガーデンプラザBの4〜5階に入居するTokyo Venture Capital Hubには、オフィススペースの他、コワーキングエリアや会議室、サポートラウンジを併設する。2023年11月28日の開会式典には、森ビルの辻慎吾社長のほか、小池百合子東京都知事や、西村康稔経済産業大臣（当時）も駆けつけた
（写真：上は日経アーキテクチュア）

1

2

3

4

**1**ブリティッシュ・スクール・イン 東京の５階屋上に設けた面積約900m²の校庭　**2**学校長のポール・タフ氏　**3**6〜7歳の子どもたちが学ぶ教室の１つ。ニーズに合わせてレイアウトをアレンジできる　**4**屋上庭園の様子。児童が野菜などを育てるプログラムも用意している　**5**外苑東通りから見た校舎。レンガを用いた外装は、敷地にかつてあった旧麻布郵便局の建物の姿を意識したものだ（写真：日経アーキテクチュア）

5

キャンパスに出合ったことはない」と絶賛する施設は、レイアウト自由度が高い教室や専門教育のためのスタジオ、約900m²の校庭を備える。

一時的に日本で働く海外ビジネスパーソンのステイ先としても期待されるのが、レジデンスAに入居するホテル。アマン系列で世界初となる姉妹ブランド「ジャヌ東京」が入る。

森JPタワー内には、拡張移転した慶応義塾大学予防医療センターがあり、街の人々の健康を支える。

Clinic

森JPタワーの5〜7階に入居する慶応義塾大学予防医療センターは、東京都新宿区から23年11月に移転、開業した。施設面積は約3900m²で、移転前の約2倍となる。写真上は待合室で、受信者がくつろげるような空間をつくった。左は廊下沿いに設けた休憩スペース（写真：日経アーキテクチュア）

Hotel

レジデンスAの1〜13階に入居したラグジュアリーホテル「ジャヌ東京」。客室数は122室で、標準客室面積は60m²ほど。2024年3月開業。右は客室例。下はレストラン「ジャヌ メルカート」（写真：2点ともジャヌ東京）

### 麻布台ヒルズ

■**所在地**：東京都港区麻布台1-3-1他 ■**主用途**：事務所、住宅、店舗、ホテル、文化施設、インターナショナルスクール、診療所など ■**地域・地区**：第2種中高層住居専用地域、第2種住居地域、商業地域 ■**前面道路**：地区幹線道路1号（敷地内）南北12m、地区幹線道路2号（敷地内）東西12m、区画道路1号4m、区画道路2号5.8m〜6m ■**駐車台数**：1874台 ■**敷地面積**：約6万3900m² ■**建築面積**：約3万7400m² ■**延べ面積**：約86万1700m² ■**耐火性能**：耐火建築物 ■**発注者**：虎ノ門・麻布台地区市街地再開発組合 ■**開業日**：2023年11月24日 ■**総事業費**：約6400億円

### 森JPタワー

■**主用途**：事務所、共同住宅、物品販売業を営む店舗、飲食店、各種学校、スポーツ練習場、診療所、博物館その他これらに類するもの、自動車車庫、自転車駐輪場、郵便局、その他 ■**建蔽率**：63.67％（許容80％） ■**容積率**：1499.93％（許容1500％） ■**駐車台数**：719台 ■**敷地面積**：約2万4100m² ■**建築面積**：1万5344m² ■**延べ面積**：約46万1800m² ■**構造**：鉄骨造、一部鉄骨鉄筋コンクリート造・鉄筋コンクリート造 ■**階数**：地下5階・地上64階 ■**各階面積**：地下1階1万7216.68m²、地上1階1万87.14m²、2階8570.57m²、3階1万521.11m²、4階1万380.19m²、5階6616.81m²、6階6060.88m²、7階5833.73m²、8〜52階5673.71m²〜6233.83m²、53階3527.66m² ■**基礎・杭**：直接基礎 ■**高さ**：最高高さ約330m ■**主なスパン**：7.2m ■**設計者**：森ビル、日本設計、清水建設（地下構造） ■**設計協力者（外装）**：Pelli Clarke & Partners（タワー）、Heatherwick Studio（低層／学校・パビリオン・煙突、イベントスペース屋根）、藤本壮介建築設計事務所（外苑東通り商業エントランス） ■**設計協力者（内装）**：Yabu pushelberg（住宅の共用・専用部）、乃村工芸社A.N.D.（商業共用部、予防医療センター）、Jamo associates（ヒルズハウス）、日本設計（学校、外務省外交史料館） ■**監理者**：森ビル、日本設計 ■**施工者**：清水建設（建築）、関電工、きんでん（以上電気）、高砂熱学工業（空調）、斎久工業（衛生） ■**施工期間**：2018年8月〜23年6月

### ガーデンプラザA

■**主用途**：物販店舗、飲食店、美術館、自動車車庫 ■**建蔽率**：58.89％（許容80％） ■**容積率**：191.90％（許容200％） ■**駐車台数**：6台 ■**敷地面積**：約4800m² ■**建築面積**：2826.72m² ■**延べ面積**：約1万600m² ■**構造**：鉄骨造、一部鉄筋コンクリート造 ■**階数**：地下2階・地上3階 ■**各階面積**：地下1階2686.32m²、地上1階2353.52m²、2階1395.86m²、3階174.67m² ■**基礎・杭**：直接基礎 ■**高さ**：最高高さ約16m ■**設計者**：森ビル、山下設計 ■**設計協力者**：Heatherwick Studio（外装、商業共用部の内装）、山下設計（ギャラリー） ■**監理者**：森ビル、山下設計 ■**施工者**：大林組（建築）、九電工（電気）、三建設備工業（空調）、斎久工業（衛生） ■**施工期間**：2019年8月〜23年6月

### レジデンスA、ガーデンプラザC

■**主用途**：共同住宅、ホテル、物品販売業を営む店舗、飲食店、物品販売業を営む店舗以外の店舗、自動車車庫、自転車駐輪場、美術館 ■**建蔽率**：50.63％（許容80％） ■**容積率**：669.55％（許容670％） ■**駐車台数**：501台 ■**敷地面積**：約1万6500m² ■**建築面積**：8353.95m² ■**延べ面積**：約16万9000m² ■**構造**：鉄筋コンクリート造、一部鉄骨鉄筋コンクリート造・鉄骨造 ■**階数**：地下5階・地上54階 ■**各階面積**：地下1階1万2600.50m²、地上1階7315.38m²、2階4144.65m²、3階4152.20m²、4階2505.19m²、5階2429.51m²、6階1736.17m²、7〜13階1910.78m²〜1914.01m²、54階1001.13m² ■**基礎・杭**：直接基礎 ■**高さ**：最高高さ約240m ■**設計者**：森ビル、日本設計、清水建設（地下構造） ■**設計協力者（外装）**：Pelli Clarke & Partners（タワー）、Heatherwick Studio（低層） ■**設計協力者（内装）**：SCDA Architects（住宅共用・専用部）、Denniston（ホテル）、Heatherwick Studio（商業共用部） ■**監理者**：森ビル、日本設計 ■**施工者**：清水建設（建築）、九電工・雄電社・浅海電気JV（電気）、高砂熱学工業・斎久工業JV（空調）、斎久工業（衛生） ■**施工期間**：2018年8月〜23年9月

建設が遅れているレジデンスBは、三井住友建設が施工を担当している（写真：日経アーキテクチュア、23年12月時点）

# Part2 ヒルズとは何か

トップインタビュー

## 森ビル・辻慎吾社長に聞く ヒルズの「未来形」に込めた意図

**35年をかけて完成を迎えた麻布台ヒルズ。並行して虎ノ門ヒルズが完成し、六本木5丁目西地区再開発も進む。森ビルは「ヒルズ」をどうつくり、何を目指すのか。同社の辻慎吾社長に聞いた。**

**――麻布台ヒルズの開業に当たり、どのような反響がありましたか。**

内覧会には1000人以上の報道陣が参加して、欧米やアジアなど海外メディアの取材依頼も数多くありました。ターミナル駅や商業地でもないこの立地に、エルメスなどの高級ブランドが出店することは海外では普通考えられないでしょうね。グリーン＆ウェルネスというコンセプトへの関心も非常に高いです。

**――新型コロナウイルス禍を経て、街のコンセプトはより社会に伝わりやすくなったのではないですか。**

街のコンセプトは前につくったものですが、コロナ禍以降はウェルネスが注目されるようになりました。単純に何歳まで生きるのかではなくて、何歳まで元気に活動しながら暮らせるかが注目されています。

建物を超高層化して下に豊かな緑地を確保する「Vertical Garden City（立体緑園都市）」（バーティカル ガーデン シティ）の思想を森ビル前会長の森稔（1934～2012年）が提唱してきたので、緑も欠かせません。アークヒルズ（1986年）、六本木ヒルズ（2003年）、虎ノ門ヒルズ（14年）、そして麻布台ヒルズの4カ所で合計12万$m^2$もの緑地を生み出してきました。都心に大きな公園をつくっているようなものです。

そんな不動産会社はなかなかないと思いますよ。

### デザインの力で愛される街に

**――これだけ巨大な再開発となれば街に与える影響は大きく、社会的責任も大きいと言えます。**

私たちは特にその責任を感じています。街は50年、100年と続いてい

**辻慎吾氏（つじしんご）**
森ビル 代表取締役社長
1960年広島県生まれ。横浜国立大学大学院工学研究科修了。1985年に森ビル入社。六本木六丁目再開発事業推進本部計画担当課長、六本木ヒルズ運営室長兼タウンマネジメント室長などを歴任後、2006年に取締役、08年常務取締役、09年に副社長に就任。11年6月から代表取締役社長に就任（写真：山田 愼二）

（写真：森ビル）

くもので、変な街をつくればそれがずっと残るわけです。評価される街、長く愛されて人々が訪れてくれる街をつくりたい。そのために非常に強くデザインにこだわり、麻布台ヒルズでもこれだけ数多くのデザイナーを組み合わせました。

今回は、米国のPelli Clark &（ペリ・クラーク・アンド・）Partners（パートナーズ）以外、ほとんどが初めて依頼した人たちです。海外に行っては設計事務所を訪れ、作品をプレゼンしてもらい、デザイナーの強みを知っていく。それを重ねて、どの場所を誰に頼むかを練っていったわけです。本当に2014年ごろは設計者を探しまくっていましたね。

**――当時、トーマス・ヘザウィック氏はまだ設計した建物があまりなかった時期ではないですか。**

その頃の彼の主な作品は、上海万博のパビリオン（10年）、英国ロンドンの2階建てバスのデザイン（12年）、ロンドン五輪の聖火台（12年）ぐらいです。検討段階でメインタワーはコンペを行ったけれども、外構と低層棟はコンペをせずにHeatherwick（ヘザウィック）Studio（スタジオ）に直接依頼しました。

**――それはなぜですか。**

低層棟は様々な人に何度も描いてもらいましたが決まらず、もうコンペをしても良い案が出て来ないと感じました。最後、ヘザウィック氏に賭けた、という状況です。

それでも初めにヘザウィック氏から出て来たたくさんの案は、全部ダメだった。これでは全然プランにならないよ、と。打ち合わせを重ね、ヘザウィック氏も何度か来日して私と直接話しました。

そして至ったのがネットフレームのアイデアです。四角で構成されている網目であれば、整形の平面をつくりやすく、商業施設としてプランが成り立つ。

高低差のある地形に沿う形で、屋上緑化もできると面白い。街に対する表情も生まれる。その後はどう鉄骨造で建てるのか、どう土が流れな

**続く「ヒルズ」建設**
六本木ヒルズ森タワーの会議室からは、麻布台ヒルズや虎ノ門ヒルズなどが一望できる。上2点は、六本木駅近くで進行中の六本木5丁目西地区再開発の完成イメージ
(写真:山田 愼二、資料:上2点とも森ビル・住友不動産の都市計画素案から抜粋)

いようにするのかといった検討もずいぶんやりました。

**着工遅れなどコロナ禍の影響も**

**――複雑なデザインを実現するには技術力も要したのでは。**

大林組は相当、施工が難しかったと思います。清水建設が施工した高さ330mのタワーもなかなかできないこと。いずれも日本の建設会社しかできないプロジェクトでした。

ただ振り返ると、今回の建物はちょっと複雑過ぎたかなとも思います。もうここまで複雑な建物はいいかなという感じがしますよね。コロナ禍があって工事が遅れたのもありましたし、熟練工など職人がだんだんと減ってきているのを相当感じました。

レジデンス棟が2年半ぐらい遅れたことも、海外ならともかく日本ではなかなか起こらないことでしょう。日本の建設会社は何でもできると思っていたが、現場は変わってきている。

現在進行中の六本木5丁目西地区の再開発では、デザイナーからの要望を受けても、場合によって「これは無理だな」と判断するようになりました。やってみないと分からないことはあるものですが、本当に麻布台ヒルズは大変なプロジェクトでした。

**――麻布台ヒルズはまるでヒルズの「集大成」のようですが、六本木5丁目西地区を含め、この先の開発では何を目指すのでしょうか。**

よくヒルズの「集大成」といわれるのですが、私は「未来形」と言うようにしています。次のプロジェクトは社長が誰でも進化を続け、またヒルズの未来形であってほしい。

時代によって新しいテクノロジーやデザインが加わったとしても、そのベースとなる条件の1つが、コンパクトに複合している街であること。住宅もホテルも文化施設も緑もオフィスも集まっている場所に、人やお金などが引き寄せられる。それが「磁力のある街」になります。

**――最後に、今後、東京が「磁力」を強化するには何が必要でしょうか。**

30年ほど前から、世界は都市と都市の闘い、都市間競争の時代だと言ってきました。勝てなければどうなるか。東京は世界の中で地方都市のような扱いになり、それを首都に抱える日本も沈没していくことでしょう。

立派なオフィスだけでは、グローバル企業やグローバルプレーヤーは選んでくれません。彼らが暮らせる住宅や、子どもを育てられる教育環境、刺激を受ける文化施設など、総合的な環境を整えなければならない。

東京から「GAFA」のようなスタートアップ企業を生み出せるか。都市間競争も今後5～10年で勝負がつくのではないかと私は思っています。

# デザイナーと機能が複雑に絡み合う

**数多くの機能を盛り込み、国内外のデザイナーを何人も起用した。**
**建物の配置だけで何万通りもパターンができるほど複雑さを極めたのが麻布台ヒルズだ。**
**どのようなチームが担当したのか、各施設の配置と概要をまとめた。**

国道や地下鉄に囲まれて東西に細長く、最大約18mの高低差がある難条件の敷地だった。そこに森JPタワーやガーデンプラザ、レジデンスといった建物を配置した。世界中から気鋭のデザイナーたちを集め、それぞれの個性をまとめ上げて建物や街の魅力に生かした

**事業費は約6400億円!**

**事業期間は35年!**

**権利者9割が再開発に参加**

**分譲住宅は完売!（23年12月時点）**

## 店舗やミュージアムなどでにぎわう
**ガーデンプラザ A〜D**

ブランドショップやミュージアム、日本初となる大規模なベンチャーキャピタルの集積拠点などが入る低層棟が立ち並ぶエリア

### ▶ 主なデザイナーや設計・施工者（A、B、D）

トーマス・ヘザウィック氏
Heatherwick Studio
英国を代表する建築家。完成した麻布台ヒルズがパース通りの出来栄えで驚いたという。インターナショナルスクールのデザインも担当した

■ **設計者**：森ビル、山下設計、大林組（B、Dの構造、実施設計）■ **外装デザイン**：トーマス・ヘザウィック氏（Heatherwick Studio、外装）■ **インテリアデザイン**：マルコ・コスタンツィ氏（Marco Costanzi Architects、住宅共用部）、日建スペースデザイン（住宅専有部）など ■ **施工者**：大林組

## 2024年夏に完成形へ
**レジデンスA・B**

高さ240mと270mのツインタワーとなるレジデンス棟。低層部にはドラッグストアやペット専門店など生活に身近な店舗が入る。レジデンスBは現在も工事が続いており、2024年6月竣工を目指している

### ▶ 主なデザイナーや設計・施工者

スー・K・チャン氏
SCDA Architects
シンガポールを拠点に活躍するデザイナー。住宅インテリアを担当した

マルコ・コスタンツィ氏
Marco Costanzi Architects
イタリアのデザイナー。住宅インテリアデザインを担当した

タワーデザインは2棟ともペリ・クラーク・アンド・パートナーズ

**レジデンスA**
■ **設計者**：森ビル、日本設計、清水建設（地下構造）■ **インテリアデザイン**：スー・K・チャン氏（SCDA Architects）など ■ **施工者**：清水建設

**レジデンスB**
■ **設計者**：森ビル、日建設計・日建ハウジングシステムJV
■ **インテリアデザイン**：マルコ・コスタンツィ氏（Marco Costanzi Architects）など ■ **施工者**：三井住友建設

**店舗数は合計約150店**

**想定年間来街者数は約3000万人、ワーカー約2万人、住民約3500人!**

## 日本一の高さでランドマークに
**森JPタワー**

高さ約330mで日本一の高さを誇る超高層ビル。東京タワーを見下ろすようなビューが広がる最上部には日本初となる高級住宅「アマンレジデンス東京」が入り、報道では200億円超の住戸もあるという

### ▶ 主なデザイナーや設計・施工者

シーザー・ペリ氏（左）、フレッド・W・クラーク氏（右）
Pelli Clark & Partners

米国のPelli Clark & Partnersを創設した2人。シーザー・ペリ氏は2019年に逝去した。同社は愛宕グリーンヒルズやアークヒルズ仙石山森タワーのほか、日本一高かったあべのハルカスも手掛けた

藤本壮介氏
藤本壮介建築設計事務所
国内外で活躍する建築家の1人。外苑東通りから森JPタワー2階へと続く屋外階段周りを担当した

小坂竜氏
乃村工芸社A.N.D.
商業部や予防医療センターのインテリアを担当。ヘザウィック氏やPCPAの個性と調和するデザイン

■ **設計者**：森ビル、日本設計、清水建設（地下構造）■ **タワーデザイン**：シーザー・ペリ氏、フレッド・W・クラーク氏（Pelli Clark & Partners）■ **エントランスデザイン**：藤本壮介氏（藤本壮介建築設計事務所）■ **インテリアデザイン**：小坂竜氏（乃村工芸社A.N.D.）など ■ **施工者**：清水建設

**オフィス入居率は約5割!（23年12月時点）**

（写真：ヘザウィック氏は日経アーキテクチュア、ペリ氏はペリ・クラーク・ペリ・アーキテクツ、クラーク氏は檜佐文野、藤本氏はDavid Vintiner、小坂氏は乃村工芸社A.N.D.）

**連鎖するヒルズ**

# 長期スパンで街と向き合う“第2六本木ヒルズ”計画も始動

**六本木・虎ノ門周辺で次々と大規模再開発に着手する森ビル。2030年度内に完成予定の“第2六本木ヒルズ”の計画も動き出した。権利者を1人ひとり説得していく地道なプロセスが、ヒルズプロジェクト実現の鍵だ。**

麻布台ヒルズを開業したばかりの森ビルだが、既に次のプロジェクトを動かしている。開業を控えた2023年10月、六本木駅近くを対象とした「六本木5丁目西地区再開発」、通称“第2六本木ヒルズ”の計画概要が明らかとなった。森ビルと住友不動産が開発事業主で、約10万m²の区域に総延べ面積10万m²超の複合施設を30年度までに建設する〔図1〕。

東京都港区の一部に、これだけヒルズが集積して競合しないのか——。森ビルの辻慎吾社長はインタビューの中で、「我々は上海やシンガポールなど世界の都市と競うためにエリア全体をつくり込む。競合など小さな話だ」と、意に介さない。

「街には“鮮度”がある。イベントやテナントの入れ替えで話題をつくりつつ、地域や来街者との絆を増やしていく。その両輪が鮮度を保つ秘訣だ」と辻社長は話す。現に、開業して20年がたつ六本木ヒルズでは、22年

〔図1〕2023年には2つのヒルズが完成した

（年）
1969 71 73 75 77 79 81 83 85 87 89 91 93 95 97 99 2001 03 05 07 09 11 13 15 17 19 21 23 25 27 29 31

法規制の流れ
- ●都市再開発法制定（69）
- ●建築基準法改正（総合設計制度の導入）（70）
- ●再開発地区計画制度の開設（88）
- ●立体道路制度の開設（89）
- ●都市再生特別措置法の施行（都市再生特別地区の導入）（02）
- ●都市再生特別措置法改正（特定都市再生緊急整備地域の導入）（11）
- ●国家戦略特別区域法の施行（13）

森ビルが主導した主な再開発プロジェクト

アークヒルズ

最初の大規模再開発事業となったアークヒルズは、約4万m²の敷地にオフィスやホテル、高級レジデンスや音楽ホールを整備した（写真：三島叡）

アークヒルズ仙石山森タワー●

麻布台ヒルズ

23年11月に開業した麻布台ヒルズは、国家戦略特区に指定されたプロジェクトだ。広大な緑地と1400戸の住戸を整備し、住環境にも力を入れた（写真：日経アーキテクチュア）

六本木ヒルズ

六本木ヒルズは23年現在も年間約4000万人が訪れる街となっている。写真中央が森タワーで左がレジデンシャル棟（写真：森ビル）

虎ノ門ヒルズ

虎ノ門ヒルズは4棟の超高層ビルから成る国際ビジネス拠点。国家戦略特区に指定され、交通インフラと一体的な整備を進めた。写真は2023年10月に開業した虎ノ門ヒルズステーションタワー（写真：吉田誠）

六本木5丁目西地区再開発

森ビルが手掛けた主なヒルズプロジェクトのタイムラインを示した。1986年開業のアークヒルズ以降、森ビルは時代ごとの容積率緩和に関わる法規制を活用しながら、途切れることなく巨大な再開発事業に取り組み続けている（資料：取材や森ビル資料を基に日経アーキテクチュアが作成）

12月24日に1日当たりの来街者数が過去最高を記録し、その人気は衰えない。

### 他社がやらない再開発の定石

長い目で街をつくる姿勢は、ヒルズ開発の中で一貫している。麻布台ヒルズは六本木ヒルズとほぼ同時期に議論が始まった。いずれも従前は不動産会社が手を付けるのに躊躇(ちゅうちょ)するほど細街路が込み入る木造住宅の密集地。そうした場所を再生するのが、森ビルの真骨頂と言える。時間をかけて権利者と合意を形成し、建物の高度利用に加え、インフラなど基盤整備もやり遂げてきた。

麻布台ヒルズの再開発事業に参加したのは、300人を超える権利者のうち9割に上る。虎ノ門・麻布台地区市街地再開発組合で理事長を務めた曲谷健一氏は、「街は時代に応じて発展していくべきだ。都心で子どもたちが走り回れるような場所になってほしい」と期待する。

森ビル都市開発本部計画推進2部の清水陽一朗課長は、「合意形成にかかった時間で、六本木と麻布台の完成時期に差が出た。どちらも木造密集地への問題意識があった」と振り返る〔写真1〕。

### 再開発の意義を踏襲した計画

計画区域の変遷をたどってみると、現在の敷地北側に位置するアークヒルズ仙石山森タワーが立つ区域も当初は一体的に開発する予定だった。1999年ごろ、段階的な事業化の方針に転換し、仙石山森タワーが先行して2012年に完成を迎えた〔図2〕。

現地を訪れると、仙石山森タワーの緑地広場『こげらの庭』は、麻布台ヒルズの中央広場とつながる配置になっている。清水課長は「別事業にはなったが、議論してきたことを街づくりにうまく反映できた」と語る。

都市計画を専門とする東京大学大学院の出口敦教授は、「麻布台ヒルズは、密集市街地の再編・更新という1960年代から続く再開発の本来の意義を踏襲している。広大な緑地や国際性など時代の要請を反映した。権利者1人ひとりを説得する姿勢に敬意を表する」と評価する。

**〔写真1〕時間をかけてプロジェクトを推進**
2016年ごろの計画区域周辺の様子。12年に竣工を迎えたアークヒルズ仙石山森タワーの姿が見える。従前の計画区域は木造住宅や小規模ビルが密集するエリアだった（写真：森ビル）

**〔図2〕当初はアークヒルズ仙石山森タワーも計画範囲に含まれていた**

計画区域の変遷を示した。1989年に3つの地区で街づくり協議会が発足して以降、議論を進めながら範囲を拡大してきた。森JPタワーが建つことになる旧麻布郵便局の区域は最後に編入した。虎ノ門・麻布台地区市街地再開発組合で理事長を務めた曲谷健一氏は、「再開発には前向きな人が多かった」と振り返る（資料：森ビル）

# Part 3 デザインと技術

**〔写真1〕街との接点に位置する低層棟**
桜田通り側から見た低層棟「ガーデンプラザ」。左が地下3階・地上8階建てのB棟、右がA棟だ。「建物の表面だけ曲面に仕上げることはあっても、構造材がそのまま曲線を描く建築は国内でもめったにない」と大林組東京本店建築事業部の長谷川靖洋統括部長は言う
（写真：吉田誠）

**低層棟の複雑な意匠**

## 唯一無二のデザインで街の顔に 地形の記憶をうねる屋根で表現

**急斜面の木造住宅密集地域は防災上危険かもしれないが、住民にとっては思い入れのある景観でもある。その土地の記憶を屋根形状で表現しつつ、内部は事務所や店舗として使える新しい形の現代建築が出現した。**

晴れた休日、交差点では家族連れやカップル、高齢者など記念写真を撮る人々でごった返していた。ソリッドなビルが立ち並ぶ東京都心で、斜面をはうように有機的な曲線から成る建築はひと際存在感を放つ。英国の建築家トーマス・ヘザウィック氏が日本で初めてデザインした、麻布台ヒルズの低層棟「ガーデンプラザ」だ〔写真1〕。

一般的には、再開発事業で「メモラブル（記憶に残る）」な建築に挑戦することは容易でない。事業規模が大きく、権利者が多ければなおさらのこと。デザイン性よりも採算性や機能性が優先されやすい。「奇抜ならいいわけではない。ガーデンプラザは権利者の住宅や事務所も入るので、何十年も使える場所になるかも重視して設計した」と、森ビル設計部建築設計2部の奈良崇課長は振り返る。

### 毎週繰り返す5時間の会議

設計では、米国のPelli Clark & Partners（ペリー・クラーク・アンド・パートナーズ）がタワーのデザインを進めている途中で、外構や低層棟のデザイナーとしてヘザウィック氏が参画した。2、3カ月に1度、ヘザウィック氏は来日して森ビルとのデザイン会

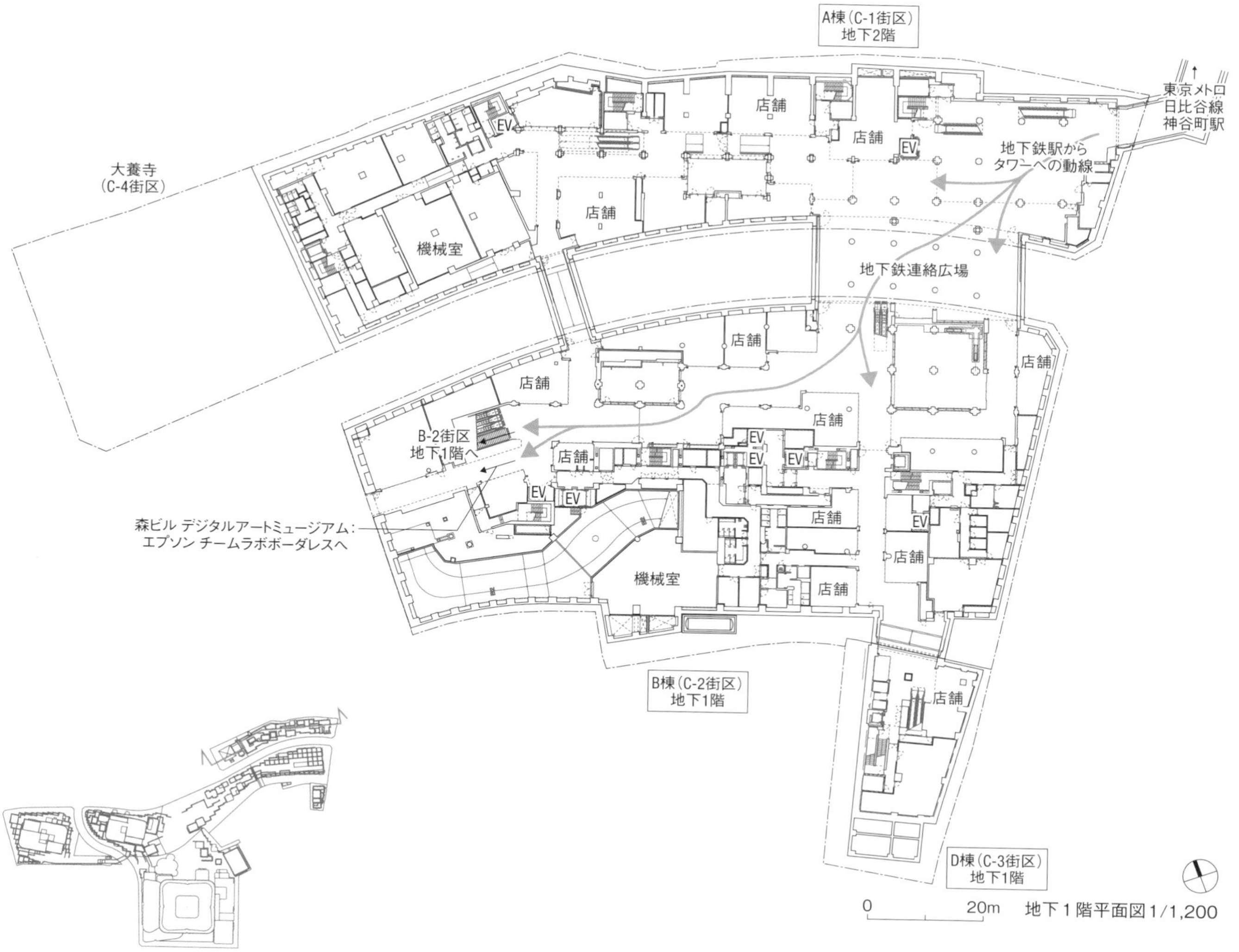

地下1階平面図1/1,200

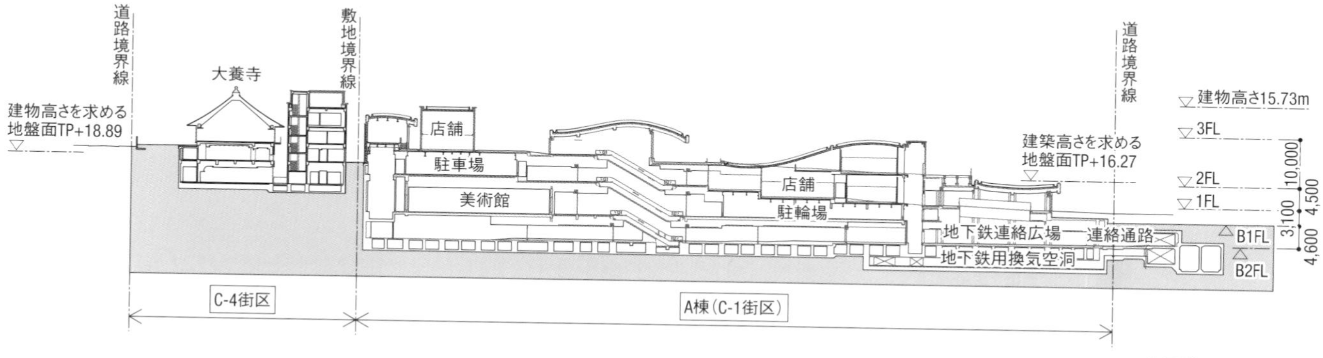

東西断面図1/1,500

議に参加。着工後も2年間にわたり、約5時間のウェブ会議を週に2、3回の頻度で続けたという。

高低差最大18mの特徴を取り込みつつ、タワーをいかに引き立たせるかがデザインの焦点となった。たどり着いたのが、軟体動物のように斜面をはう低層棟群と、所々に配置したキューブ状のパビリオンがぼんぼりのように街を照らすイメージだ。パビリオンは主にブランドショップが入るが、2023年11月の開業時点では工事中の所が多い。

## 屋上は「第5のファサード」

ガーデンプラザにはA～Dの4棟がある。桜田通り(国道1号)に沿い、東京メトロ日比谷線・神谷町駅に近

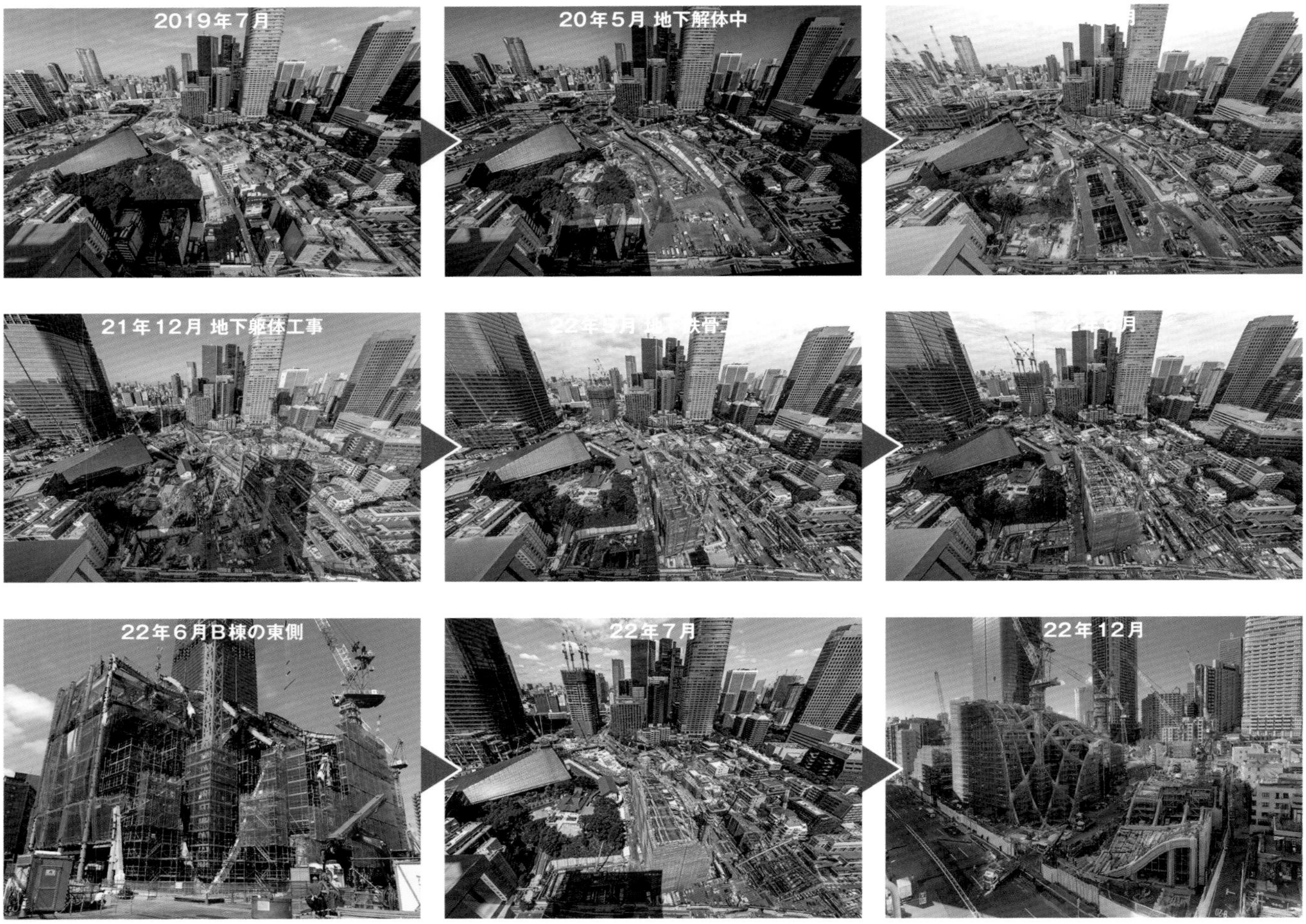


〔写真2〕**解体から着工までの施工プロセス**
地上の解体工事は清水建設、地下の解体工事は清水建設と大林組で行った。新築工事は2020年8月に着工した。「細長い傾斜地だったので、掘っては山留めをするプロセスを何ステップも行った」と大林組の長谷川統括部長は振り返る（写真：9点とも大林組）

い側から順に、A、B、Dと並ぶ。A棟は商業店舗の床に一部段差や傾斜があるが、B棟の室内は整形の平面と水平の床・天井で構成し、オフィスや住宅としての使いやすさに配慮した。

地下鉄駅からガーデンプラザへは地下通路でフラットにつながる。さらにB棟地下の幅広な通路でタワーへ続く主要動線を確保した。「コートヤードから光が差し込み、地下でも明るい印象だ。テナントからの評判もいい」と、森ビル商業施設事業部商業運営1部の稲山壮志部長は話す。

計画やデザインの意向を受けて、実施設計を担当したのは山下設計。同社建築設計部門第2設計部の仲田康雄シニアアーキテクトは、「デザインを受け取った時、緑化した屋上は側面に続く『第5のファサード』だと思った」と述懐する。

機械設備や給排気、そして雨水処理が課題になった。「ネットフレーム」構造の屋根は複雑で雨水がどこへ流れるのか分かりにくい。3次元モデリングソフト「Rhinoceros（ライノセラス）」やBIM（ビルディング・インフォメーション・モデリング）を使い、施工者の大林組ともやり取りして検討を繰り返した。

## 実施設計と並行して施工検討

着工したのは20年8月〔写真2〕。世間が新型コロナウイルス禍で外出自粛を余儀なくされていた時期だ。「解体から新築の工事まで約1年の猶予があり、当社でも早めに図面検討に取り掛かった」と大林組東京本店建築事業部の長谷川靖洋統括部長。設計・施工通貫でBIM活用することを目指し、“無理難題”ともいえるデ

〔図1〕**複雑な形状に対応できるGRCを外装材に**

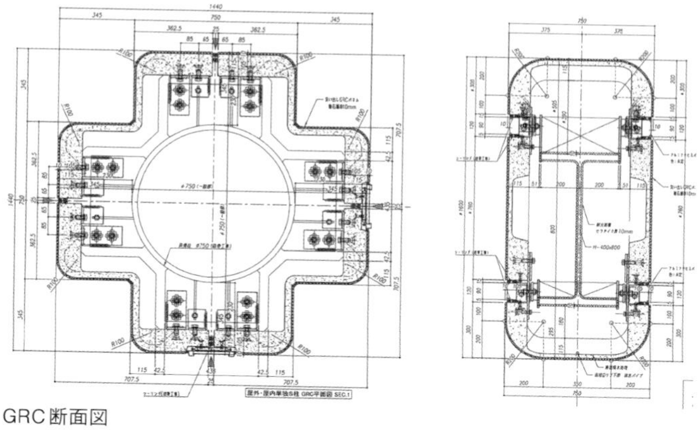

GRC断面図

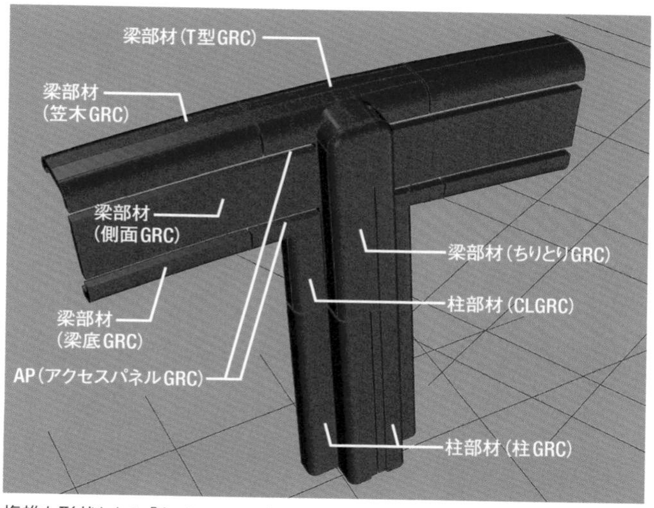


複雑な形状となる「ネットフレーム」の外装材にはGRCを採用した。GRC同士や鉄骨、アルミサッシなどの取り合いも3Dモデルに反映して詳細を確認した。外装は旭ビルウォールが手掛けた（資料：2点とも旭ビルウォール）

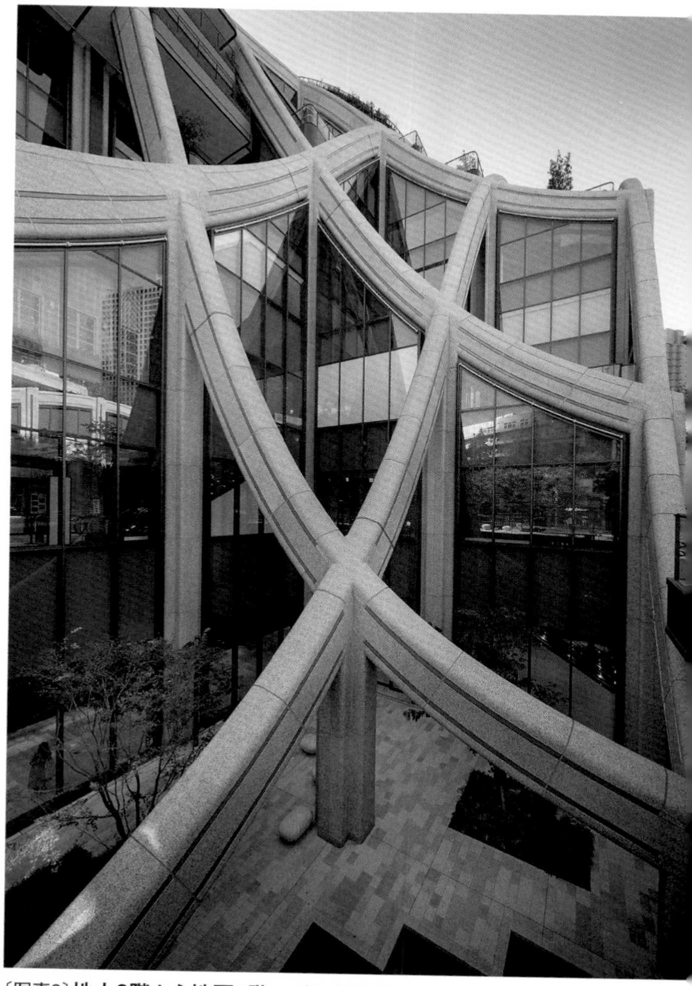

〔写真3〕**地上8階から地下1階へ垂れ込むネットフレーム**
屋根を覆う網のような構造を「ネットフレーム」と呼ぶ。ガーデンプラザBでは地上8階から地下1階のサンクンガーデンまで垂れ込む、ダイナミックなデザインで来街者に驚きを与える（写真：吉田誠）

ザインを基に施工方法を模索した。

ガーデンプラザは同じ断面が2つとなく、取り付ける部材も1つひとつ形が異なる。複雑な形状にも対応できるよう、屋根のネットフレームは構造材に鉄骨梁を、外装材にGRC（ガラス繊維強化セメント）を用いた。

GRCについては、Rhinocerosや「Grasshopper（グラスホッパー）」を使い3Dモデルで作図。そのデータを数値制御（CNC）加工機に打ち込み製作した〔図1〕。表面の洗い出し仕上げは、種石の大きさや量、配置のバランスで色味が変わるため、何度も調整を重ねた。

建物の完成後、現地を視察したヘザウィック氏は建物の完成度の高さに舌を巻いた。均一な美しい目地や、触れたくなるような凹凸のある表面など、細部まで行き届いた技術力の高さに感心していたという〔写真3〕。

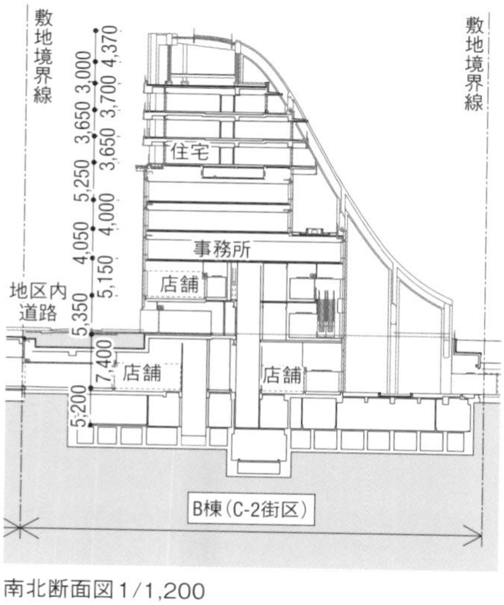


南北断面図1/1,200

森ビル デジタルアート ミュージアム：エプソン チームラボボーダレス

24年

# 麻布台ヒルズにデジタルミュージアム 都心立地への移転でお台場超えなるか

麻布台ヒルズに新しいデジタル美術館が誕生─。森ビルとチームラボは2024年2月9日、「森ビル　デジタルアート ミュージアム：エプソン チームラボボーダレス」（以下チームラボボーダレス）をオープンした。

チームラボボーダレスは、23年11月に開業した麻布台ヒルズにとって集客の目玉となるキラーコンテンツだ。この場所に来なければ味わえない、新しいアート体験を提供する。チケット価格は大人（18歳以上）が3800円からで、事前日時指定予約制である。

森ビルの期待は大きい。18年から22年まで東京・お台場にあったチームラボボーダレスは、開業から1年で来館者が230万人を突破するという快挙を成し遂げた。館内を自由に撮影でき、写真映えするアート施設として、国内だけでなく海外でも広く知られるようになった。

日本の観光スポットの中でも、インバウンド（訪日外国人）の集客力は絶大。初年度230万人の約半数が外国人だった。

そのチームラボボーダレスが約1年半の「休業」を経て、麻布台ヒルズに移転、オープンした。施設の規模はお台場のときより小さいが、麻布台という都心部に引っ越したことで、「お台場のときにアプローチできなかった新たな顧客を呼び込みたい」（森ビル文化事業部新領域事業部の永井研吏部長）。

### 地下に7000m²のアート空間

施設の入り口は、麻布台ヒルズの低層棟「ガーデンプラザB」の地下1階にある。南北に続く地下空間を貫く主要動線、セントラルウォーク沿いだ。そこからさらに地下に潜り、約7000m²の広さがあるデジタルアート空間に入り込む。

施設の入り口は麻布台ヒルズの低層棟「ガーデンプラザB」の地下1階にある（写真：日経クロステック）

館内に順路や地図はなく、迷路のようだ（写真：日経クロステック）

巨大な壁を流れ落ちる滝と共に記念撮影するのは、お台場からの定番（写真：日経クロステック）

漢字に触れると、その意味を表すコンテンツが出現する（写真：日経クロステック）

季節によって映像が変わる里山の棚田を再現したような作品「地形の記憶」。高低差がある展示室内を植物をかき分けるようにして歩く（写真：日経クロステック）

多数のライトで「立体物」を描く光の彫刻作品「ライトスカルプチャー - Flow」シリーズ。レーザーのような直線の光だけでなく、麻布台ではぼんやりとした幻想的な光も数多くつくり出している（写真：日経クロステック）

地下の展示空間に窓はない。施設全体が暗闇に包まれている。迷宮のような館内で、デジタルアートが輝く。作品は額縁や展示室といった境界を越えて館内を動き回り、そして交じり合う。ボーダレスの名前はここから来ている。来館者はとにかく歩き回ることになるので、疲れにくい靴で来館するのを強くお勧めする。

ここからは、麻布台ヒルズとお台場との違いや共通点を紹介したい。

まず「地図のないミュージアム」というコンセプトは、そのままだ。館内には案内図も決まった順路もない。カラスや蝶（チョウ）、魚、カエルなどの群れが廊下も含めて、館内を移動している。花びらが舞い、炎や波といった自然現象の映像も現れる。

来館者は暗闇の中を思い付くまま動き、迷いながら作品と「偶然」出合う。作品は常に変化しているので、同じ状態は二度とない。だから作品の説明書きもない。

展示室や廊下の壁、床、天井など、至る所に鏡を使っている。奥行きが分からなくなるのも、お台場と同じだ。鏡に向かって突き進み、頭をぶつけないように注意しよう。安全性を高めるため、足元灯はお台場のときよりも増やしているが、それでも暗いことに変わりはない。

デジタルアートは、お台場のときからある作品をアップデートしたものと新作を合わせて50以上ある。大きな壁から凸凹した丘、床にかけてデジタルの滝が流れてくる巨大な作品は、麻布台ヒルズでも健在だ。滝は人を感知し、流れが分かれたり、渦を巻いたりする。

壁や床には、滝以外にも様々な作品が入り込んでくる。しかもコンテンツはインタラクティブに変化する。例えば、壁の映像に触れると動きが変わったり、他のものに変化したりする。

作品は同じでも明らかに画質が良くなっている。そしてデジタルの花びらが舞う大空間には、花のような香りが漂う。この香りの存在が麻布台の大きな特徴と言える。お台場にもなかったわけではないが、「より嗅覚を刺激する空間と設備の設計をした」（チームラボの工藤岳氏）。

延べ面積が約1万$m^2$あったお台場よりは狭いものの、作品1つひとつへの没入感は高まったと感じる。香りの存在に加えて、人気作品の展示室はお台場のときよりも天井を高くし、容積を増やしている。さらに鏡を使うことで、広さや高さを増幅して見せている。

チームラボの作品だけを常設する美術館なので、「館内の設計段階から

チームラボの人気作品「スケッチオーシャン（お絵かき水族館）」は麻布台ヒルズにもある（写真：日経クロステック）

作品に適した空間のサイズや形状を整備できる。お台場のときに『もっとこうしたい』と思っていた工夫を麻布台で実現していった」（森ビルの永井部長）。

チームラボが「光の彫刻」と呼ぶ作品や、「棚田の四季」を思わせる作品もパワーアップして、お台場から麻布台に移ってきた。映像や光だけでなく、音も重要な要素だ。

棚田の作品は開業時が冬なので、雪が吹き荒れる音と共に吹雪の映像が現れたり、主に冬の花が登場したりしていた。秋になれば、棚田の稲穂が実り、黄金色に輝くだろう。

### 子どもに人気の体を動かす作品はなし

既存作品の質は確実に良くなっている。ただし、お台場にあったアートを全部持ってくることはできない。麻布台ヒルズでは「ボーダレスな作品」に絞り込んでいる。麻布台という土地柄を含め、大人向けのコンテンツに寄せたとも言える。

描いた絵をTシャツなどにプリントして持ち帰れる。展示空間内と同じ香りを楽しめるキャンドルなども販売（写真：日経クロステック）

お台場にあった、子どもがアスレチックのように体を動かしたり走り回ったりできる遊び場スペースとデジタルアートを組み合わせた空間が麻布台にはない。この点が来館者にどう評価されるかは未知数だ。

もちろん、子ども向けの作品がないわけではない。家族連れもしっかり意識している。チームラボの定番である「スケッチオーシャン（お絵かき水族館）」は、麻布台にもある。塗り絵のように紙に描いたカラフルな魚や海洋生物をその場でスキャンし、水族館に見立てた海の映像の中に「泳がせる」ことができる。

子どもたちは自分が色を塗った魚を探し、追いかけて、はしゃぎ回る。スケッチオーシャンは海外にあるチームラボの施設とも文字通り、ボーダレスでつながっている。中国などで描かれた魚たちも麻布台の水族館にやって来る。

麻布台ヒルズでは土産物も強化した。スケッチオーシャンで描いた絵をTシャツやトートバッグ、缶バッジなどにプリントして持ち帰れる店舗「チームラボ スケッチファクトリー」を開設した。場所は美術館の外で、東京メトロ日比谷線の神谷町駅に直結するガーデンプラザAの地下1階、駅前広場に店舗がある。

施設名から分かるように、チームラボボーダレスはエプソンが冠スポンサーになっている。麻布台のために、プロジェクターやスキャナー、プリンターなどを多数提供している。「サーバーを含め、デジタルアートの肝となるシステムはお台場よりも増強している」（永井部長）。暗闇で分かりにくいが、館内はプロジェクターやセンサーが張り巡らされている。

複数のデジタルアート作品が違和感なく交じり合っているように見せるには、高度な映像処理技術が不可欠になる。作品を投映する壁や床の形状や大きさも場所ごとにばらばらなので、継ぎ目なく映し出すには正確な位置取りなど多くの運用経験が必要だ。

最後に、大人だけでなく子どももきっと楽しめる新作を2つだけ紹介したい。1つは頭上からミストが吹き出し、水の膜にアートを映し出す作品だ。展示室は霧のカーテンが幾重にも層を成すつくりになっている。

霧状の水にアートを映す作品は、チームラボが21年に六本木ヒルズの近くで期間限定でオープンしたアートとサウナの融合施設で試した作品の進化形と言える。

霧状の水を用いた作品。ミストのカーテンが層を成し、作品が多重に揺れ動いて見える（写真：日経クロステック）

鏡張りの空間に張り巡らされたレールの上を光る球体が移動していく作品「マイクロコスモス - ぷるんぷるんの光」（写真：日経クロステック）

もう1つは、レールの上をボーリングの球ほどの大きさがある球体が光りながら動き回る作品だ。鏡張りの展示室は奥行きが分からなくなり、その中を球体がレールに沿ってゆっくりと移動していく。

「どの球体も光を放ちながら、自律的に動いている。ぶつからないように自ら緩急を付けて進む。球体の自動運転だ。各球体は個別の電力で稼働しており、電池切れが近づくと自ら充電待ちの列に並ぶ」（チームラボの工藤氏）

デジタルコンテンツが多数を占めるなか、球体が動く様は分かりやすい。レールは他の展示室とつながっており、球体もまたボーダレスに他の作品と交じり合う。球体の出現ポイントを探してみよう。

紹介した作品は、チームラボボーダレスで体験できるもののほんの一部である。お台場で特に人気が高かった、鏡張りの大空間で無数のLEDデバイスが点灯する作品「Infinite Crystal World」なども麻布台にある。暗闇の迷宮をさまよいながら、展示室を探してみよう。

麻布台ヒルズに誕生する最新のチームラボボーダレスがどれだけの人を呼び込めるか。自ら打ち立てた「年間230万人動員」という壁を超えるのは容易ではない。動向に注目したい。

新生チームラボボーダレスが成功すれば、「街全体が美術館」を標榜する麻布台ヒルズ全体が潤う。

**25年** チームラボプラネッツ TOKYO 増築

## 東京屈指の人気スポットが会期延長 豊洲の隣地に施設増築して集客増へ

インバウンドに大人気であるチームラボの施設は、国内外にどんどん広がっている。都内にはチームラボボーダレスの他にもう1つ、大きな施設として「チームラボプラネッツ TOKYO DMM」がある。こちらは水にぬれたり花を眺めたりしながら、デジタルアートだけでなく、より五感を刺激するコンテンツを楽しめる。

東京・豊洲にあるチームラボプラネッツは森ビルの運営とは違う施設だ。お台場に続いて、2023年末で会期を終了する予定だった。ところが好評のため、27年末まで延長された。

それどころか、隣地では新たな建設が始まっている。名称は「豊洲プロジェクト増築工事（仮称）」で、用途は遊技場（デジタルアートミュージアム）。チームラボプラネッツを増築して「運動の森」などを設ける。25年初頭の開業を予定している。

新豊洲にある施設「チームラボプラネッツ TOKYO DMM」はインバウンドに大人気。会期が2027年末まで延長された（写真：日経クロステック）

チームラボプラネッツの隣地では、増築工事が始まった。2024年2月時点（写真：日経クロステック）

▶▶ アマンレジデンス 東京、ジャヌ東京

23～24年

# 麻布台ヒルズのタワー最上部にアマン住宅
# レジデンスAには世界初の姉妹ホテル

麻布台ヒルズの最も重要な構成要素の1つが住宅だ。全ての街区にコンセプトが異なる住宅を設け、個性的なライフスタイルを提案する。

住宅は最終的に約1400戸になる。森ビルの辻慎吾社長は、「一度に1400戸を供給するのは大きな挑戦になる」と打ち明ける。住宅の専有面積は約18万2800m²、居住者数は約3500人を想定している。

住宅ができるのは、高さ約330mの「森JPタワー」の54～64階、「レジデンスA」の14～53階および「レジデンスB」の6～64階、そして低めの施設が並ぶ「ガーデンプラザレジデンス」の6～8階である。レジデンスBはまだ竣工していない。

住宅の中で最も注目を集めているのが、高さ日本一の森JPタワーの最上部を占める超高級分譲住宅「アマンレジデンス 東京」である。すぐ近くに立つ高さ333mの東京タワーの先端部を、住戸の窓からほぼ真横に眺めるような高さに位置する。

森ビルは、世界有数のラグジュアリーホテルを展開する「アマン」とパートナーシップを締結。アマンにとって日本初となる分譲住宅を麻布台ヒルズで供給する。

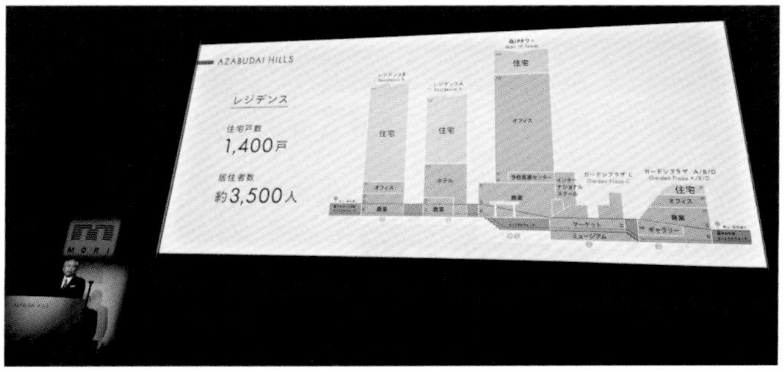


2023年8月8日の会見で、麻布台ヒルズにおける住宅のラインアップを紹介する、森ビルの辻慎吾社長。スライドの黄色の部分が住宅（写真：日経クロステック）

住宅は中央後方に立つ「森JPタワー」の最上部や、右の「レジデンスA」、手前の「ガーデンプラザレジデンス」の最上部などにできる。写真にはない「レジデンスB」は施工中（写真：森ビル）

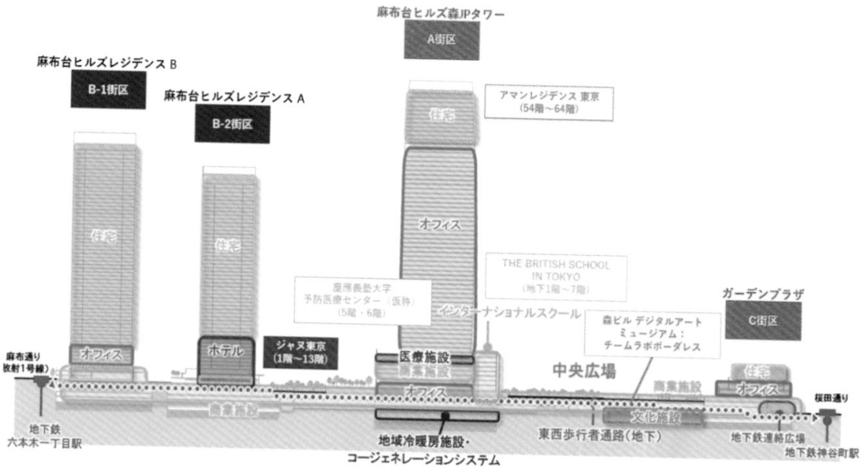


麻布台ヒルズの断面イメージ。森JPタワー最上部に超高級住宅「アマンレジデンス 東京」がある。レジデンスAの低層部には、アマン系の姉妹ホテル「ジャヌ東京」が世界で初めてオープンした（資料：虎ノ門・麻布台地区市街地再開発組合、森ビル、日本郵便）

「アマンに住める」わけで、熱狂的なアマンファンでなくても興味は尽きない。インテリアデザインは、グレン・プッシェルバーグ氏とジョージ・ヤブ氏によるヤブ・プッシェルバーグ（Yabu Pushelberg）が手掛ける。

アマンレジデンス 東京は11層のフロアに、2〜6のベッドルームを持つわずか91戸を用意する。住戸の価格は20億円前後と噂されている。最上階の住戸は200億円とも300億円ともいわれ、いずれにしても日本のタワーマンション住戸の最高額を大幅に更新する見通しだ。

もっとも、森ビルはアマンレジデンス 東京の価格を含めた住戸の詳細を公表していない。入居者以外は立ち入ることができない。関心を示す国内外の富裕層に対し、個別に営業をかけている模様だ。91戸のうち、営業活動を開始している住戸については、「引き合いが大きい」と森ビルの辻社長は手応えを感じている。

約20年前、同じ港区に森ビルの「六本木ヒルズ」が誕生。そこに住む人たちは成功者の象徴として「ヒルズ族」と呼ばれた。ネットバブルの勝者や芸能人などが多数含まれていたといわれる。そのさらに上をいく今回のアマンレジデンス 東京の住人は、スーパーヒルズ族とでも言うべき限られた超富裕層になるのかもしれない。

購入者が期待するのは、アマンのホテルに毎日宿泊するような生活を送ることだろう。居住者とそのゲストは、54階と56階にあるティールームやライブラリー、リーディングルーム、ラウンジ、バー、専用シェフがいるプライベートダイニングルームなどの施設を利用できる。

約1400m$^2$の広さがある「アマン・スパ」もあり、25mプールを完備する。森JPタワーの下層部には、学校と病院が入居している。

アマンレジデンス 東京のラウンジイメージ。インテリアデザインはヤブ・プッシェルバーグが担当（資料：森ビル）

## 2020年代の「ヒルズ族」が暮らす

アマンレジデンス 東京は分譲価格が飛び抜けていてスーパーリッチでないと手を出しにくいが、レジデンスAとレジデンスB、ガーデンプラ

アマン・スパのイメージ（資料：森ビル）

ガーデンプラザの建物。ジェットコースターのレールのように曲がりくねった石材の外装デザインは、英ヘザウィック・スタジオのトーマス・ヘザウィック氏によるもの。6～8階に賃貸住宅のガーデンプラザレジデンスが31戸できる（写真：森ビル）

レジデンスAの外観（写真：ジャヌ東京）

レジデンスAの住戸イメージ（資料：森ビル、DBOX for Mori Building Co., Ltd. - Azabudai Hills）

レジデンスAのエントランスホールイメージ（資料：森ビル）

レジデンスBのラウンジイメージ（資料：森ビル、DBOX for Mori Building Co., Ltd. - Azabudai Hills）

ザレジデンスの住戸は富裕層に属する人たちなら住めるだろう。こちらも十分に、2020年代のヒルズ族を満足させられるようなぜいたくな仕様になりそうである。

すぐにでも麻布台ヒルズで暮らしたいという人は、ガーデンプラザレジデンスにある賃貸マンションが最初のターゲットになる。49～73m²の1LDKを中心に、100m²超の3LDKまである。

総戸数は31戸で、そのうち18戸が賃貸対象になる希少物件だ。賃料は月額50万～120万円台ほどである。

施設が道沿いに連なるガーデンプラザは、曲線を描く石材の外装デザインが目を引く。英ヘザウィック・スタジオ（Heatherwick Studio）のトーマス・ヘザウィック氏によるものだ。世界中でプロジェクトを進めるヘザウィック氏の日本初プロジェクトになる。

ヘザウィック氏が外装デザインした建物に住めるのは、国内では今のところ麻布台ヒルズだけである。

住戸デザインは、共用部をマルコ・コスタンツィ氏が率いるイタリアのマルコ・コスタンツィ・アーキテクツ（Marco Costanzi Architects）が、専有部を日建スペースデザインがそれぞれ手掛けた。

一方、高さ約240mで地下5階・地上54階建てのレジデンスAは、14～53階に賃貸住宅と分譲住宅が合計320戸できる。インテリアデザインは、スー・K・チャン氏が率いるシンガポールのSCDAアーキテクツ（SCDA Architects）が担当した。

1～5のベッドルームがある様々な間取りタイプをそろえ、2層吹き抜けのリビングルームやプール付きの住戸もある。他に、ラウンジやゲストルーム、ダイニングなどの共用施設を完備する。

そして完成すればレジデンスAよりも高くなる、約270mで地下5階・地上64階建てのレジデンスBは、6～64階に賃貸住宅と分譲住宅が合計970戸できる。30m²台から400m²近い住戸まで幅広いサイズを用意する。そのうち、13～18階にある168戸は家具付きのサービスアパートメントになる。ジムやシアター、キッズルーム、スタディールーム、ラウンジなどの共用施設を設ける。

インテリアデザインは、共用部および31～64階の専有部をマルコ・コスタンツィ・アーキテクツ、6～30階の専有部を日建スペースデザインが手掛ける。

**アマン系ホテルが世界初登場**

住宅と並んで見逃せないのが、ホ

24年3月13日に開業したアマン系のホテルであるジャヌ東京。世界初出店となる。レジデンスAの低層部に入居（写真：日経クロステック）

中央広場を挟んでジャヌ東京の向かい側には、24年2月末に高級ブランドショップ「エルメス麻布台ヒルズ店」がオープン（写真：日経クロステック）

ウェルネス&スパ施設にあるプール（上）。左はレストランの1つ「ジャヌ グリル」（写真：2つともジャヌ東京）

テルである。麻布台ヒルズにはアマン系の新しいホテルが誕生し、住むだけでなく誰でも滞在できる宿泊ニーズに応える。

24年3月13日、アマンの姉妹ブランド「Janu（ジャヌ）」の世界初となるホテル「ジャヌ東京」が、レジデンスAの地上1～13階にオープンした。アマンは今後、ジャヌブランドのホテルをまず10カ国に展開する予定であり、ジャヌ東京はその先駆けとなる。

客室数は122室。6～13階にある部屋は床から天井まで窓を配置して、広い眺望を確保する。さらに多くの部屋には、麻布台ヒルズの緑を望むバルコニーがある。

広さは55m²のデラックスルームから、284m²のザ・ジャヌスイートまで幅広い。標準客室面積は約60m²である。

インテリアはアマンらしさを継承するため、同社の長年のパートナーである建築設計事務所デニストン（Denniston Architects）のジャン＝ミシェル・ギャシー（Jean-Michel Gathy）氏がデザインする。

これまでアマンは、人目に付きにくい場所にあえてホテルを建てることが多かった。アクセスしやすいとは言い難く、宿泊者のプライバシーに配慮した隠れ家ホテルの先駆けである。

それに対してジャヌ東京は、観光客も大勢訪れる麻布台ヒルズの地上階に配置する。中央広場に面するレストランは、立ち寄りやすいロケーションだ。ホテルには8つのレストランとバーを設ける。

広場の向かい側には24年2月末に、高級ブランドショップ「エルメス麻布台ヒルズ店」がオープンしている。

ジャヌ東京はウエルネス&スパ施設が充実しているのが特徴だ。4フロアを使った約4000m²の広さは、東京のラグジュアリーホテルで最大規模になる。7つのトリートメントルームや5つのスタジオ、広いジムを備える。さらに25mの温水プールがあるハイドロセラピーとマッサージのエリアには、温浴施設と2つのスパハウスを設ける。

なお、ジャヌ東京の上階に位置するレジデンスAの居住者は、ホテルと連携したサービスを受けられるという。

23年 虎ノ門ヒルズ ステーションタワー

# 都市軸が貫通する摩天楼

## 「駅まち一体開発」で東京と世界をつなぐ結節点に

2023年10月6日、「虎ノ門ヒルズ ステーションタワー」が開業した。虎ノ門ヒルズ4棟目となる超高層ビルだ。交通結節機能を強化する「駅まち一体開発」の実現で、虎ノ門エリアの新時代が始まった。

4棟のタワーが完成した虎ノ門ヒルズ。右ページ左手に見える、台形のルーフトップにプールのある建物が、2023年10月に開業した虎ノ門ヒルズ ステーションタワーだ（写真：森ビル）

1所在地 2発注者、事業者 3設計者 4施工者 5竣工時期 6オープン時期 7主構造 8階数 9延べ面積

**25年**

## 虎ノ門２丁目地区再開発 業務棟
# 病院跡地に高機能オフィス

虎の門病院跡地に建設する地下２階・地上38階建てのオフィスビル。環状２号の整備に合わせて同病院、国立印刷局、共同通信会館の敷地を段階的に一体開発中で、19年に完成した病院棟に次ぐ計画となる。起伏に富む敷地をデッキでつなぎ、歩道を拡幅するなど回遊動線を強化。168時間稼働分の燃料を備えた非常用発電機などのBCP対策も。

（資料：都市再生機構）

1 東京都港区虎ノ門2-105 2 都市再生機構 3 日本設計・三菱地所設計JV（基本設計）、大成建設（実施設計） 4 大成建設 5 25年2月 6 — 7 S造、一部SRC造・RC造 8 地下2階・地上38階 9 18万619m²

〔写真1〕**2階の歩行者用デッキから見た建物正面**
桜田通り（国道1号）に架かる歩行者用デッキ「T-デッキ」の上から、西側に立つ虎ノ門ヒルズステーションタワーを見る。デッキの先は、ビルの地上2階に接続している。この動線はビルの中心部を貫通し、虎の門病院や赤坂方面へと続いていく（写真：特記以外は吉田誠）

〔写真2〕**3層吹き抜けの地下広場**
虎ノ門ヒルズ駅の改札階と一体化した地下広場「ステーションアトリウム」。地下2階から3層にわたって吹き抜ける大空間。トップライトからの自然光が降り注ぐ。多彩なショップが並ぶ「T-マーケット」ともつながっている

**〔写真3〕屋上プールほか多彩な機能が集結**
左上が、皇居や丸の内方面が一望できる最上階の「インフィニティプール」。まずは一般開放せず、脇にあるレストランなど一部の顧客だけが利用可能とする。右上は、内階段のあるオフィスフロア。左中は、ホテル客室からの眺め。1階の一部と11～14階に東京初進出のブランド「アンバウンドコレクションby Hyatt」の「ホテル虎ノ門ヒルズ」が開業した。左下は、地下2階の商業施設「T-マーケット」。「食」を中心に個性的な店舗が並び、イートインスペースもある

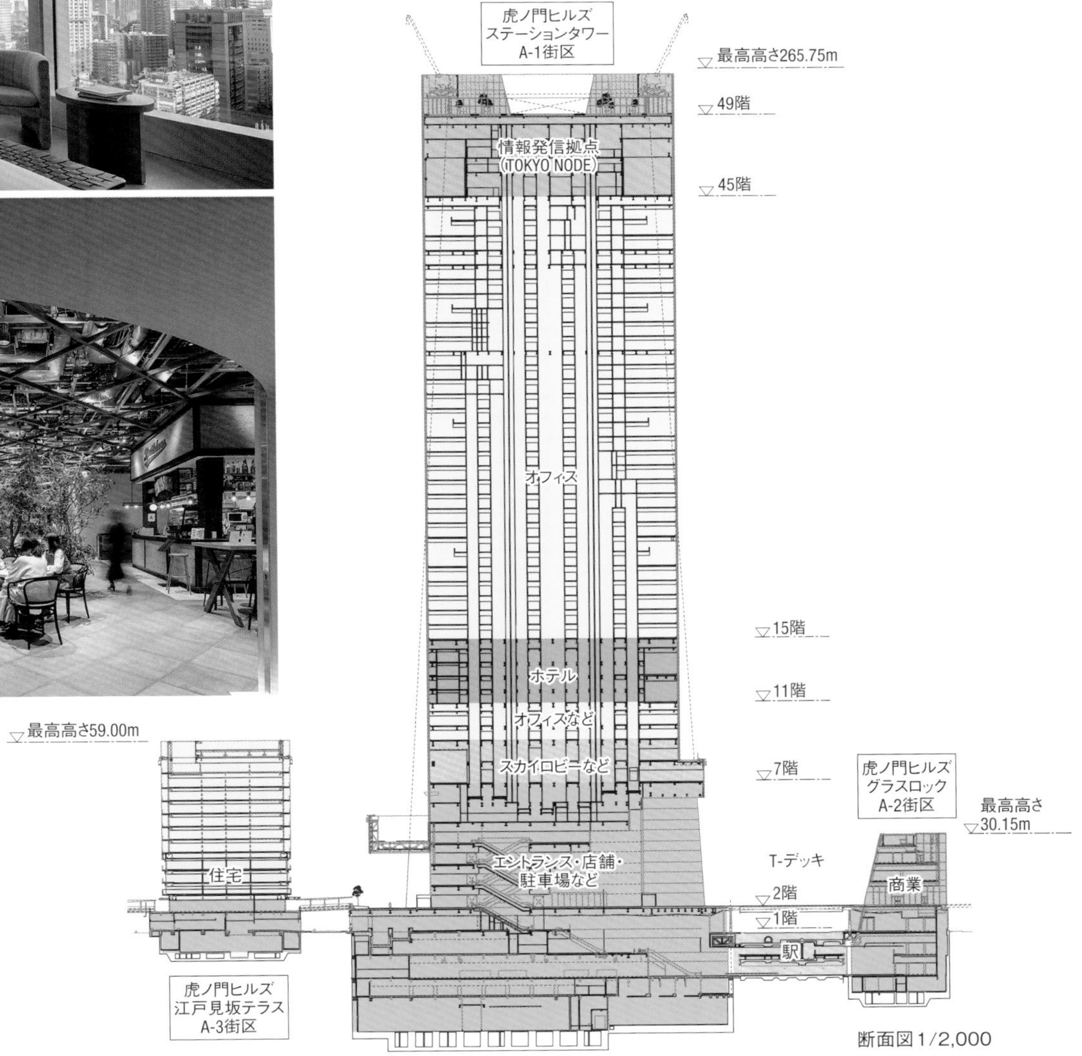

断面図1/2,000

〔写真4〕**新虎通り側から見た虎ノ門ヒルズ ステーションタワー**
地下4階・地上49階建て、高さ約266mの超高層ビル。ねじれたようなフォルムの印象的な外観だ。写真は桜田通りを挟み、虎ノ門ヒルズ ビジネスタワー近くから見上げた様子。外装には森ビルで初めて高透過ガラスを採用した

〔写真5〕**ゲートの役割を持つ「グラスロック」**
A-2街区に立つ低層の建物「グラスロック」。地上2階がゲート状になっている。24年中に建物内の商業施設が順次オープンする

2023年10月6日、虎ノ門ヒルズステーションタワーが開業した〔写真1、2〕。超高層複合ビルが並ぶ虎ノ門ヒルズで、森タワー（14年）、ビジネスタワー（20年）、レジデンシャルタワー（22年）に続く、4棟目の開業だ。

建物は地下4階・地上49階建てで、高さは約266m。虎ノ門ヒルズの中で最も高い。最上階にプール、その下の階には皇居などを見渡せるホールを備え、最新のオフィスや商業施設、レストラン、ギャラリー、ホテルなど多彩な施設が入る〔写真3〕。虎ノ門ヒルズの集大成といえよう。

区域面積は約7.5ヘクタール。六本木ヒルズや麻布台ヒルズに匹敵する規模だ。虎ノ門一・二丁目地区市街地再開発組合の一員として森ビル

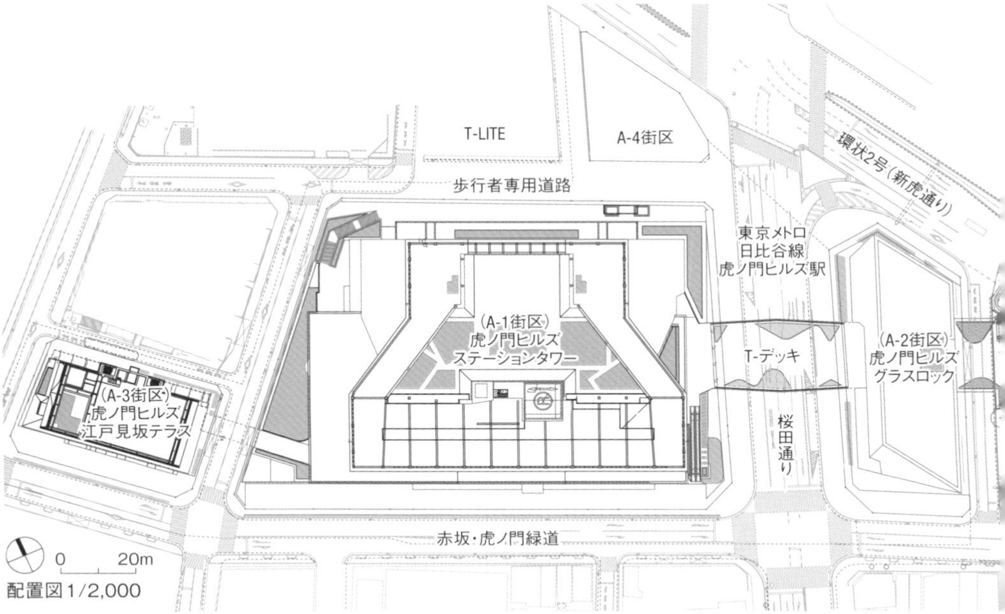


〔写真6〕**桜田通りに大型の歩行者用デッキが架かる**
左上は、桜田通りの北から、歩行者用デッキ「T-デッキ」を見た様子。地下鉄駅は通りの下にあり、それを東西に挟む形で両街区の開発を行った。左下は、1階エントランス。ステーションアトリウムの天井と、T-デッキの橋脚や床板裏のデザインが連続している。上は3つの建物の配置図。T-デッキの設置により虎ノ門ヒルズのビル間で往来がしやすくなった

が中心となって開発を推進してきた。

45～49階には延べ1万m²に及ぶ情報発信拠点「TOKYO NODE」を設置。ビジネスやアート、エンターテイメントなどの領域を超えたイベントが開催され、注目を集めている。

## メトロの駅と地下広場で直結

この開発で最大の特徴は、東京メトロ日比谷線の虎ノ門ヒルズ駅との「駅まち一体開発」であること。虎ノ門地区は国家戦略特区に指定されており、交通結節機能を強化するために新駅の開設が決まった。

虎ノ門ヒルズ駅は、2020年東京五輪の開催に合わせて20年6月に暫定開業し、23年7月に最終形で供用開始した。同年10月にステーションタワーが開業して地下空間と改札階がつながり、3層吹き抜けの地下広場「ステーションアトリウム」が誕生した。

トップライトから光が入る広場は、地下とは思えないほど明るい。広場からはガラス越しにプラットホームに出入りする電車を眺められる。

森ビル都市開発本部計画企画部の加藤昌樹課長は、「ステーションタワーは駅を挟んで東西の両街区で再開発を進めるプロジェクトだった。既存のタワーや他街区との行き来がスムーズな歩行者ネットワークの構築を目指した」と話す〔写真4〕。

その象徴が、桜田通りの上に架けた歩行者用デッキ「T-デッキ」だ。東西の連絡通路の役割を果たし、虎ノ門ヒルズの回遊性を高めている。

例えば、森タワー2階にある芝生の「オーバル広場」を通り、ゲート状になっている建物「グラスロック」へと歩く〔写真5〕。それをくぐって西へ進み、T-デッキを渡るとステーションタワー2階のロビーに接続する。地上で信号を待たずとも移動ができ、将来的にはステーションタワーを通り抜けて虎の門病院方面へ行けるようになる。

T-デッキは幅員が約20mもあり、歩道橋という概念を覆す広場のような空間だ〔写真6〕。将来的にはイベント会場や休憩スペースとしての利用も予定している。

施工を担当した鹿島の虎ノ門一・二丁目地区第一種市街地再開発事業新築工事事務所・斉藤栄一所長は、

〔写真7〕**力強いダイナミックな外装デザイン**
左は、北東から見上げた外観。順勾配と逆勾配のファサードが一体化した複雑な形状の外装は施工が大変だった。中は、東側正面外観。吊り構造の「スカイボックス」が大きく張り出し、レーザーアートが組み込まれている。右は、南東から見上げた外観。南側の外壁には4階から7階に続く「スカイエスカレーター」をスカイボックスに続くように設置している

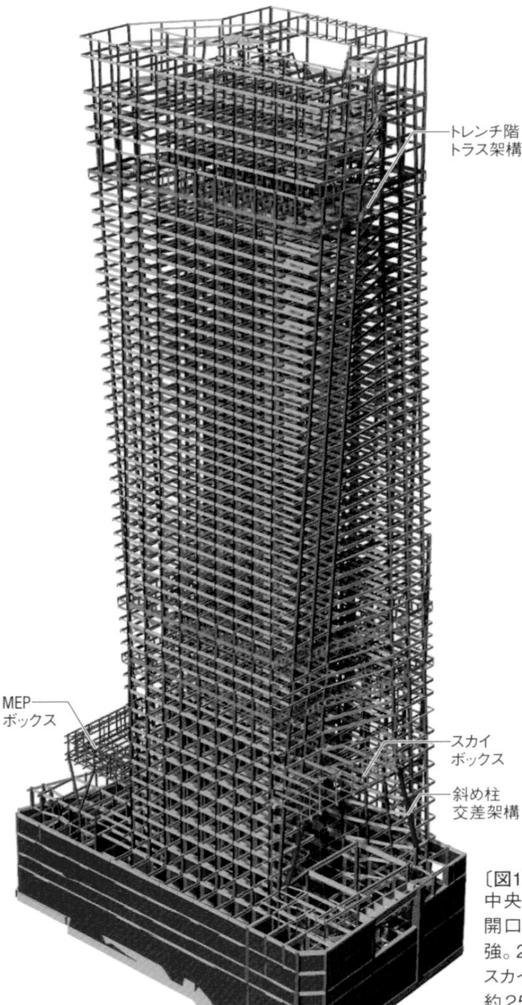


〔図1〕**大胆なデザインを支える構造**
中央にエレベーターコアのない低層階の開口部を100㎜厚のY字の斜め柱で補強。2階部分の床には鉄板で補強した。スカイボックスは約15m、MEPボックスは約25m張り出している。各階の階高を高くとるため、配線などの設備をトレンチ階に集約した（資料：森ビル）

〔写真8〕**虎ノ門ヒルズの超高層4棟が完成**
台形のルーフトップにプールが見えるのが虎ノ門ヒルズステーションタワー。虎ノ門ヒルズ駅を中心にした4街区の再開発が約9年というスピードで相次いで開業した（写真：森ビル）

「国道上にこれだけ大きなデッキを架構するのは初めて。造船の技術を用い、現場で数カ月かけて溶接した」と語る。

建築デザインは建築設計事務所OMAパートナーの重松象平氏が担当した。外観は、見る方向によって違う表情を見せる個性的なフォルムだ〔写真7〕。

さらに都市の「軸線」を意識して、デッキからの歩行者動線をビル内に引き込むダイナミックな形を追求。建物の中央にエレベーターコアを設けず、デッキから隣の街区へと続く通路を貫通させている。

こうした設計の実現には、構造面の工夫も必要だった。森ビル設計部の田尾健二朗統括部長補佐は「ステーションタワーは地下に大型の広場があり、エレベーターコアが中央になく、人が仁王立ちしているような非対称の建物となっている。全体にねじれる力がかかり、スラスト対策のため補強が必要だった」と説明する。

**〔写真9〕高難度の施工が続いた**
上は、ワイヤで吊り上げて施工している張り出し部分の「スカイボックス」。左下は、西側に設けた張り出し部分、「MEPボックス」。総足場を組んで施工した。右下は、デッキユニットを事前に組み立てた様子。デッキの巨大さが分かる
（写真：右と左下は森ビル、右下は鹿島）

## 高難度な施工が求められた

建物全体は主に鉄骨造で、オフィスとホテル、オフィスと頂部のホール切り替え階にトラス架構を用いた〔図1〕。そしてデッキを渡した2階のみ最大22㎜厚の鉄板を敷いて床全体の面剛性を上げ、中6階の開口部の両端を100㎜厚の鉄骨を使った斜め柱で補強した。

構造をさらに複雑にしたのが、大きく外側へ張り出した部分だ。上空から見ると分かるが、ステーションタワーの平面は台形で、高くなるにつれて少しずつ上下反転した台形に変わるデザインとなっている〔写真8〕。

建物東側の外装では、ねじれ面に順勾配と逆勾配があり、地面と垂直になる軸心は1カ所だけだ。斜めに見えるガラス面が実は階段状のため、各階で異なる面台と軒天が必要となり、複雑で手間のかかる高難度な施工になった。

また、最上階にプールを設置したため、通常は屋上に置く設備機器を低層階西側に張り出した「MEPボックス」と名付けた箇所に集約。大きく張り出す構造のため、総足場を組んで施工した〔写真9〕。

### 虎ノ門ヒルズステーションタワー

■**所在地**：東京都港区虎ノ門2丁目6-1 ■**主用途**：事務所、店舗、ホテル、情報発信拠点、駐車場他 ■**地域・地区**：商業地域、都市再生特別地区（虎ノ門一・二丁目地区）、再開発等促進区に関わる地区計画（虎ノ門一・二丁目地区地区計画）、市街地再開発事業（虎ノ門一・二丁目地区第一種市街地再開発事業）、駐車場整備地区 ■**建蔽率**：81.35%（許容100%）■**容積率**：1986.28%（許容1990%）■**前面道路**：東30m ■**駐車台数**：280台 ■**敷地面積**：9907.59m² ■**建築面積**：8059.23m² ■**延べ面積**：23万6638.83m²（うち容積率不算入部分3万9846.82m²）■**構造**：S造、一部SRC造・RC造 ■**階数**：地下4階・地上49階 ■**耐火性能**：耐火建築物 ■**各階面積**：地下4階8353.07m²、地下3階8013.29m²、地下2階8377.5m²、地下1階7623.31m²、地上1階6694.53m²、2階4645.47m²、7階5389.90m²、8階2648.64m²、10階4393.43m²、30階4148.63m²、45階4134.70m²、46階2270.46m²、49階1292.97m² ■**基礎・杭**：パイルドラフト基礎 ■**高さ**：最高高さ265.75m、軒高263.9m、階高4.4m、天井高3m ■**主なスパン**：7.2m×7.2m ■**発注者**：虎ノ門一・二丁目地区市街地再開発組合 ■**設計・監理・運営者**：森ビル ■**設計協力者**：久米設計、OMA（以上、建築デザイン）、Ney & Partners（歩行者デッキデザイン）、Wonderwall（地下2階商環境デザイン）、sinato（地上2～5階、7階の商業共用部デザイン）、Space Copenhagen（ホテルインテリアデザイン）、L'Observatoire International（外装照明デザイン）、Ark Light Design（内装照明デザイン）、Light iQ（内装ホテル照明デザイン）■**監理協力者**：久米設計 ■**施工者**：鹿島（建築）、三建設備工業（空調・衛生）、きんでん（電気）、日立ビルシステム（昇降機）■**設計期間**：2015年8月～19年10月 ■**施工期間**：2019年11月～23年7月 ■**開業日**：2023年10月6日

インタビュー OMAパートナー 重松象平氏に聞く

# 情報発信拠点を持つ魅力ある街へ

**虎ノ門ヒルズステーションタワーのデザインを担当したのは、建築設計事務所OMAパートナーの重松象平氏だ。プロジェクトに込めた思いや、東京の街や超高層ビルの可能性について話を聞いた。**

**――個性的なフォルムはどういう発想から誕生したのでしょうか。**

東京のような大都市で、見る角度によって印象が異なるタワーがあれば面白いだろうなと。建物は4面あって3次元的に都市と向き合っているでしょう。都市の景観を形成する存在として捉えたかった。

虎ノ門は赤坂、神谷町、新橋などとの結節点でもあります。正面と裏側をはっきり分けず、全方向に顔を持つデザインにしたいと考えました。

## 建物内を都市の軸線が貫く

ビル中央にコアがないデザインにしたのは、東京は都市の「軸線」という感覚が弱いと感じていたからです。桜田通りに架かる歩行者用デッキを渡り、タワーへ向かう軸線のパワーを表現したかった。中央のエレベーターコアで通路が二股に分かれたらインパクトが薄れてしまいます。

建物の真ん中を突っ切って赤坂方面へ軸線を延ばす。建物を都市の延長と考えると、隣接街区へ道が続いていくのは自然ではないでしょうか。

また、中央に道を通すのは公共性を優先するという意図もあります。それによって商業部分やオフィス空間にもオーラを持たせられる。最近は公共性が高くないと成功しないし、物販にもつながらなくなっています。

僕は世界中の複合商業施設が形骸化していると言い続けてきました。形骸化とはどういうことか。よく弁当箱に例えるんですが、建築家には区画や入れる具がだいたい決まった段階で依頼が来ます。つまり、建築家は弁当箱のコンテナを一生懸命デザインすることになる。

でも、いくら頑張っても、中身が一緒なら根本的には変わらない。成功例を参考にリピートすることも多いですから、結局は似てしまう。

建築家が具に対して提言できるようにならないと、建築は変わらないでしょう。建築家にも企画力が求められる時代になっています。

**――情報発信拠点「TOKYO NODE（トウキョウ ノード）」は重松さんの提案だとか。**

虎ノ門ヒルズは4棟まとめると六本木ヒルズに匹敵する規模なのに、文化的な施設がないのは残念だと思いました。TOKYO NODEは六本木ヒルズでいう「森アーツセンターギャラリー」と展望台の機能を進化させたハイブリッドな存在。最先端技術を取り入れたクリエーターが集うラボもあり、メディア系のイベントからビジュアルアートの展覧会まで開催できます。

いくら商業施設やオフィスをつくっても、コンテンツを生み出す場所がないと何度も訪れる理由がない。

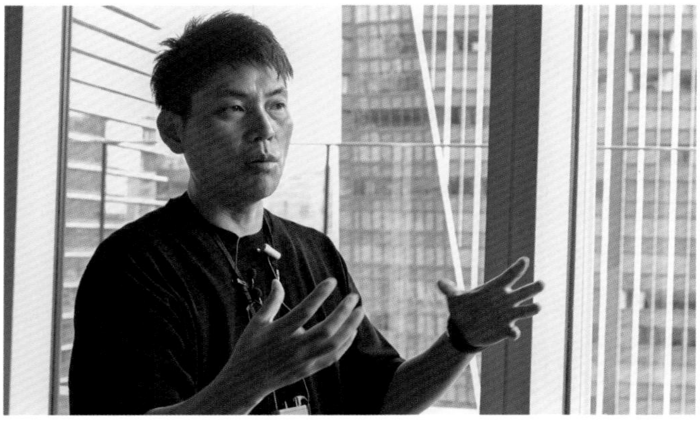

重松象平（しげまつしょうへい）。1973年福岡県久留米市生まれ。建築設計事務所OMAパートナー／ニューヨーク事務所代表。代表的なプロジェクトに中国中央電視台（CCTV）新社屋、コーネル大学建築芸術学部・新校舎など
（写真：日経アーキテクチュア）

**多彩なイベントが開催される情報発信拠点「TOKYO NODE」**
タワー頂部に当たる地上45〜49階には情報発信拠点「TOKYO NODE」を設置。アートとビジネス両方の交流拠点として機能する

ワーカーや近隣の人しか来ません。東京に世界中から注目される場所をつくりたいという思いがありました。

**記憶に残る空間をつくりたい**

最上階のプールを提案したのも、東京でルーフトップが活用されていないことが残念だと感じていたからです。超高層のプールは危険で誰も泳がないと反対されましたが、屋上プールはランドスケープの一部です。

東京は魅力的な街なのに建築でデスティネーション（目的地）となるものが意外と少ない。海外の人から「東京に行ったらどこを見たらいい？」と聞かれても「メモラブル（記憶に残る）」な場所がないんですよ。建築って事業性や効率を追求すると、記憶に残るスペースがなくなりますからね。

何度も頓挫しかけましたけど、TOKYO NODEの提案が通り、やっぱり今までにないようなものをつくろうということで、日本で一番高い位置にあるプールが実現しました。一度訪れたら忘れられない場所になる。皇居をこんなに美しく眺められる場所はありませんから。皇居を一望するプール。それ自体がもうメモラブルでしょう。記憶に残る建築は建物に対する認識を変える力があります。

**――超高層ビルは今後、どう変わっていくでしょう。**

超高層ビルはまだ150年ぐらいの歴史しかありません。サステナビリティーな視点から好ましくないという意見もありますが、例えばガラス面での発電など、環境改善に寄与できるようなテクノロジーが開発されれば違ってくるはずです。僕は今後も超高層の進化に貢献したいし、新しい建築を見せたいと考えています。

**最先端の設備を備える8階ラボ**
8階には企業やクリエーターの共創の場となるラボを設置。デジタル系のイベントなどもフォローし、多彩なプロジェクトを行っていく

# 2層構造で駅直結の地下広場を実現

**2023年7月、東京メトロ日比谷線・虎ノ門ヒルズ駅が拡張工事を終え、最終形での営業を開始した。地下2階の改札階が超高層タワーの地下広場と接続し、「駅まち一体開発」を象徴する開放的な地下空間が誕生した。**

都市再生機構（UR）と東京メトロが日比谷線新駅の建設を発表したのは2014年。虎ノ門地区の再開発事業として計画された。「駅まち一体開発」を狙ったプロジェクトに東京メトロが計画段階から参画し、新駅を整備するのは初のケースだという。

東京メトロ改良建設部の藤沼愛課長は「既存駅と一定の距離があり、トンネルの両側にホーム設置が可能な道路幅員がある場所は限定的だった」と説明する。しかも駅設置区間の既設トンネルが地上から約2.4mと土かぶりが非常に浅いため、地下1階のホーム下に改札やコンコースを設けた2層構造の駅になった。

16年に着工し、東京五輪の開催に合わせて地下1階のみ、20年6月に暫定開業。その後も虎ノ門ヒルズ ステーションタワーの建設と並行して工事が続いていた。

**高低差やカーブのある線路**

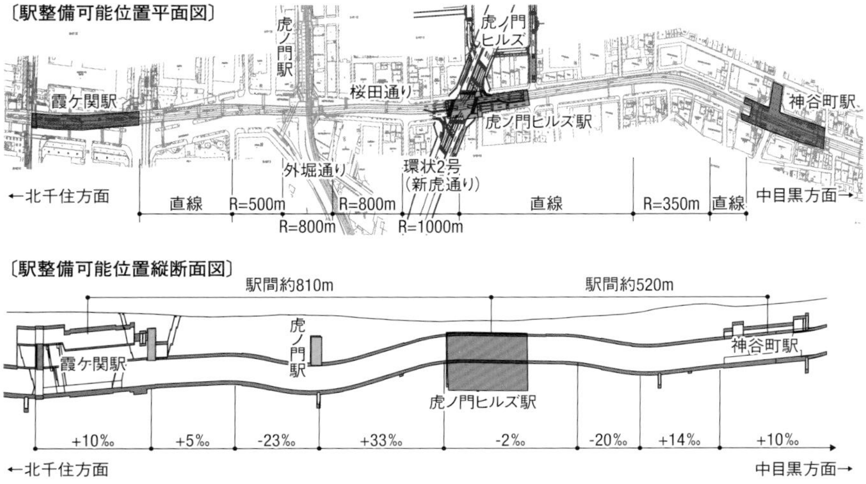


駅を整備可能な位置を示した平面図（上）と断面図（下）。既設のトンネルと近隣駅の位置から新駅が可能な場所は限定的。土かぶりが浅く、トンネル下を掘削して地下２階が改札階になる２層構造の駅とした
（資料：右ページも東京メトロの資料を日経アーキテクチュアが一部加工）

### 営業を止めずに地下を掘削

地下2階の工事は既設構造物への影響が少ないアンダーピニング工法を採用。走る電車の荷重を受けながらの工事が続いた。営業中の工事自体はよくあるが、駅1個分、約200mに及ぶ長い距離を掘り進めるのは珍しい。ステーションタワー側の工事が最盛期を迎えると、狭い地下空間で複数の工事が同時に進行するため、作業の日程調整にも追われた。

「駅を運営する立場から、安全や防災、バリアフリー面でビルも駅の基準に合わせていただいた。点字ブロックの設置や滑りにくい床材の採用なども要請した」（藤沼氏）

一方、ホームの側壁には大型の窓を設置。ホームから地下広場へと視線が広がり、広場側からも走る電車が見える開放的な駅舎となった。従来の地下鉄で壁に窓を設けることはほぼなく、通常は壁に埋め込まれているケーブル類を天井に移し、壁に穴を穿（うが）たなければならない。街と連携する新駅ならではの設計だ。

改札階は両側のビルや街のイメージに合わせた明るいグレーを基調にし、柱に大型のサイネージを設置して来街者を迎える形とした。3層吹き抜けのステーションアトリウムとも調和する。

そしてついに23年10月、ステー

**地下鉄の営業を継続しながら地下を掘削**

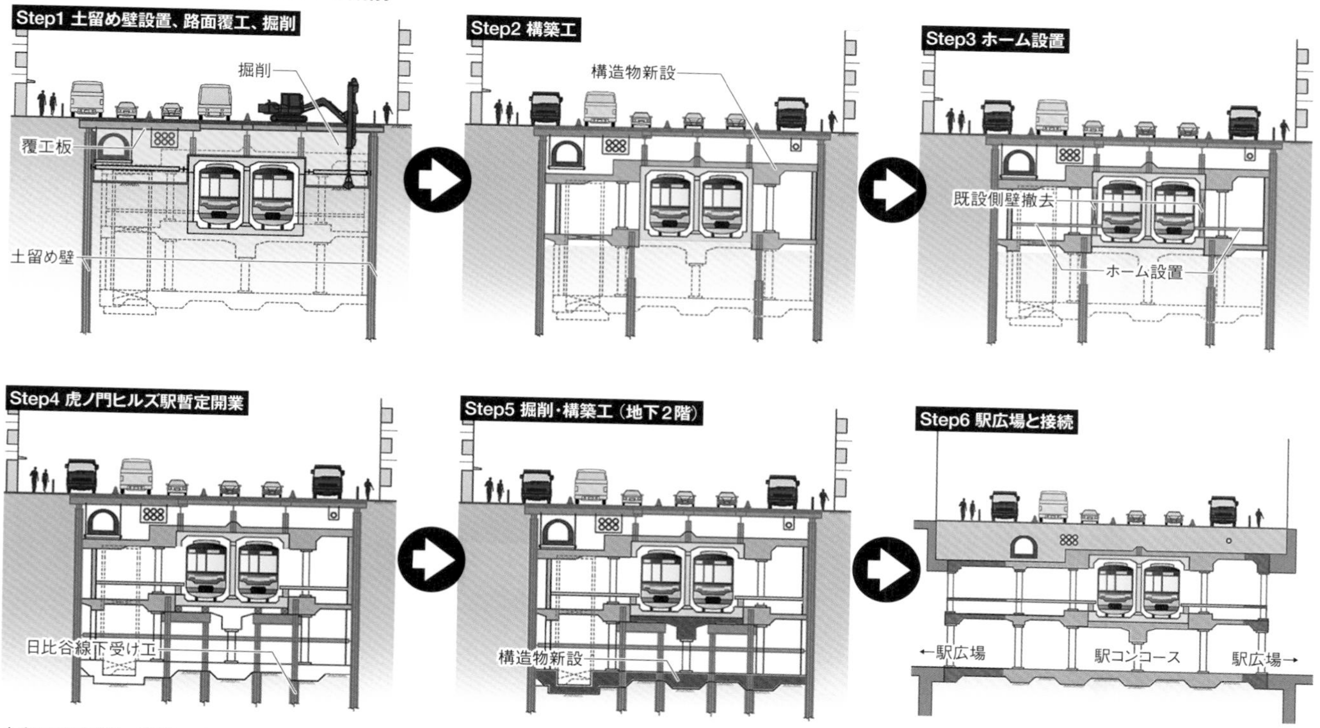


土留め壁を設け、既設トンネルの両脇と直下を掘削し、地下１階のプラットホームと地下２階のコンコースを新設。暫定開業後は営業運転中の地下をさらに掘り進め、地下２階に改札を移動。側壁を撤去してコンコースとビル側の地下広場を接続した

ションタワーが開業した。地下広場と接続すると多くの人が訪れ、にぎわいを見せる。藤沼氏も予想以上に広い空間に感銘を受けた。

「地下鉄駅は道路下に設置するという制約があり、面積の余裕もなく、できることは限られると考えていた。しかし、駅の可能性はまだあると認識が変わった」と話す。都心に多くの駅を持つ東京メトロも、今回のエポックメイキングなプロジェクトに手応えを感じていた。

**改札階と虎ノ門ヒルズ ステーションタワーの地下広場を接続**
改札を地下２階に移設。地下通路が整備され、銀座線虎ノ門駅方面の移動もスムーズに。正面の柱に大きなサイネージを設置するなど、ビル部分と違和感のない仕上げになっている

## TOKYO NODE

23年

# 虎ノ門ヒルズ駅タワー最上部に新名所 メモラブルな無限プールやライゾマ独自公演

虎ノ門の新しいイメージを決定付ける可能性を秘めた、虎ノ門ヒルズステーションタワー最上部の施設「TOKYO NODE」(東京ノード)の全貌に迫る。NODEとは結節点を意味する。TOKYO NODEは森ビルにとって戦略的な施設であり、ステーションタワーが単なるオフィスビルではないことを理解できる。

約1万$m^2$の広さがあるTOKYO NODEは、ステーションタワーの一等地といえる地上45～49階および8階の一部、合計6フロアにまたがる。森ビルはTOKYO NODEを情報発信拠点と位置付けている。

施設はギャラリーやホール、ラボ、レストラン、カフェ、そして屋上プールとガーデンなどで構成。機能や設備は多岐にわたる。8階のカフェと、45階の到着ロビーやダイニングは誰でもアクセスできる。

話題になっているのが、地上250mに位置するルーフトップのインフィニティープールだ。皇居の方向に開いたプールは柵や窓に覆われることなく、東京の街と空の大パノラマが眼前に広がる。この景色は一度見たら忘れないインパクトがある。東京で唯一無二の場所と言っていい。

「TOKYO NODE」の開館記念企画「"Syn：身体感覚の新たな地平" by Rhizomatiks × ELEVENPLAY」。公演を開催するギャラリーの面積は合計で約1500$m^2$あり、六本木ヒルズにある森美術館の広さに匹敵する（写真：日経クロステック）

GALLERY Aでは、近未来を感じさせる怪しげな舞台装置の中で、白い衣装を着たダンサーがアンドロイドのような動きで踊る（写真：日経クロステック）

GALLERY Aはドーム型で天井が高い。曲線形の壁面に360度の映像を映し出せる（写真：日経クロステック）

GALLERY Bは約1000m²あり、天井高が5.5mの細長い空間だ。Synでは巨大な空間を固定の壁で仕切らず、高さ4mの動く壁を使って空間を自在に変形させた。天井に設置したデジタル機器もレールで移動する。3Dメガネをかけて鑑賞すると本物の壁と立体映像の壁が混在して見えたり、映像が宙に浮いて見えるため壁の表面がどこにあるのかさえ分からなくなったりする（写真：日経クロステック）

ステーションタワーの建築デザインを手掛けたOMAの重松象平パートナーから飛び出した印象的な一言は「メモラブル」だった。記憶に残る、という意味だ。

重松氏は複合施設の機能にまで踏み込んで、森ビルにプランを提案した。中層部のオフィスフロアを上下から挟むように低層部に商業施設を置き、高層部には「東京に来たら必ず訪れたくなるような、ここでしか体験できないイベントが毎日行われている施設」の設置を訴えた。

それがTOKYO NODEである。発案が森ビルの内部からではなく、OMAによるものだったことに驚かされる。

コンペでステーションタワーの建築デザインを勝ち取った重松氏は、提案当時40代だった。森ビルのトップに就任してまだ日が浅かった辻慎吾社長に「メモラブルな体験」の必要性と、代替わりした経営者が欲する新しさを説いた。その象徴が、日本では例がない超高層の屋上に設けるインフィニティープールである。

超高層のてっぺんにプールを設置するのは、リスクもコストも大きい。「屋上プールは最後まで多くの関係者に反対され、とん挫しかけた」と重松氏は笑う。

それでも実現にこぎ着けた。結果的に開業前から「ステーションタワーと言えば、インフィニティープール」という構図が出来上がり始めた。

天井高を12mまで上げられるGALLERY C。Synでは中央に水盤を設け、その上にピアノを1台置いている。観客と係員以外に人けはない。MR（複合現実）デバイスを両手で持ち、仮想の映像を鑑賞していると現実世界とリンクした不思議な現象が起こる（写真：日経クロステック）

重松氏は辻社長を味方に付けただけでなく、森ビルでTOKYO NODEの開発を任された杉山央TOKYO NODE運営室長と意気投合。2015年から議論を重ねてきた。

杉山氏はプールについて、「ビルが揺れたときの水のあふれなどはシミュレーションで検証している。人の転落防止には当然、（プールの下にセーフティーゾーンを設けるなど）最大限の注意を払った。ただし、帽子が風で吹き飛ばされるといった事案は、屋上にイベントスペースを設けると避けては通れない。そこは運用でカバーしていく」と説明する。

注目を集めるプールの発案は重松氏からだが、杉山氏がこだわったのはグローバルで通用するギャラリーの整備である。「TOKYO NODEに集まってきた人たちが開発したもの

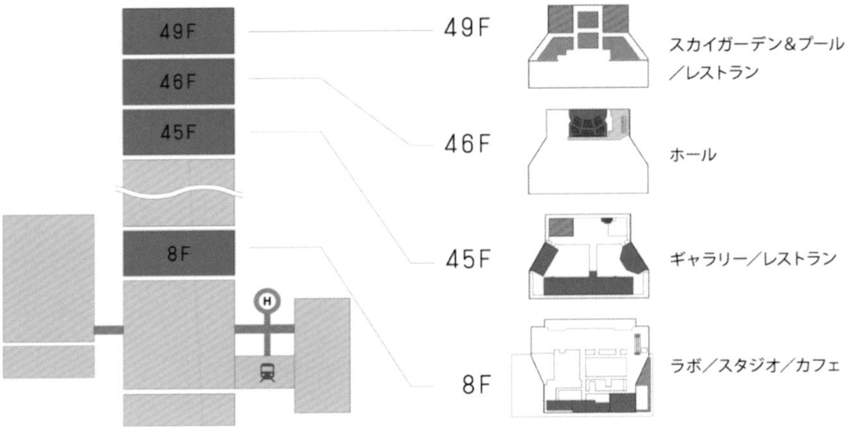


**TOKYO NODEのフロア構成。8階および45～49階を占める（資料：森ビル）**

を、この場で発信していく。そんな場所にしたかった」。杉山氏はそう語る。情報発信拠点の意図するところだ。

### 3つの巨大ギャラリーが発想変える

情報発信拠点としてのイメージを早期に確立するため、杉山氏は開業と同時にTOKYO NODEでしか体験できない企画を用意した。45階に3つ設けたギャラリースペース「GALLERY A／B／C」を全て使う開館記念企画「"Syn：身体感覚の新たな地平" by Rhizomatiks × ELEVENPLAY」である。合計すると約1500m²あるギャラリー空間で、最新のテクノロジーと生身のダンサーによるパフォーマンスを融合した公演を1カ月以上にわたって開催。大盛況となった。

**TOKYO NODEの運営責任者である森ビルの杉山央氏（左）と、Synのクリエーターの1人であるRhizomatiksの真鍋大度氏。杉山氏も真鍋氏も40代で、OMAの重松氏とはほぼ同世代だ（写真：日経クロステック）**

杉山氏がオープニング企画を依頼したのは、Rhizomatiks（ライゾマティクス）を共同主宰する真鍋大度氏と石橋素氏、そして演出振付家でダンスカンパニー「ELEVENPLAY（イレブンプレイ）」を主宰するMIKIKO氏だ。数多くのプロジェクトを成功させて世界を沸かせてきた3人だが、1500m²もの室内空間向けに作品をつくるのは初めて。他の会場では上演できない、TOKYO NODEのためだけの新作である。

公演期間は、23年10月6日の開業初日から38日間という長丁場だ。かつ、約70分のパフォーマンスを朝から晩まで、1日17回も上演した。

Rhizomatiksのデジタル演出はこれまで開発してきたテクノロジーの集大成をさらにパワーアップさせたものになっている。それでも最大の見どころは、ELEVENPLAYのダンサーが総出でテクノロジーを背負いながら目の前で踊るさまだ。

3つのギャラリーは、それぞれタイプが異なる。空間をどう「料理」するかは、アーティスト次第である。Synは巨大なギャラリー空間ありきで制作されている。

最初のGALLERY Aはドーム型で、天井高は3つのギャラリーで一番高い15mある。面積は236m²。GALLERY Bは広さが最大で1020m²ある。天井高は5.5mだ。GALLERY Cは面積が217m²とAに近いサイズで、使用目的に応じて天井高を最大12mまで変えられる。

46階には、460m²のメインホール「TOKYO NODE HALL」を設けた。3段階の可動段床で、大型スクリーンやステージを備える。スクリーンを引き上げると、全面ガラス越しに皇居方向の景色が大きく見えるサプライズが待っている。シアターやトークイベントなどの他、音楽ライブにも利用可能な防音構造を採用した多目的ホールだ。

杉山氏は、「屋上プールよりも音楽ライブに対応したホールを高層部に設けるほうが施設開発としては難しかった」と打ち明ける。

通常、音楽ライブにも対応できるホールは音漏れを減らすため地下に設けたり、イベント開始時間に一斉に参加者が集まるのでエレベーターの混雑を避けやすい低層部に設けた

屋上プールから皇居の緑や霞が関の官庁街、丸の内のオフィスビル群、少し遠くに東京スカイツリーなどが見える。プールの広さは、幅15m×奥行き11m。水深は約1.2m（写真：日経クロステック）

プールの両側にフレンチレストラン「KEI Collection PARIS」と「apotheose」がある。当面はレストランの利用者だけが49階のSKY GARDEN & POOLに立ち寄れる。インフィニティープールは自由に見学できない（写真：日経クロステック）

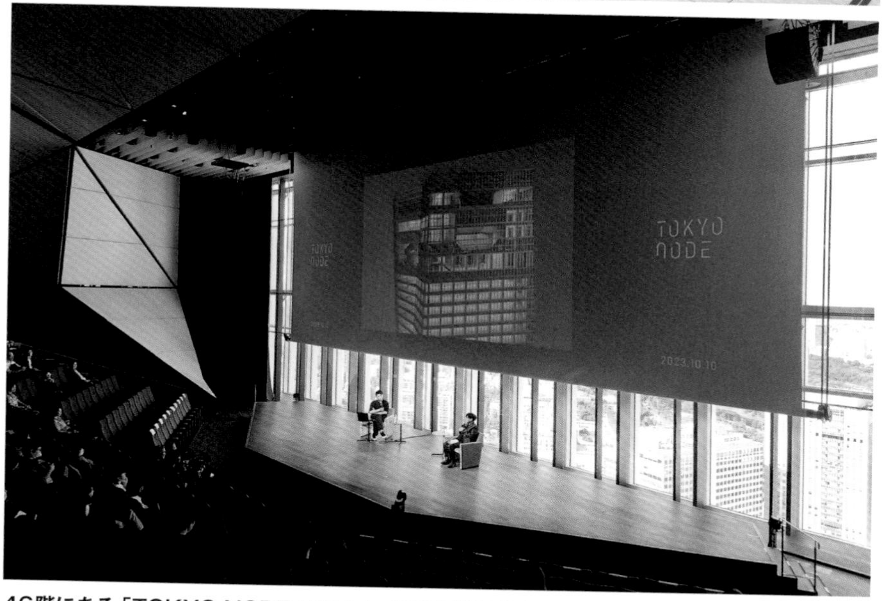


46階にある「TOKYO NODE HALL」。収容人数は着席で338人。ステージの後ろに大型スクリーンがあり、奥のガラス窓から東京の景色が見える。23年10月10日には重松氏と杉山氏が対談した（写真：日経クロステック）

りすることが多い。高層部は人と物の移動に時間とコストがかかる。

それでも杉山氏は「背景に東京の風景が広がるアイコニックなステージで講演をしたい、歌を歌いたい、新製品をお披露目したいと言ってもらえるような場づくりにこだわった」。狙いは当たり、ホール利用の引き合いが相次いでいる。

## プールはランドスケープの一部

49階のSKY GARDEN & POOLには先述のインフィニティープールと、その両側に高級レストランが並ぶ。プールに接する緑のガーデンでは、イベントや立食パーティーなどを開ける。プールは温水なので、年間を通して泳げる仕様になっている（23年10月時点では遊泳できない）。

もっとも、重松氏は「実際にプールで泳ぐ人は多くないだろう。それは分かったうえで、メモラブルなランドスケープの一部としてインフィニティープールを設計している。海外で見かける屋上プールも同じ発想のものが多い」と話す。プールの水を抜けば、床（プールの底）の上でもイベントを開ける無駄のないつくりになっている。

TOKYO NODEにとっては「食」もまた、情報発信の大事な要素だ。森ビルがTOKYO NODEに誘致した2つの屋上レストランはどちらも最高級で敷居は高いが、話題性は十分である。

他に45階にダイニングがあり、8階にも気軽に使えるカフェ「TOKYO NODE CAFE」を設けた。開業初日からダイニングやカフェは盛況だ。

重松氏はTOKYO NODEを設置することで、「高層部で何かやっているぞ」と東京の街にアピールする効果を狙った。Synに続く展覧会「蜷川実花展」も大成功で、会期中25万人が来場した。

▶▶ インフラ T-デッキ

23年

# 虎ノ門の新しい歩行者デッキ 造形美と安全性と管理しやすさ実現

国家戦略特区プロジェクトにおける国際ビジネス拠点として再開発が進む虎ノ門エリア。高層ビルの間や地区全体の回遊性を高めることを目的とした、複数の歩行者デッキの建設が進む。

2023年7月には、昼夜を問わず交通量の多い国道1号（桜田通り）上に、幅員約20mの巨大歩行者デッキ「T-デッキ」が完成した。

地上約6mの高さに架かるデッキの全長は約35m。地下4階・地上49階の虎ノ門ヒルズ ステーションタワーと、地下3階・地上4階のグラスロックを地上2階レベルでつなぐ。通路だけでなく、広場としての役割も果たす。

注目すべきはデッキの構造である。桜田通りから見上げた桁底部分は、板が折り紙のように折れ曲がったデザインだ。「折板箱桁構造」を採用し、スチール製の鋼板を現場で溶接して形成することで、主構造が仕上げ材を兼ねるつくりに仕上げた。デザインは、デッキが接続するステーションタワーの内装と統一している。

スチール製鋼板の溶接部分は全て、職人が約4カ月かけてグラインダーで削って平滑にしている。施工者と協議した際、溶接ではなく二次部材やボルトで接合する案も挙がった。しかし、デッキの設計を担ったネイ&パートナーズジャパンの渡邉竜一代表は溶接にこだわった。

## ロッキングピアで揺れを吸収

渡邉代表が設計時に時間を要したのが、構造安全性の検討だ。

T-デッキは一般的な歩道橋と異な

2023年7月に完成した「T-デッキ」（写真：吉田 誠）

北側上空から見たT-デッキの様子（写真：森ビル）

グラスロック側（南東側）から見たT-デッキ上部の様子。デッキ上でマルシェなどのイベントを開催する（写真：吉田 誠）

桜田通りからT-デッキを見上げた様子（写真：吉田 誠）

T-デッキを見上げた様子。片側4本ずつの八角形断面の支柱で支える。鋳造後に切削して仕上げた（写真：日経クロステック）

り、地盤の上ではなく建築のトラス梁上に建設している。片側は超高層、もう片側は低層の建物のため、地震時の振動特性が異なる。デッキの下部構造に異なる周期の揺れが伝わるため、下部構造だけで吸収するのが難しかった。

そこで渡邉代表が検討したのが、ヒンジ構造を持つ「ロッキングピア形式」の採用だ。T-デッキは片側4本ずつの八角形断面の支柱で支えている。低層建物側では支柱の上下端をピン接合に、超高層側では上部をピン接合に、下部のトラス梁とはボルトで剛接にすることでデッキ全体を静定構造とした。

「熊本地震でロッキング橋脚の橋が落下した経緯があるので、再検討すべきだという意見もあったが、T-デッキのような特殊なケースでは合理性があると考えた」（渡邉代表）

構造検討時には国土交通省国土技術政策総合研究所も議論に加わった。実証実験やデータ解析などで耐震性能を確認。支柱の断面は載荷試験を繰り返して塑性変形性能を確かめな

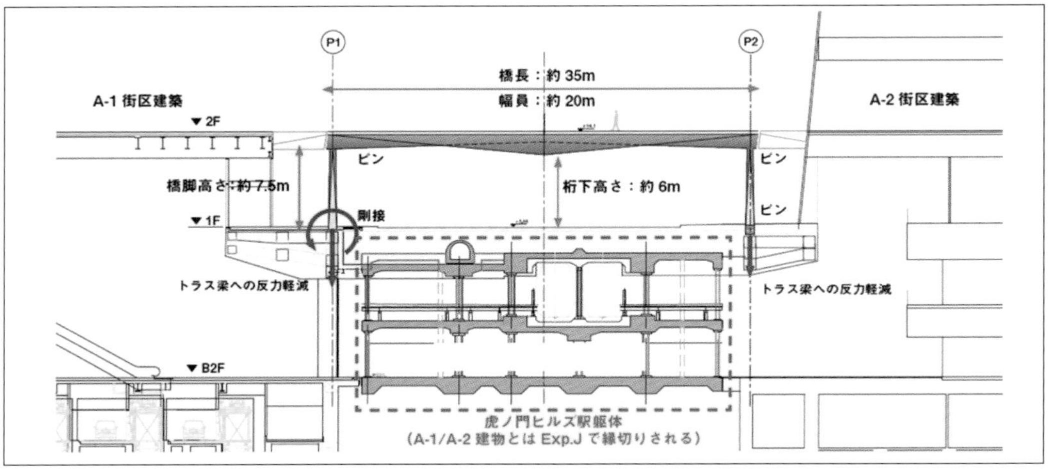


片側の上下がヒンジで動くT-デッキの構造図（資料：ネイ&パートナーズジャパン）

がら決定し、落橋防止構造を併せてデッキ全体の耐震性を向上させた。

T-デッキで高難度の施工を実現できたのは、ネイ&パートナーズジャパンが、発注者や施工者、専門工事会社などと密接に連携していたからだ。

デザイン性を確保しつつ、安全性や維持管理のしやすさを実現するため、渡邉代表はこれまでのプロジェクトを通して知り合った松田建設工業（北九州市）やUBEマシナリー（山口県宇部市）などを、T-デッキの元請け工事を担った鹿島に紹介した。「T-デッキの場合、高い溶接技術を持った職人に頼む必要があった。鹿島ともいい関係性を築けているからこそできたプロジェクトだ」（渡邉代表）

桁底部を試験的に製作した様子（写真：ネイ&パートナーズジャパン）

工事が始まると、渡邉代表は週3～4回の頻度で現場に通った。施工者とコミュニケーションを密に取り、現場で発生した問題にすぐに対応できるようにするためだ。

渡邉代表は、「例えば、施工したものが設計上の基準値を超えていた際に、工事監理者が『やり直し』と判断すると作業も費用も増える。構造上主要な部分では許容できないが、そうでない場合は設計者が再検討して、全体としての安全性に影響がなければやり直す必要はない。工事を施工者任せにするのではなく、情報を共有してすぐに対応することで、手戻りを減らした」と話す。

「溶接すると熱や自重で鋼板が変形するため、縮み量などを考慮した高精度な施工が求められる。コストも高くなるが、ボルトなどで接合した場合は完成後にさびる恐れがある。長期的なライフサイクルコストを考えて継ぎ目をなくし、再塗装や目視による点検がしやすくなることを優先した」（渡邉代表）

さらに、二次部材を可能な限り減らしたことで桁高を約1.7mに抑え、桁下空間の明るさを確保した。渡邉代表は「仕上げ材を張っていないので、地震時にデッキ下の道路に仕上げ材が落下する心配がない。安全性の向上につながっている」と語る。

完成予定 29年

▶▶ 西麻布3丁目北東地区第1種市街地再開発

# 六本木ヒルズの隣地に200m超高層 野村不動産などが約804億円の再開発

野村不動産とケン・コーポレーションは2023年2月15日、「西麻布3丁目北東地区第1種市街地再開発事業」で、権利変換計画の認可を東京都知事から受けたと発表した。森ビルの「六本木ヒルズ」(03年竣工)が開業してちょうど20年。その隣地で、高さ約200mの超高層ビルを建設する再開発が動き出す。

計画地は東京メトロ日比谷線と都営地下鉄大江戸線の六本木駅近く。六本木ヒルズの西側に隣接するエリアで、敷地面積は約1万6000m$^2$だ。

超高層ビルを建設するほか、広場や歩行者デッキの整備、寺社の再配置、車道の拡幅をする。23年度に解体工事に着手し、28年度の竣工を予定している。総事業費は約804億円。

東京・西麻布に高さ約200mの超高層ビルが誕生する（資料：野村不動産、ケン・コーポレーション）

超高層ビルは地下4階・地上54階建てで、高さ約200m。延べ面積は約9万7010m$^2$だ。制振構造を採用する。

基本設計は梓設計、実施設計は同社と大成建設が担当する。

### 地上6～45階に約500戸の住宅

超高層ビルには住宅やオフィス、ホテル、商業施設が入る。地上6～45階が住宅で、住戸数は約500戸を予定する。4～5階がホテルのロビーとバックオフィス、46階がスパとフィットネス、47～52階が客室だ。「エリアにふさわしい国際水準の宿泊機能」を掲げ、外資系ラグジュアリーホテルブランドを誘致するとしている。商業施設とオフィスは地上1～3階に配置する。

計画地には長幸寺、妙善寺、櫻田神社の3つの寺社があるが、いずれも再配置する。敷地の北側と南側に計約3000m$^2$の広場を整備し、一部を緑化する。北側の広場は歩行者デッキを介して「六本木ヒルズクロスポイント」(11年竣工)と接続する。広場は超高層ビルの低層部に設けた

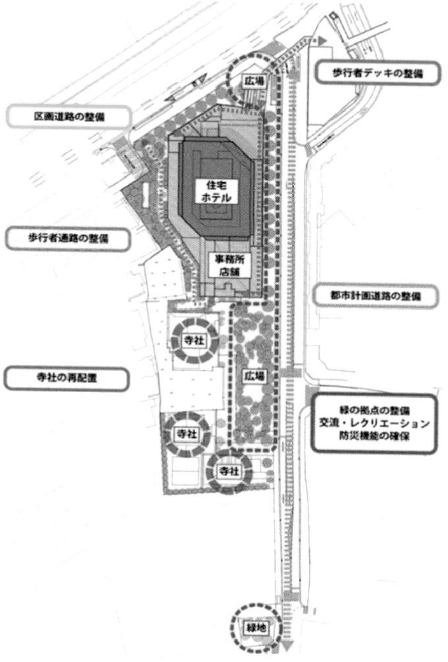


計画地の敷地面積は約1万6000m$^2$。超高層ビルを建設するほか、広場や歩行者デッキの整備、寺社の再配置、車道の拡幅をする（資料：野村不動産、ケン・コーポレーション）

商業施設との連携によって、にぎわいを創出する場にする。

マンホールトイレや防災シェルターといった防災機能を備え、災害が発生した際は一時的な避難場所として使うことを検討している。

このほか東側を通る都市計画道路「テレビ朝日通り」は現状の幅員約10mから15mに拡幅する。野村不動産とケン・コーポレーションは今回の再開発事業で、「周辺市街地と調和した緑豊かで魅力ある複合市街地の形成を目指す」としている。

完成予定 24年

## 東京ワールドゲート赤坂、赤坂グリーンクロス

# オフィスと娯楽、歴史が交じり合う街に巨大な「赤坂トラストタワー」にはホテル入居

手前が「赤坂2・6丁目地区開発」の計画地。既存建物の解体が終了したところ。奥には共に2024年の開業予定で、建設が大詰めを迎えている「東京ワールドゲート赤坂」(右)と「赤坂グリーンクロス」(左)が見える。東京ワールドゲート赤坂の中核を成すのは、超高層ビル「赤坂トラストタワー」。2024年3月時点(写真:北山 宏一)

24年 赤坂グリーンクロス

### 溜池山王駅直結のオフィスビル

(資料:積水ハウス、日本生命保険)

1 東京都港区赤坂2-4-6 2 積水ハウス、日本生命保険 3 日建設計 4 大林組・銭高組・岩田地崎建設JV 5 24年5月 6 24年秋(予定) 7 S造、一部SRC造・RC造 8 地下3階・地上28階 9 約7万3450m²

1所在地 2発注者、事業者 3設計者 4施工者 5竣工時期 6オープン時期 7主構造 8階数 9延べ面積

（資料：森トラスト、NTT都市開発）

## 24年 東京ワールドゲート赤坂

# 最新オフィスと江戸文化が混在

低層部に江戸文化の情報発信施設、店舗、クリニック、高層部にホテルやサービスアパートメントを配した地下３階・地上43階建ての複合オフィスビル。働き方の多様化が進む状況を踏まえ、ワーカーが集まる目的地となるようにコミュニケーション活性化の工夫を施す。既存の崖地など高低差のある敷地を生かして大規模な緑地を整備。

1 東京都港区赤坂2-1712-1他 2 森トラスト、NTT都市開発 3 4 大成建設 5 24年8月（第1期）、25年10月（第2期） 6 25年 7 S造、一部SRC造・RC造 8 地下3階・地上43階 9 約22万m²（既存建物を含む）

▶▶ 赤坂2・6丁目地区開発

完成予定 28年

# ハリポタ上演など赤坂をエンタメ集積地に 三菱地所とTBS、東京メトロが駅街開発

三菱地所とTBSホールディングスが東京都港区で共同推進している「赤坂2・6丁目地区開発」。国家戦略特別区域計画における国家戦略都市計画建築物等整備事業として、2021年11月に内閣総理大臣による認定を受けた。既存建物の解体が完了し、24年2月に着工した。

このプロジェクトは東京地下鉄（東京メトロ）が進める「えき・まち連携プロジェクト」の対象でもある。東京メトロ千代田線赤坂駅と連携して街とつなぎ、開放性やにぎわいがある空間を駅と街一体で整備する。赤坂駅を中心に街の回遊性を高めつつ、都市基盤を強化する。

開発計画では、1980年に竣工した「国際新赤坂ビル」などが立つ2つの隣接する敷地にそれぞれ、三菱地所とTBSホールディングスが共同で超高層ビルを建設する。国際新赤坂ビルは三菱地所が運営管理しており、同ビル西館・東館・アネックスおよび周辺の建物を解体し、TBSホールディングスと共同で建て替える。

東街区には高さが約207mのオフィスビル、西街区にはホテルや劇場・ホールが入る約100mのビルを建設する。竣工は28年3月末、全体開業は同年10月を予定している。

東西街区合計の敷地面積は約1万4000m²、延べ面積は約20万5800m²。東街区のビルは地下4階・地上40階建て。設計は三菱地所設計、施工は鹿島が手掛ける。

西街区のビルは地下3階・地上18階建てで、下層階に劇場・ホール、高層階にホテルを設ける。設計は三菱地所設計、観光企画設計社（ホテル）、久米設計（劇場・ホール）、施工は大林組だ。

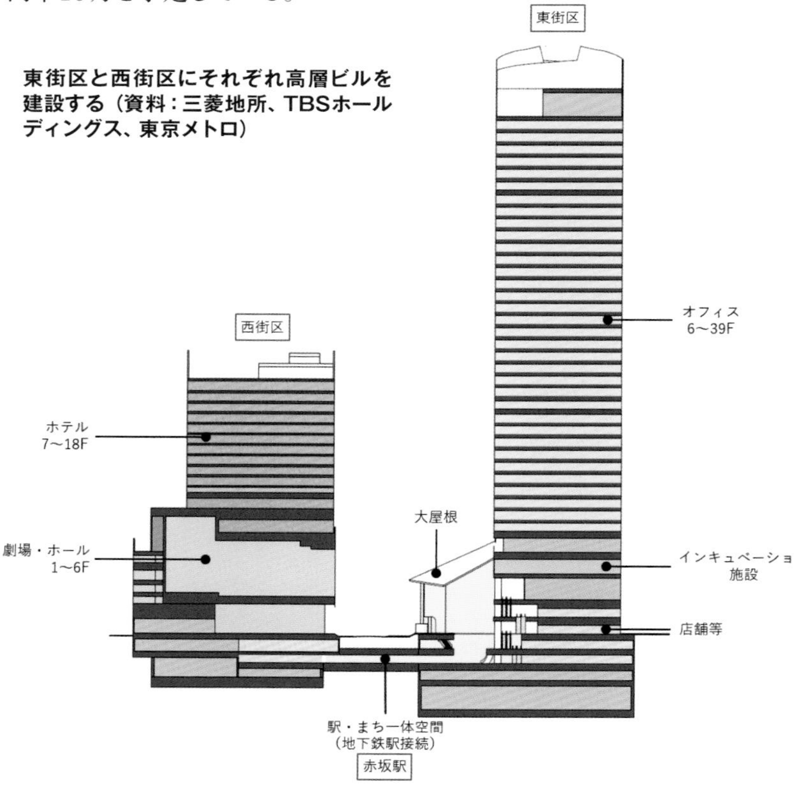


東街区と西街区にそれぞれ高層ビルを建設する（資料：三菱地所、TBSホールディングス、東京メトロ）

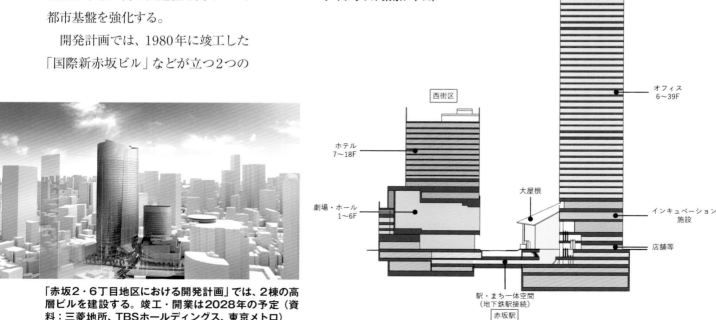

「赤坂2・6丁目地区における開発計画」では、2棟の高層ビルを建設する。竣工・開業は2028年の予定（資料：三菱地所、TBSホールディングス、東京メトロ）

**東街区（左）と西街区（右）はどちらも、既存建物の解体が完了。工事現場の仮囲いで赤坂の再開発をアピールしている（写真：北山 宏一）**

両ビルの足元に位置する地下2階から地上1階にかけては、駅と街の境界を感じさせない駅前空間や交流の場を設ける。これらの広場は合計で約4900m²あり、地下の赤坂駅改札から地上まで連続した重層空間になるという。

**赤坂駅を起点に、地下から地上まで連続した駅と街一体開発のイメージ（資料：三菱地所、TBSホールディングス、東京メトロ）**

エレベーターやエスカレーターなどのバリアフリー動線を整備し、駅や街を往来する人の利便性を向上。広場ではイベントを開催したり、オープンカフェを設置したりするなど、駅から街まで連続したにぎわいを感じられる環境を構築する。

敷地内には、空港リムジンバスや観光周遊バスを受け入れるバス乗降場を設ける。駅や街、周辺エリアへのアクセス性も高める。

駅と街の一体開発に加えて、エンターテインメント施設の充実を図る。これがプロジェクトの大きな特徴だ。西街区のビルにできる劇場・ホールは、延べ面積が約1万1000m²ある。その上のホテルは、約1万2000m²。赤坂に滞在しながら、多様なエンタメを楽しめるようにする。

赤坂駅を挟んで計画地の向かい側には、TBS放送センター（TBSテレビ本社）やオフィスビルの赤坂Bizタワーが立つエリア「赤坂サカス（akasaka Sacas）」がある。サカスにはTBS赤坂ACTシアターとTBS赤坂BLITZスタジオも並んでいる。

TBS赤坂ACTシアターは22年に、英国発の舞台「ハリー・ポッターと呪いの子」を日本人キャストでロングラン上演する専用劇場に生まれ変わった。アジア圏では初めてとなるハリポタ舞台の常設劇場である。

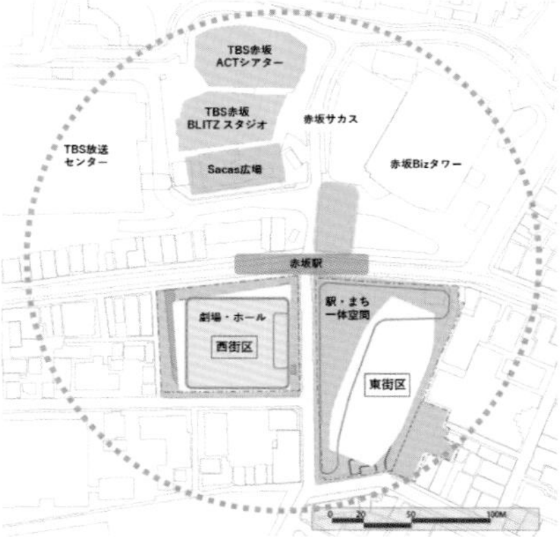


**TBSの既存施設と連携し、赤坂全体をエンタメシティーに育てる（資料：三菱地所、TBSホールディングス、東京メトロ）**

**1** 東京都港区赤坂2-1433-1他、6-101-1他 **2** 三菱地所、TBSホールディングス、東京メトロ **3** 三菱地所設計、観光企画設計社（ホテル）、久米設計（劇場・ホール） **4** 鹿島（東街区）、大林組（西街区） **5** 28年3月 **6** 28年10月　**東街区** **7** S造、一部SRC造 **8** 地下4階・地上40階 **9** 約16万9500m²　**西街区** **7** S造、一部SRC造（中間免震構造） **8** 地下3階・地上18階 **9** 約3万8500m²

**1** 所在地 **2** 発注者、事業者 **3** 設計者 **4** 施工者 **5** 竣工時期 **6** オープン時期 **7** 主構造 **8** 階数 **9** 延べ面積

▶▶ 野村不動産溜池山王ビル

23年

# 木造混構造で国内最大級の賃貸ビル 木に包まれた21m×18mの無柱空間

野村不動産が東京・赤坂の外堀通り沿いで建て替えを進めていた「野村不動産溜池山王ビル」が、2023年10月に完成した。鉄骨と木のハイブリッド構造を採用した中高層の賃貸オフィスビルでは、国内最大規模になる。

同ビルは地下1階・地上9階建てで、延べ面積は約5600m²。約470m³の木材を使用し、オフィス基準階の執務スペースでは約21m×約18mの無柱空間を実現した。設計・施工は清水建設。23年12月から1棟賃貸借契約でテナントが入居を始めた。

執務スペースは木現しの空間となっている。清水建設が開発したハイブリッド木質構法「シミズ ハイウッド」を適用し、耐火要件をクリアした。柱・梁には木質耐火部材の「スリム耐火ウッド」や「ハイウッドビーム」を用いている。天井は直天井で、スラブの型枠に使用したスギのCLT（直交集成板）をそのまま仕上げとした。

## テナントの入れ替わりにも対応

清水建設設計本部プロジェクト設計部2部の大栁聡設計長は、「賃貸オフィスなので、テナントの入れ替わりに対応しやすい仕掛けを盛り込んだ」と語る。その1つが、執務スペースの梁や天井の下面に人工木を埋め込んだ「間仕切り対応システム」だ。仕上げ材を傷つけずに間仕切り壁を設置でき、原状復帰コストを安く抑えられる。

他にも、照明は天井に設置したレースウェイに取り付けた。増設や移設を楽にできる。空調の吹き出し口は床面に設け、間仕切り壁の位置に応じて自由に位置を変えられる。

野村不動産都市開発第一事業本部の齊藤康洋建築部長は、「木造ハイブリッド構造のビルは、鉄骨造でつくるより工事費が約20％高くなる。今回は、木材の使用箇所にメリハリを付けることで4～5％増にとどめた。増加したコストの約半分は国の補助金で賄った」と語る。

写真中央が、地上9階建ての賃貸オフィスビル「野村不動産溜池山王ビル」。2021年11月に国土交通省から「21年度サステナブル建築物等先導事業（木造先導型）」に採択された（写真：日経アーキテクチュア）

上が執務スペースの内観。天井の太い梁がシミズ ハイウッドの耐火木鋼梁「ハイウッドビーム」。下は耐火木鋼梁を取り付ける様子（写真：上は日経アーキテクチュア、下は清水建設）

21年

## 紀尾井清堂

# “用途未定”のコンクリートキューブ 内藤廣氏が設計、ピロティの柱で浮遊感

東京・紀尾井町の角地に、ガラスで覆われた15m角のコンクリートキューブが2021年に出現した。高低差がある敷地の1階ピロティにある、多角形の4本柱がキューブを地上約3.6mまで持ち上げ、建物に浮遊感を与えている。「紀尾井清堂」と呼ぶこの建物の発注者は一般社団法人倫理研究所で、設計は内藤廣建築設計事務所が手掛けた。

特徴は、“用途未定”であること。「思ったようにつくってください。機能はそれに合わせて後から考えます」という依頼で計画は始まった。「大規模開発や商業建築の“外”にある建築を目指した」と内藤氏は説明する。

コンクリートを原始的な素材と捉え、「縄文的な」キューブを、「弥生的な」ガラスで被覆することをコンセプトとした。ガラススクリーンには厚み30mmの高透過強化合わせガラスを用い、DPG工法（点支持）を採用。ガラス同士に50mmの隙間を設けることで、風が通り抜ける半屋外空間をキューブの外周にまとわせた。

キューブ内は通路と階段が続く4層吹き抜けの空間だ。トップライトから光が差し、お堂のような静謐さがある。トップライトと屋根の間に電動遮光スクリーンを仕込み、昼間でも真っ暗にできる。演奏会などにうってつけに見えるが、確認申請上の用途は事務所としている。

ガラス同士に約50mmの隙間を設けて風が通るようにした。繊細なディテールを追求し、サッシやシールは用いていない（写真：日経アーキテクチュア）

1階ピロティ内観（写真：日経アーキテクチュア）

緩やかな曲面でつくられたトップライト。建物は地下1階・地上5階建て、延べ面積は約1290$m^2$。構造は鉄筋コンクリート造、一部プレストレストコンクリート造、鉄骨造だ（写真：日経アーキテクチュア）

第2章

# 東京駅周辺
# 日本橋
# 八重洲
# 京　橋

# 日本橋川沿いの水辺が一変

## 周辺5地区の同時開発で「親水空間」を連携整備

**三井不動産が示す、将来の日本橋のイメージ。親水空間が整備され、憩いの場になりそうだ。図は2019年8月に公開された日本橋の将来イメージで、実際の再開発計画などとは異なる（資料：三井不動産）**

「江戸時代の、人々が川を眺めながら日本橋を歩いている景色を、今の世の中でリバイバルしたい」。中央区都市整備部の栗村一彰地域整備課長はこう意気込む。

現在、日本橋周辺エリアは、日本橋川の上に架かる首都高速都心環状線により南北に分断されている。川には日が差さず、周りの建物もあえて川に背を向けて立つものが多い。

その景色はこれから一変する。日本橋川の上に架かっている首都高の地下化が2040年に予定されている。それを見越して日本橋周辺の5地区では相次いで、再開発計画が進行中だ。地権者と開発を進める三井不動産や東京建物など各プロジェクトの事業者たちが連携して、親水空間を整備する。来街者の回遊性を高め、日本橋両岸で一体のにぎわいを生み出すことを狙う。

### 川に目を向ける水辺環境づくり

5つの再開発のうち第1弾となる

**建設が進む「日本橋1丁目中地区第1種市街地再開発」。右写真の茶色の建物は「日本橋野村ビルディング旧館」(写真:2点とも北山宏一)**

「日本橋1丁目中地区第1種市街地再開発」の工事が21年12月に始まった。

三井不動産と野村不動産が地権者などと共に進めるこのプロジェクトは、26年3月末の竣工を予定する。総事業費は約3220億円。

三井不動産ビルディング事業一部事業グループの柳本拓也主事は「川があるという立地ポテンシャルを生かして、人々の目を川に向ける環境をつくり出していく」と説明する。

再開発は、中央区指定有形文化財の「日本橋野村ビルディング旧館」を保存活用するA街区、低層のB街区、地上52階のメインタワーを含むC街区から成る。メインタワーにはMICE(会議・展示)やオフィス、商業施設などをつくり、大規模な複合用途施設にする計画だ。

屋外にはテラスやデッキ、広場を設け、日本橋川を様々な視点から楽しめるようにする。

川沿いの開発では、大雨への対策が必須だ。C街区では、建物に貯水機能をつくり、豪雨の際には敷地内の雨水をためられるようにする。護

**低層部イメージ(資料:三井不動産、野村不動産)**

**26年**

## 日本橋1丁目中地区再開発
# 日本橋川沿い第1弾

東京都中央区の日本橋川沿いで計画が進む5件の市街地再開発事業の第1弾となる。C街区には、オフィスやホテル「ウォルドーフ・アストリア東京日本橋」などで構成する地下5階・地上52階建てのメインタワーを建設。「日本橋野村ビルディング旧館」の外観を保存活用するA街区と約50住戸などを設けるB街区は、低層棟として親水空間を整える。22年10月時点の総事業費は約3220億円。

1 東京都中央区日本橋1-30〜32 2 日本橋一丁目中地区市街地再開発組合 3 日建設計 4 日本橋一丁目中地区第一種市街地再開発事業JV(A〜C街区代表、B街区構成員に清水建設、A街区構成員に大林組、B街区構成員に銭高組) 5 26年3月 6 26年 7 S造、一部RC造・SRC造 8 地下5階・地上52階 9 約38万300m²

外観イメージ(資料:三井不動産、野村不動産)

1 所在地 2 発注者、事業者 3 設計者 4 施工者 5 竣工時期 6 オープン時期 7 主構造 8 階数 9 延べ面積

岸より下につくるプロムナードは増水時に浸水する可能性があるが、門扉を設置して立ち入りを制限するなどの対応を検討している。この他、防災船着き場の整備も検討中だ。

### 川沿いをウオーカブルな空間に

東京都は40年代の日本橋エリアを、水と緑を楽しむ人々が集う、にぎわいと憩いの場と位置づける。それを踏まえて中央区は、21年6月に「日本橋川沿いエリアのまちづくりビジョン2021」をつくり、日本橋川沿いエリアのにぎわいを生むウオーカブルな街づくりを推進。魅力的な水辺景観の形成を目指す。

中央区はビジョンの中で、親水性の高いオープンスペースを設けることや、オープンスペースに面する建物は低層に抑えること、護岸の表情を合わせることなど、地区全体での空間づくりを示す。この他、橋詰めには歩行者が滞留できる広場を設け、憩いの空間をつくる考えだ。

東京駅から日本橋方面へと人の流れをつくる玄関口になる八重洲エリアも、これから景色が変わる。23年3月に「東京ミッドタウン八重洲」が開業。東京駅に近い日本橋川に沿った開発では、28年3月に日本一の高さになる「Torch Tower（トーチタワー）」が建つ計画だ。東京駅の新名所が新たなにぎわいの“水源”になる。

**1**所在地 **2**発注者、事業者 **3**設計者 **4**施工者 **5**竣工時期 **6**オープン時期 **7**主構造 **8**階数 **9**延べ面積

**31年** 日本橋室町1丁目地区市街地再開発

## ライフサイエンス産業の拠点形成

日本橋川沿いの再開発プロジェクトの１つ。ライフサイエンス産業の拠点となる、オフィスやラウンジなどの施設を整備する計画だ。

**1** 東京都中央区日本橋室町1-5、6、8 **2** 日本橋室町一丁目地区市街地再開発組合 **3** **4**― **5**28年度（A街区）、30年度（B、C、D街区） **6** **7** **8**― **9** 約11万6000m²

（資料：日本橋室町一丁目地区市街地再開発組合）

**29年** 八重洲1丁目北地区再開発

## 日本橋川沿い水辺空間のゲートに

JR東京駅の北側を流れる日本橋川沿いに、国際金融ビジネスの拠点となる機能を整備する。23年９月、都知事による権利変換計画の認可を受けた。河川区域内の護岸上部も活用した重層的な広場空間を設け、日本橋川沿い５地区で整備を進める水辺空間のゲートとして機能させる。低層部のデザインは米国ラグアルダ・ロウアーキテクツが担当。

**1** 東京都中央区八重洲1-1 **2** 八重洲一丁目北地区市街地再開発組合 **3** 日本設計（基本設計）、大成建設（実施設計） **4**― **5**28年度（南街区）、31年度（北街区） **6**― **7**S造、RC造、SRC造（南街区）、S造（北街区） **8** 地下3階・地上44階（南街区）、地上2階（北街区） **9** 約18万5500m²（南街区）、約1000m²（北街区）

（資料：東京建物）

**29年** MUFG 本館

## 三菱UFJフィナンシャル・グループの総本山

高さ160m、丸の内のニューシンボルに（資料：MUFG）

**29年** 八重洲2丁目中地区第1種市街地再開発

## 地下のバスターミナル開発で連携

約226m超高層ビルの外観イメージ（資料：八重洲二丁目中地区市街地再開発組合、参加組合員6社）

**29年** 八重洲2丁目南特定街区

## 住友不動産がパラスポーツ新拠点開発

230m超高層ビルの完成イメージ（資料：住友不動産）

**25年** 銀座ビル 建て替え

## 温泉も入る環境志向ランドマーク

建て替え後の「銀座ビル」の完成イメージ。銀座に高級温泉旅館「ふふ」が入居予定（資料：ヒューリック）

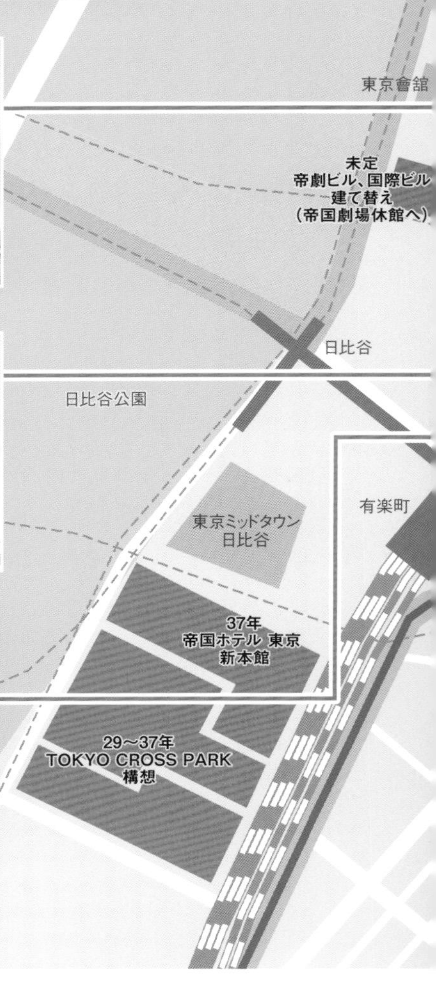

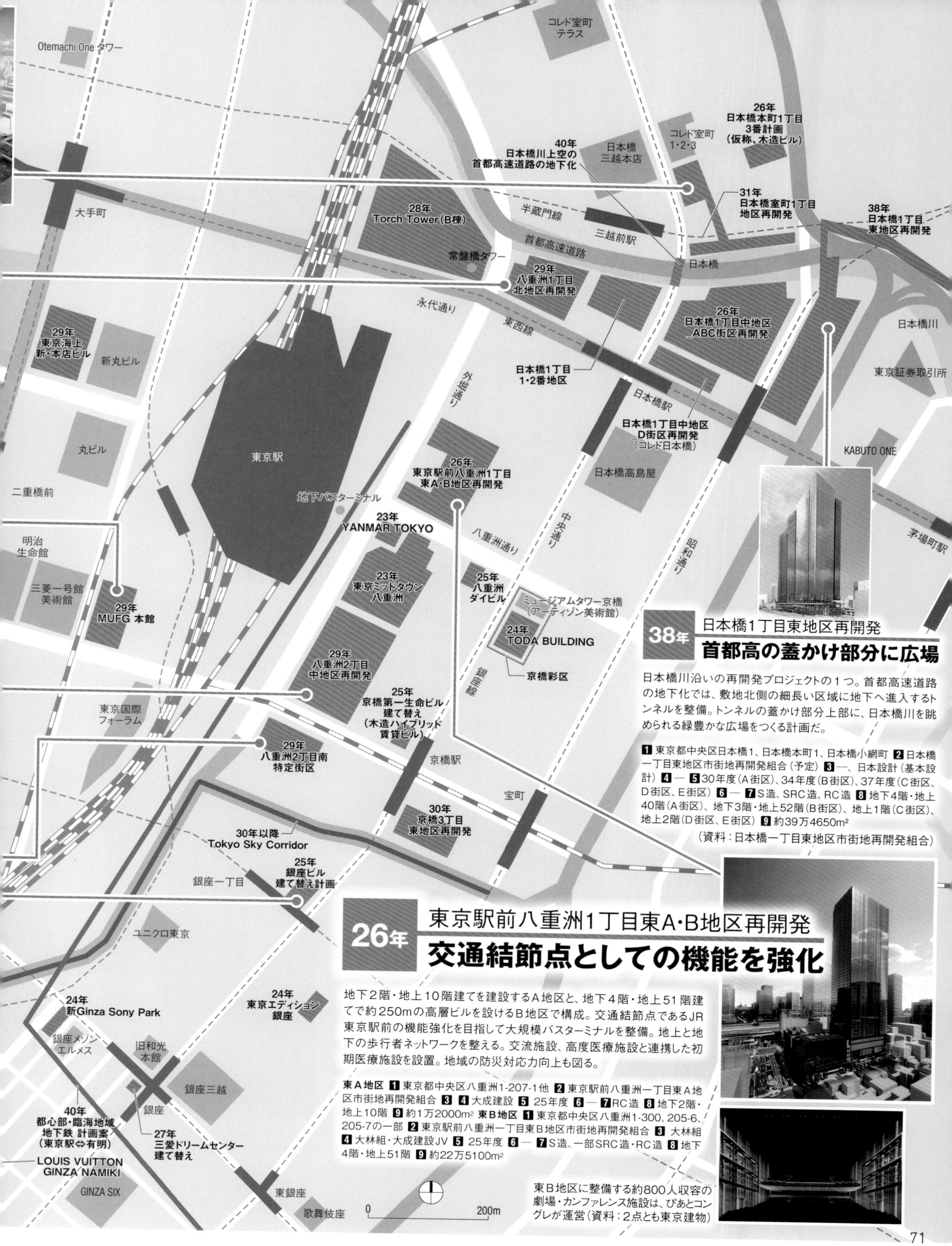


**38年** 日本橋1丁目東地区再開発

## 首都高の蓋かけ部分に広場

日本橋川沿いの再開発プロジェクトの1つ。首都高速道路の地下化では、敷地北側の細長い区域に地下へ進入するトンネルを整備。トンネルの蓋かけ部分上部に、日本橋川を眺められる緑豊かな広場をつくる計画だ。

**1** 東京都中央区日本橋1、日本橋本町1、日本橋小網町 **2** 日本橋一丁目東地区市街地再開発組合(予定) **3** ―、日本設計(基本設計) **4** ― **5** 30年度(A街区)、34年度(B街区)、37年度(C街区、D街区、E街区) **6** ― **7** S造、SRC造、RC造 **8** 地下4階・地上40階(A街区)、地下3階・地上52階(B街区)、地上1階(C街区)、地上2階(D街区、E街区) **9** 約39万4650m²

(資料:日本橋一丁目東地区市街地再開発組合)

**26年** 東京駅前八重洲1丁目東A・B地区再開発

## 交通結節点としての機能を強化

地下2階・地上10階建てを建設するA地区と、地下4階・地上51階建てで約250mの高層ビルを設けるB地区で構成。交通結節点であるJR東京駅前の機能強化を目指して大規模バスターミナルを整備。地上と地下の歩行者ネットワークを整える。交流施設、高度医療施設と連携した初期医療施設を設置。地域の防災対応力向上も図る。

**東A地区** **1** 東京都中央区八重洲1-207-1他 **2** 東京駅前八重洲一丁目東A地区市街地再開発組合 **3** **4** 大成建設 **5** 25年度 **6** ― **7** RC造 **8** 地下2階・地上10階 **9** 約1万2000m² **東B地区** **1** 東京都中央区八重洲1-300、205-6、205-7の一部 **2** 東京駅前八重洲一丁目東B地区市街地再開発組合 **3** 大林組 **4** 大林組・大成建設JV **5** 25年度 **6** ― **7** S造、一部SRC造・RC造 **8** 地下4階・地上51階 **9** 約22万5100m²

東B地区に整備する約800人収容の劇場・カンファレンス施設は、ぴあとコングレが運営(資料:2点とも東京建物)

Torch Tower

完成予定 28年

# 高さ日本一の385m「トーチタワー」新街区「TOKYO TORCH」のシンボル

三菱地所は2023年9月27日、東京駅日本橋口前で超高層ビル「Torch Tower（トーチ タワー）」が着工したと発表した。完成予定は28年3月末。高さ約385mと日本一高いビルになる。

トーチタワーの建設地は、三菱地所などが日本橋口前で開発を進める「TOKYO TORCH（トウキョウ トーチ）」街区の一角だ。建物規模は地下4階・地上62階建て、延べ面積は約55万3000m²。

施設は基準階約2000坪のオフィスの他、商業機能や展望施設、住宅、ホテル、2000席級のホールなどを計画している。設計・監理を三菱地所設計が担当し、清水建設が施工する。

## 起工式には藤本壮介氏らも出席

三菱地所は同日に起工式を開いた。同社の中島篤執行役社長や三菱地所設計の谷澤淳一代表取締役社長、清水建設の井上和幸代表取締役社長など、多くの関係者が出席した。

デザインアドバイザーを務める藤本壮介建築設計事務所の藤本壮介主宰や、永山祐子建築設計の永山祐子主宰、Fd Landscapeの福岡孝則代表も顔をそろえた。

三菱地所の中島執行役社長は起工式後の代表あいさつで、「建物のコンセプトは『想いをつなぎ、未来をともすまち』。日本や東京の未来を明るくともすような存在でありたい、という思いを込めた」と語った。

三菱地所は20年9月に街区名をTOKYO TORCHに決定。総事業費は約5000億円を見込む。

約3.1ヘクタールの敷地に、約10年かけて4棟のビルを建設する。高さ約212mのA棟「常盤橋タワー」(21年6月に竣工)、最も高いB棟をTorch Towerと名付けた。

トーチタワーの53～58階には、超高級ホテル「ドーチェスター・コレクション」を誘致する。地上3～6階に約2000席の大規模ホールを備え、都心型MICE（会議・展示）などの機能を持たせる計画だ。中層部はオフィスが占める。

地上300m超に位置するホテルロビーには、半屋外のスペースを設ける。三菱地所設計の松田貢治・常盤

中央にそびえるのが高さ約385mの「Torch Tower（トーチタワー）」。タワーの右下にあるのが竣工済みの「常盤橋タワー」（資料：三菱地所）

トーチタワーの建設地を東側から臨む（写真：日経クロステック）

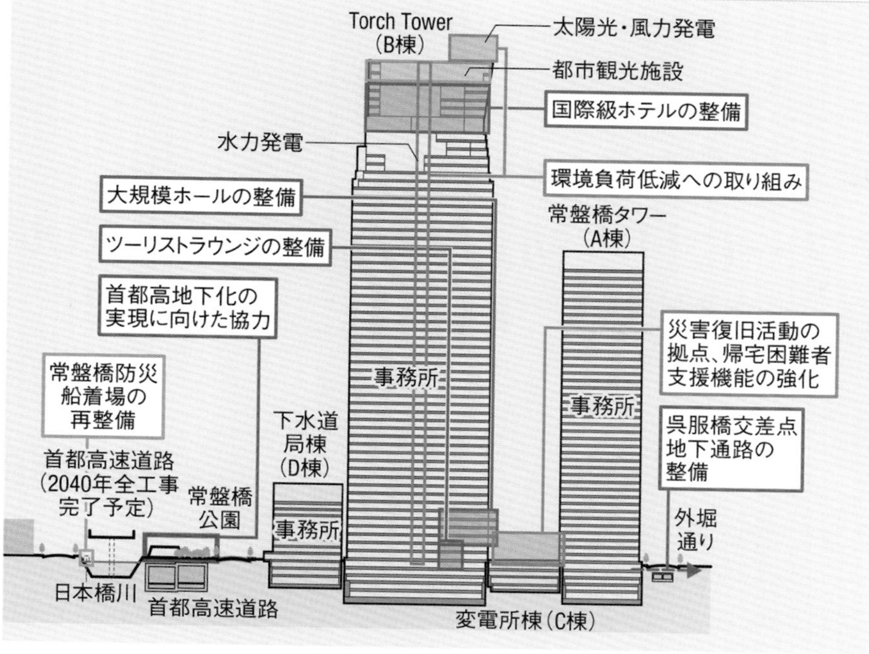


**「TOKYO TORCH」の全体像。三菱地所は都市計画変更で、トーチタワーに超高級ホテルや大規模ホールを整備することなどを追加発表した（資料：三菱地所）**

**TOKYO TORCHの第1弾として、2021年6月に竣工した「常盤橋タワー」。高さは約212m（写真：日経クロステック）**

**トーチタワーに配置するホテルロビーのイメージ。地上300m超に位置する半屋外空間とし、「SKY HILL（スカイヒル）」と名付けた。ホテルの上には展望施設も設ける（資料：三菱地所）**

橋プロジェクト室長は、「検討段階だが、傾斜部分に人々が腰をかけて大丸有（大手町・丸の内・有楽町）の街並みを眺められる情景をイメージしている」と語った。

コロナ禍を受けて変更したのが屋外空間だ。もとは大規模広場や日本橋川沿いの親水空間整備、常盤橋公園の拡張などを進める予定だった。しかし屋外環境をより身近に感じられるよう、地上1～8階にかけて続く長さ約2kmの「空中散歩道」や約2500m²の屋上庭園を整備する計画を打ち出した。

トーチタワー全体の設計は三菱地所設計がまとめるが、頂部デザインで藤本氏、低層部デザインで永山氏がそれぞれ参画する。

**トーチタワーの低層部に約2kmの「空中散歩道」、ホール上に屋上庭園を設ける。デザインアドバイザーの永山祐子氏は「人の居場所となる新しい高層建築を目指したい」と記者発表会で語った（資料：三菱地所）**

1 東京都千代田区大手町2、中央区八重洲1 2 三菱地所 3 三菱地所設計 4 清水建設 5 28年3月 6 ― 7 S造、一部CFT造（地上）、SRC造、一部RC造（地下） 8 地下4階・地上62階 9 約55万3000m²

1 所在地 2 発注者、事業者 3 設計者 4 施工者 5 竣工時期 6 オープン時期 7 主構造 8 階数 9 延べ面積

▶▶ ドーチェスター・コレクション

完成予定 29年

# トーチタワーに日本初進出の超高級ホテル 地上300mの眺望と“唯一無二の体験”

三菱地所と東京センチュリーはTorch Tower（トーチタワー）に、超高級ホテルブランド「Dorchester Collection（ドーチェスター・コレクション）」を誘致する。2022年11月8日に発表した。

ドーチェスター・コレクションはこれまで英国ロンドンなど欧米5都市で展開している。同ブランドにとって、トーチタワーは日本初進出となる。

トーチタワーは23年9月に着工、28年3月に竣工予定だ。地下4階・地上62階建てで、日本一の高さとなる約385mを目指している。

このうち53階から58階にホテルが入る。室数は110室を見込み、28年度に開業を予定する。

三菱地所の吉田淳一執行役社長は「これまでの訪日客は圧倒的に東アジア、特に中国の人が多かった。これからはアジア以外のグローバルな客を誘客できるブランドが大切だ。また、TOKYO TORCHの計画は“唯一無二”で、このエリアでしかできないことをしたかった。これらの理由で合致したのがドーチェスター・コレクションだった」と出店の経緯を説明する。

トーチタワーに開業するホテルのロビーイメージ（資料：Dorchester Collection）

トーチタワー55階につくる予定の半屋外空間「SKY HILL（スカイヒル）」のイメージ（資料：三菱地所設計）

### 緑豊かな天空の半屋外空間

55階にはホテルと街のシンボルとなる「SKY HILL（スカイヒル）」と称した半屋外空間を計画している。自然を五感で楽しめる、都市のオアシスとすることを目指す。この他、54階にはプールなどをつくろうとしている。

三菱地所の吉田執行役社長は「東京の玄関口になるこのエリアは、都心観光の核としての役割も重要だ。高層部にできるホテルはまさにその象徴」と位置付けを説明する。

完成予定 26年

▶▶ 日本橋本町1丁目3番計画

# 国内最高84mの木造混構造賃貸ビル 竹中工務店が耐火技術を初適用

三井不動産は2024年1月4日、完成すれば国内最大かつ最高層の木造混構造の賃貸オフィスビルになるプロジェクト「日本橋本町1丁目3番計画(仮称)」を着工した。場所は東京都中央区日本橋本町1丁目で、26年9月の竣工を予定している。

地上18階建てで、高さは84m。敷地面積は約2500m²、延べ面積は約2万8000m²。オフィスの他、研究所と店舗が入居する。オフィス基準階の専有面積は約1180m²を予定する。

構造は木造と鉄骨造のハイブリッドである。設計・施工は竹中工務店が手掛ける。

「日本橋本町1丁目3番計画（仮称）」の完成イメージ。国内最大の木造混構造の賃貸オフィスビルになる見通しだ（資料：三井不動産、竹中工務店）

木質が特徴のオフィス専有部イメージ（資料:三井不動産、竹中工務店）

東京・日本橋エリアにおけるビルの配置図。計画地は昭和通りに面する。三井グループ主導で大改造が進む（資料：三井不動産、竹中工務店）

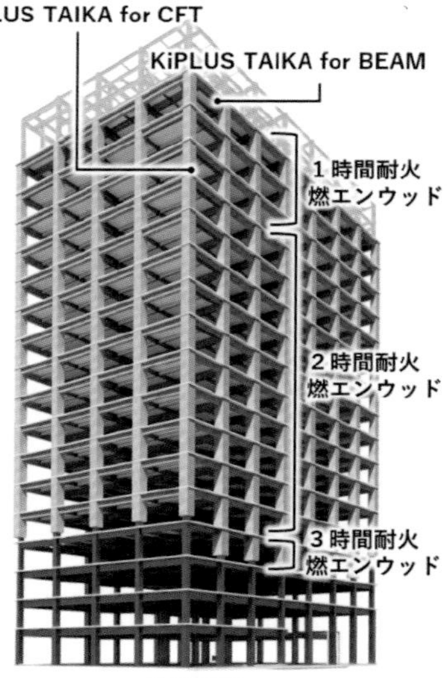


構造概要

**構造イメージ（資料：三井不動産、竹中工務店）**

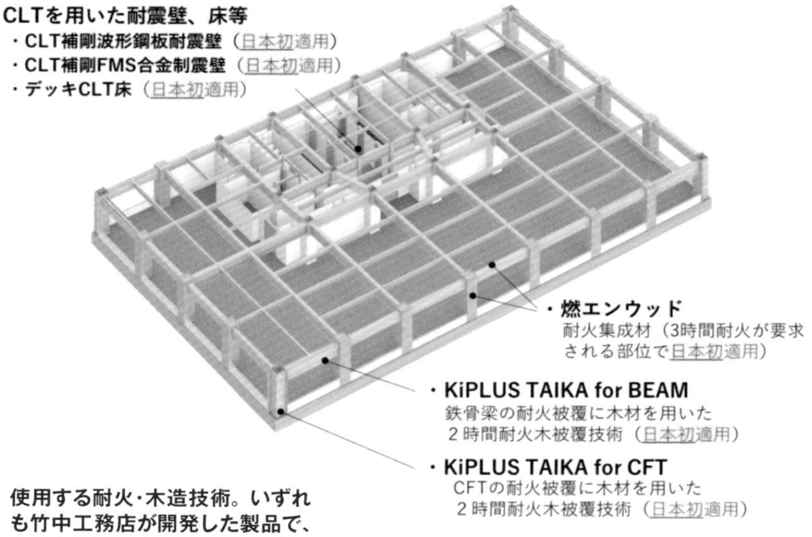


**使用する耐火・木造技術。いずれも竹中工務店が開発した製品で、日本初適用のものばかり（資料：三井不動産、竹中工務店）**

耐火・木造技術

木材の使用量は国内最大級の1100m³超で、二酸化炭素（$CO_2$）固定量は約800tを見込む。同規模の鉄骨造オフィスビルと比べて、躯体部分だけで建築時の$CO_2$排出量を約30%削減できる見通しだ。

国内最大の木造ハイブリッド賃貸オフィスビルを実現するため、竹中工務店は同社が開発して大臣認定を取得した耐火・木造技術を主要な構造部材として使う。

具体的には、3時間耐火集成材「燃エンウッド」、鉄骨の耐火被覆に木材を用いる「KiPLUS TAIKA for CFT」「KiPLUS TAIKA for BEAM」、そしてCLT（直交集成板）を用いた耐震壁および制震壁である。

日本初適用のものばかりで、竹中工務店にとっては失敗できない重要なプロジェクトになる。

構造材だけでなく、内装や仕上げ材にも木材を積極採用。木のぬくもりを感じやすいオフィスビルをつくり、入居企業の従業員が「行きたくなるオフィス」を目指す。

建物の象徴といえるエントランスホールは吹き抜けで、壁には三井不動産グループの保有林の木材を使用する。天井には三井ホームの木接合技術を用いる。オフィス専有部は木の構造材を現しとし、働きながら木を感じられる職場環境を整備する。

### 都心の屋内外で木や緑を感じて働く

三井不動産グループは、北海道に約5000ヘクタールの森林を保有している。使用する1100m³超の国産構造木材のうち、約100m³分に保有林の木材を充てる。

三井不動産と日建設計が作成したマニュアルをベースにした、不動産協会の「建設時GHG（温室効果ガス）排出量算出マニュアル」を適用して$CO_2$排出量を把握する、初めてのオフィスビルになる。

三井不動産は東京大学との産学協創による「三井不動産東大ラボ」を展開している。共同研究の一環として、東大大学院農学生命科学研究科生物材料科学専攻で木質環境学が専門の恒次祐子教授と連携。木質空間が人体に与える影響を調査する。

恒次教授は「木の見た目や香り、手触りにはリラックス効果があることが分かってきた。だが現代人は1日の90%以上を屋内で過ごすともいわれ、木に触れる機会が少ない。屋内に自然の要素をどのように取り入れるかは重要な課題だ。解決策として『バイオフィリックデザイン』が注目されている」と指摘する。

三井不動産は国内最大の木造ハイブリッドビルで、バイオフィリックデザインの実証実験を進める。バイオフィリックデザインとは、人が本能的に自然とつながろうとする性質に基づく環境デザインのことだ。

それだけではない。三井不動産はこのビルに日本橋エリアでは同社初

仕上げ材にも木材を多用するオフィスイメージ（資料：三井不動産、竹中工務店）

木質のエントランスホール（資料：三井不動産、竹中工務店）

東側の公開空地イメージ（資料：三井不動産、竹中工務店）

西側低層部の外観イメージ（資料：三井不動産、竹中工務店）

となる賃貸ラボ＆オフィス「三井リンクラボ」を設置する。ライフサイエンス分野の企業向けに、本格的な研究環境を整える。

## 日本橋に「森」をつくる

日本橋本町1丁目3番計画のコンセプトは「日本橋に森をつくる」である。そこで約480m²の緑地をつくる。都心に生き物が生息しやすい環境をつくるため植栽を設け、「いきもの共生事業所認証（ABINC認証）」の取得を目指す。

ビルの屋上には、有機質肥料を用いたオーガニック農法を展開する「水耕栽培システム」と、空調の省エネ効果を期待できる「室外機芋緑化システム」を導入する予定だ。有機質肥料を用いた屋上の水耕栽培システムは、国内のオフィスビルでは初めての挑戦になる。

室外機芋緑化システムは、屋上に設置する室外機の周りで芋を栽培し、葉の蒸散作用と日陰で周辺の温度を下げ、消費電力を低減するものだ。三井不動産グループとしては初導入になる。

さらに東芝エネルギーシステムズ（川崎市）と連携し、フィルム型ペロブスカイト太陽電池の実装とシステム構築を進める。他にもアサヒ飲料が開発している「$CO_2$を食べる自販機」を設置。自販機内に$CO_2$を吸収する鉱業副産物を使った特殊材を搭載し、大気中の$CO_2$を吸収する。

竹中工務店とは、建築廃材のアップサイクルにも取り組む。既存建物の解体で出る廃材や新築工事で発生する端材を、新築建物の一部や什器などにアップサイクルする。

建築資材には環境に配慮した製品を採用。セメントの一部を鉄鋼を製造する際の副産物である高炉スラグ粉末に置き換える「ECMコンクリート」や、素材にリサイクル再生紙を使う不燃ダクト「エボルダン」、セメントを使わない舗装材「土系ブロック舗装材」、漁網やカーペットの廃材をリサイクルした床材「漁網カーペットタイル」などを取り入れる。

様々な環境配慮の取り組みにより、ZEB Ready（ネット・ゼロ・エネルギー・ビル・レディ）認証やDBJ Green Building認証（プラン認証）、CASBEE評価認証-建築（新築）におけるSランクの取得も目指す。

▶▶ インフラ 首都高都心環状線 日本橋区間地下化

完成予定 40年

# 日本橋川に光が差す大工事 狭い空間で進む橋桁の撤去

江戸橋出入り口の橋桁を撤去した区間。2022年6月24日に撮影（写真：日経コンストラクション）

首都高速道路会社は首都高都心環状線の日本橋区間を地下に移す工事の一環で、メインのトンネル工事に先駆け、江戸橋出入り口の橋桁の撤去現場を公開した。10万台が通る環状線を生かしながら、川の上の狭い空間で撤去を進める難施工に挑む。

東京都中央区を流れる日本橋川を長らく覆っていた首都高の一部が撤去され、約60年ぶりに太陽の光が川に差し始めた。

2040年の完成を目指し、日本橋区間の地下化事業が進んでいる。地下化が完了すれば、日本橋上空の構造物が全てなくなる。周辺で進む再開発と連動し、親水空間の整備なども計画されている。日本橋の景観を大きく変える事業だ。

事業の範囲は、神田橋JCT（ジャンクション）─江戸橋JCT間の約1.8km。このうち1.1kmをシールドトンネルや開削トンネルを駆使して地下に移す。総事業費は約3200億円に上る。

22年6月時点ではトンネル工事の前工程で、江戸橋出入り口と呉服橋出入り口の橋桁などの撤去を進めている。工事を担当するのは、清水建設・JFEエンジニアリングJVだ。

23年度末には出入り口の撤去工事を完了。地下トンネルの本体工事に着手する計画だ。地下トンネルは35年の完成を目指し、その後、約5年かけて日本橋川上空の高速道路を撤去する。

### 桁を下ろしてまた上げる

高速道路の出入り口を先に撤去するのには理由がある。日本橋川には、高速道路を支える複数の橋脚が立っている。地下には東京メトロ銀座線や半蔵門線などが走っており、地下鉄に干渉しないように地下トンネルを新たに掘るには、既存の橋脚の基礎が支障となった。

既存の橋脚を撤去するとはいえ、上下線合計で約10万台が走る重交通路線の営業を止めるわけにはいかない。そこで先に橋脚を新設して本線の荷重を受け持たせてから、既存の橋脚を撤去する方法を採用した。

ただし、橋脚を新設すると河積を阻害してしまう。出入り口部の橋脚を初めに撤去する必要があったというわけだ。

これまでに、東品川桟橋・鮫洲埋め立て部や高速大師橋の大規模更新を事業化してきた首都高。撤去やつくり替え、交通の切り回しなどの経験を積んで、日本橋区間の地下化に満を持して挑む。

この現場では、他の大規模更新と

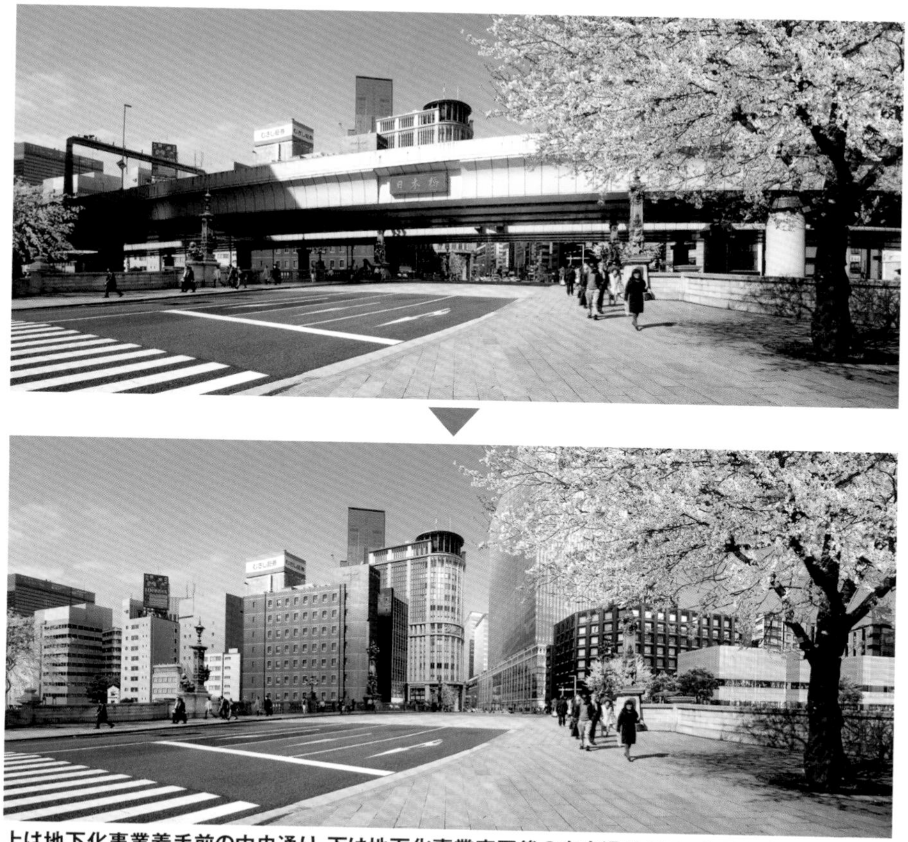

上は地下化事業着手前の中央通り、下は地下化事業完了後の中央通りのフォトモンタージュ。再開発の計画は現時点の情報で作成したイメージ（写真・資料：特記以外は首都高速道路会社）

**トンネル工事に先行して出入り口部を撤去**

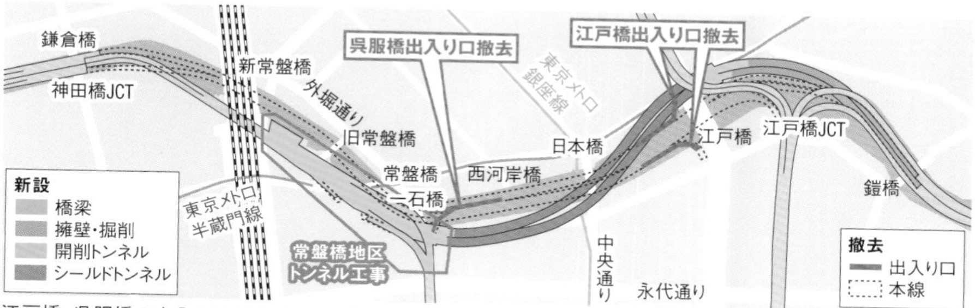


江戸橋、呉服橋の出入り口の撤去イメージ

**地下トンネルと干渉する橋脚を撤去**

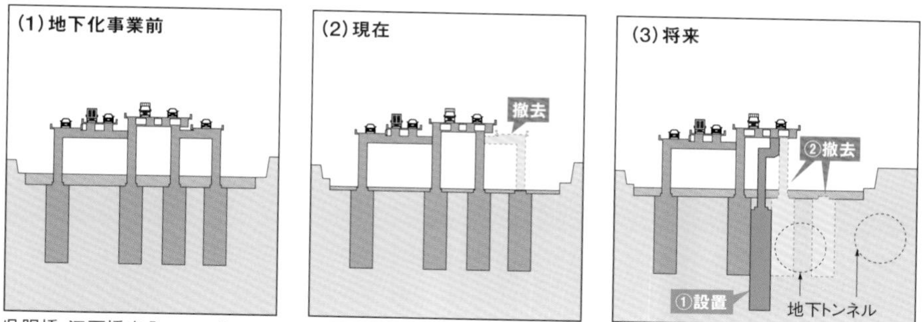


呉服橋・江戸橋出入り口の撤去手順

**一度下ろした橋桁を再度吊り上げる**

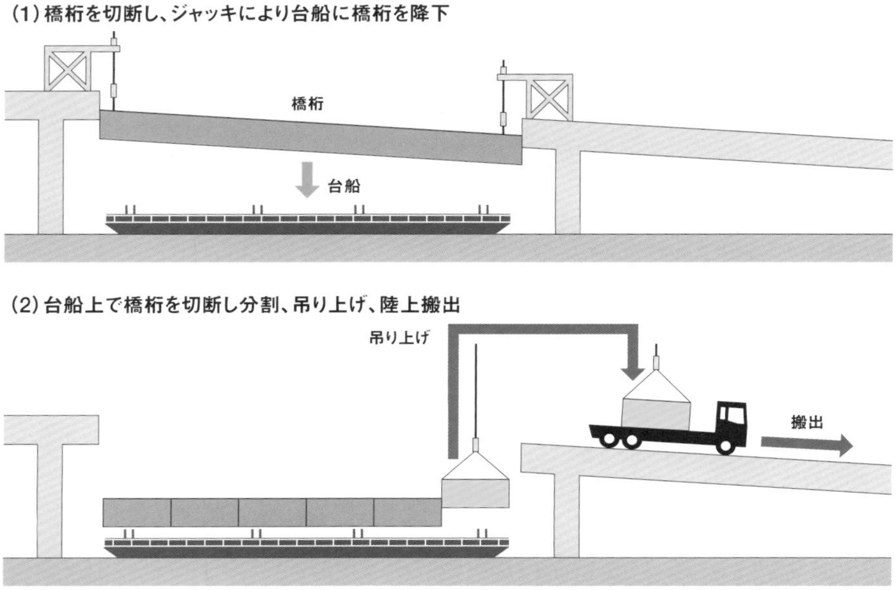


橋桁の撤去イメージ

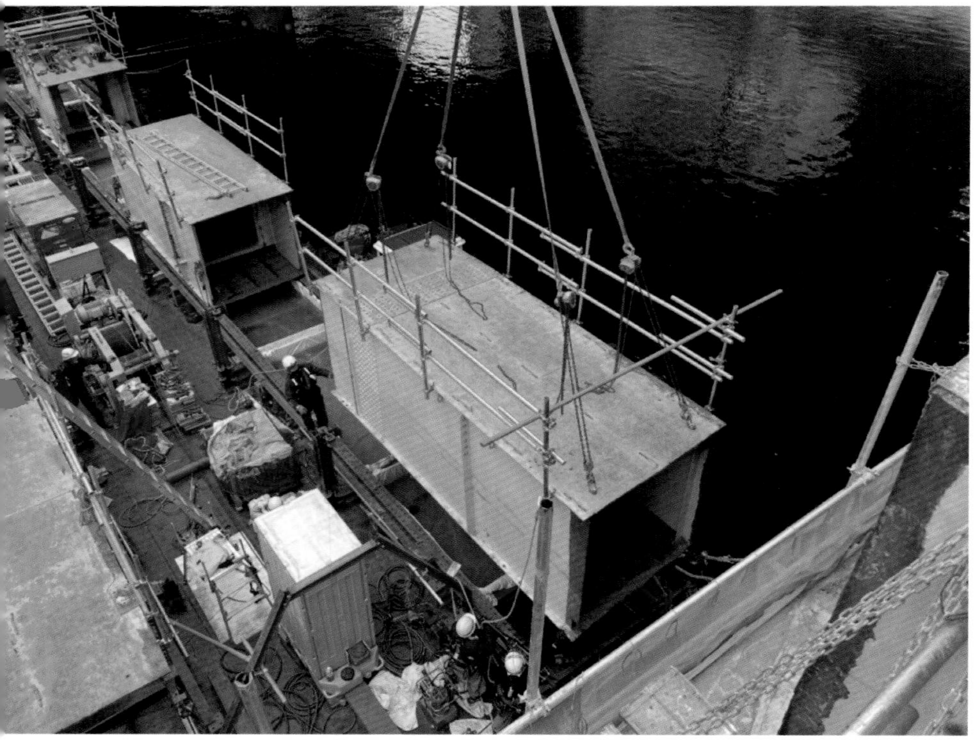

台船上で小割にした桁を吊り上げている様子。2022年6月11日に撮影

は違った工事の難しさが要求されている。1つが周辺の街づくりと併せて地下化を進めなければならない点だ。再開発事業者との綿密な工程調整などが必要になる。

## 降下架台もコンパクト

さらに、狭隘（きょうあい）な空間と川の上という制約の下で工事を進めなければならない。出入り口部の撤去でも、非常に手間のかかる工法を採用せざるを得なかった。

「河積の阻害につながるため、ベントを建てて桁を撤去する工法を採用できなかった」。首都高更新・建設局日本橋工事事務所の長田光正所長は、こう明かす。

出入り口部の橋桁の1径間分は長さ約32m。ジャッキと鋼棒で吊りながら桁の両端を切断し、係留している台船に降下させる。

だが桁を積んだ台船は潮位の影響で、川に架かる橋の下を通れない。そのため、台船上で6分割にした桁をクレーンで吊り上げ、再度、高速道路の高さまで戻す。そしてトラックに積んで運び出している。

加えて、桁の撤去は高速道路本線の真横での作業を強いられる。そのため、降下架台などをコンパクトに収める必要があった。1つ当たりの寸法を長さ約6m、幅約2.5m、高さ5mに抑えた。

桁撤去の前工程である、高欄や床版の撤去なども限られたスペースで

江戸橋出口の桁降下の様子。供用中の高速道路の真横で工事するため、降下架台はコンパクトに仕上げている。2022年6月24日に撮影

床版撤去の様子。江戸橋出入り口では、重さ約4tに分割して運び出している

実施している。床版はワイヤソーで長さ約1.6m、幅約3.5m、高さ約0.3mの寸法に切断。約4tの重量分を吊り上げ、積み込み、トレーラーで陸上運搬している。

首都高によると、江戸橋と呉服橋の出入り口部分で撤去する高架橋は、日本橋区間の地下化事業全体における撤去分の約1割を占める。首都高地下化に伴う撤去工事の現場は、日本橋川を周遊するクルーズ船の新たな見どころとして注目を集めそうだ。

上は地下化事業着手前の日本橋川。下は出入り口部を撤去した後の日本橋川のフォトモンタージュ。再開発の計画は現時点の情報で作成したイメージ

23年 東京ミッドタウン八重洲

# 八重洲に複合開発の集大成

## 東京駅を彩る「新しい顔」が誕生

2023年3月、JR東京駅前に大型複合施設「東京ミッドタウン八重洲」がグランドオープンした。隣接地でも大規模再開発が進行中。東京の東の玄関口「八重洲」が新時代を迎えている。

東京駅と線路を挟み、丸の内側から見た東京ミッドタウン八重洲の遠景。八重洲口前の3地区開発の初弾として、「新たな顔」を見せる
(写真:特記以外は安川千秋)

**「百尺規制」の歴史引き継ぐ**
外堀通りから東京ミッドタウン八重洲の南西側外観を見上げる。高層部のガラスファサードで現代的な印象を与える一方で、高さ約31mの低層部の屋上には緑豊かなテラスを設け、かつての「百尺規制」の歴史を引き継ぐ。日本設計の神林徹執行役員は、「今後も八重洲エリアで中高層ビルの開発が進むと思うが、高さ31m付近に緑が連続する風景が続くといい」と語る

**広場や歩行者通路を設置**
左側が東京駅八重洲口前のグランルーフで、外堀通りを挟んで右側が東京ミッドタウン八重洲（左）。通り沿いの歩道に小さな広場を設けた他、北側隣地境界に歩行者通路「ガレリア」を設けた（右）

2023年3月10日、東京ミッドタウン八重洲が全面開業した。東京駅八重洲口前の3地区で進んでいる再開発事業の第1弾だ。地下4階・地上45階建ての八重洲セントラルタワーと、地下2階・地上7階建ての八重洲セントラルスクエアの2棟で構成されている。

総事業費は約2438億円。八重洲二丁目北地区市街地再開発組合の一員として、三井不動産が開発を推進してきた。

同じ23年に開業した新ヤンマービル「YANMAR TOKYO」。銀色の水平ルーバーで覆われたビル。地下3階・地上14階建てで、高さは約70m（写真：高橋菜生）

**隣接する「YANMAR TOKYO」と共に地下街からのアクセスが向上**
東京駅直結の八重洲地下街とシームレスにつながる地下1階の商業エリア

### 3地区で都市基盤を整備

「20年以上、討議を重ねてようやく第一歩が踏み出せたことは感慨深い」と、中央区役所都市整備部地域整備課長の栗村一彰氏は話す。

遡れば江戸時代から武家屋敷が多かった丸の内側に比べ、商人地だった八重洲は小割りの街区が多い。風情ある街並みも現代になると大規模オフィスの需要に対応しにくく、東京駅前という好立地のポテンシャルを生かし切れていなかった。

街区再編の折衝が続き、東京駅前の外堀通り沿いの地域を「東京駅前八重洲1丁目東Ａ・Ｂ地区」「八重洲2丁目北地区」「八重洲2丁目中地区」の3つに統合。いずれも国家戦略特区制度を活用し、大型複合施設を建てることになった。東京ミッドタウン八重洲は3地区の中央に当たる。

1丁目東Ａ・Ｂ地区は25年度、2丁目中地区は28年度に完成予定だ。「将来的には京橋から八重洲、日本橋へつながる歩行者ネットワークを構築したい」と栗村氏は期待する。

これら3つの再開発は、街区を超えて連携し、用途の異なる施設をそれぞれ誘致していることが特徴だ。

東京ミッドタウン八重洲には、オフィスや商業施設の他、ホテル、小学校、バスターミナル、地域冷暖房施設などを配置した。他の地区には、劇場や住宅、インターナショナルスクールなどが入る予定だ。

## 地下空間のバスターミナル

再開発において最重要課題だったのが、インフラの整理だ。駅前の路上にバス乗り場が点在していたため、それらを集約。交通結節点としての機能を強化することが求められた。地下バスターミナルは3地区で順次開設し、将来的には国内最大規模となる約2万1000m²の巨大バスターミナルが完成する。

八重洲地下街を抜けて地下1階からYANMAR TOKYOに入った人が、地上2階の商業フロアまで視認できるように3層の吹き抜けを設けた。吹き抜けの壁は植物工場で使うような「水耕栽培緑化システム」で覆い、緑豊かな空間にしている。吹き抜けの下は休憩スポットとして、一般に開放している（写真：高橋 菜生）

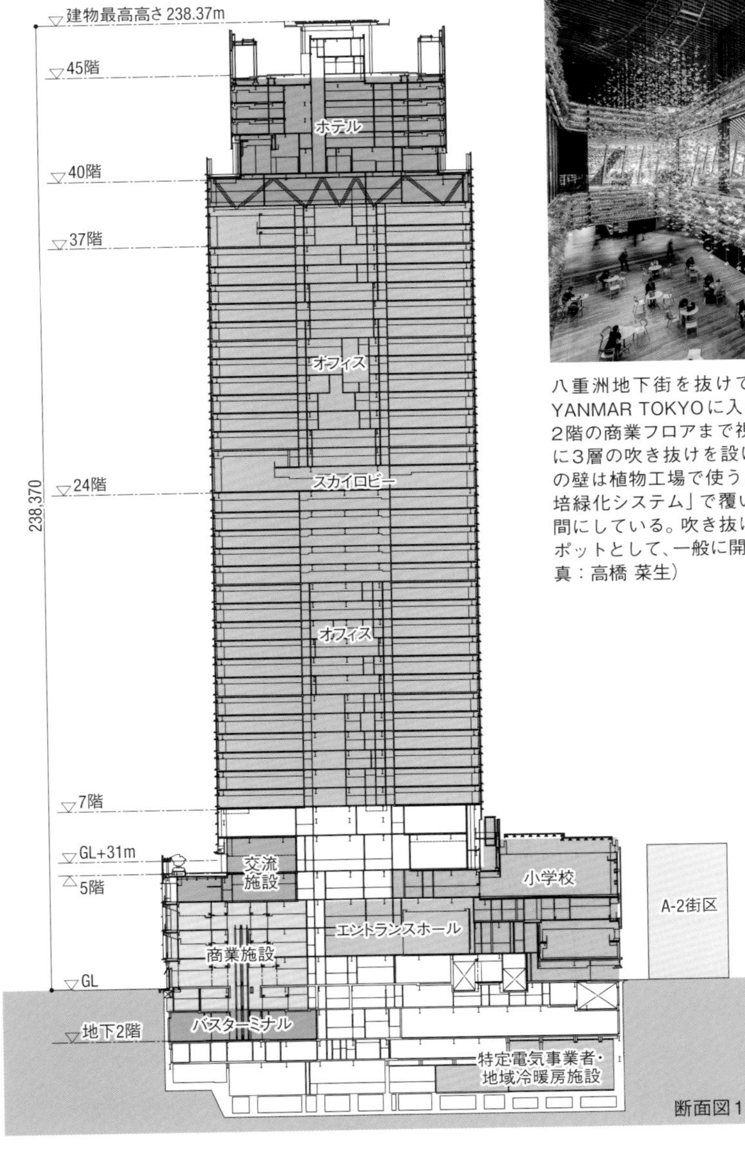


断面図1/1,800

22年9月にはミッドタウンの地下1〜2階でバスターミナル東京八重洲が先行開業。東京駅から地下を経由してアクセスでき、電車とバスの乗り換えがしやすくなった。

地上では既存の区道を廃止。北側に隣接する複合施設「YANMAR TOKYO（ヤンマー トーキョー）」との敷地境界に大きな歩行者通路「ガレリア」を配置した。街区東側への通り抜け動線として区道の歩行者専用化や、「八重洲ウォーク」と呼ぶ小道の設置にも取り組んだ。

YANMAR TOKYOは地下と地上の位置関係を分かりやすくするため、地下1階から地上2階まで3層を貫く吹き抜けを設けて見通しを良くしている。

外堀通りを挟んだ八重洲グランルーフと呼応するように、曲面を描く外観デザインは、かつて外堀通りが水運の拠点であったことから船の帆をイメージしている。マスターアーキテクトは米国の設計事務所ピカード・チルトンが担い、基本設計から監理までを日本設計、実施設計と施工を竹中工務店が担当した。

「船の帆をイメージして建物に丸みをつけ、建物全体はガラスファサードを基調とした」と、日本設計の神林

**海外や地方の企業と人が交流する施設を設置**
4～5階には交流施設「イノベーションフィールド八重洲」を配置。左は、東京駅を望む5階の屋上テラスで、一般開放している。右は、イベントスペース

徹執行役員は語る。

東京駅側に弧を描くように張り出した低層部のうち、地上4～5階にはビジネス交流施設「イノベーションフィールド八重洲」がある。企業と人をつなぐハブの機能を持つ。製造・金融など、伝統ある企業が集まる八重洲というロケーションを意識した貢献施設だ。

5階の屋上テラスは、東京駅を望む緑豊かな憩いの空間。隣の再開発でも、低層階に緑のスペースがつくられる予定だ。

**新しい働き方を提案する最新オフィス**
7～38階のオフィスフロアは開業時には満床となった。完全タッチレスで入館できる

## 選ばれるオフィスづくりを追求

7～38階のオフィスエリアは三井不動産主導で、ポストコロナ時代に“選ばれるオフィス”としての機能が多数盛り込まれた。完全タッチレスで入館できるシステムを導入したほか、ジムやシェアオフィスなどの共用スペースを設けた。

「入居企業は自社内に会議室や休憩室を置く必要がなく、オフィスのコンパクト化につながる。長い目で見て、コスト削減できる点に魅力を感じる企業が増えている」。三井不動産ビルディング事業部3部の山口周平主事は、こう説明する。

地下1階から地上3階へと続く商業ゾーンには、飲食や物販など、日本らしさにこだわった57店舗が入居した。東京駅から外堀通りを渡って来る以外にも、地下から八重洲地下街の延長のように施設へ入れる。

**乗り換え時にも立ち寄りやすい商業エリア**
天井が高く開放感のある地上1階アトリウム（左）。商業エリアへ入る所に、サイネージを使ったゲートがある。季節やイベントによって表情を変える。地上2階には立ち飲みスポットや物販休憩エリア、3階には飲食店が入居している（下2点）

地上1階北側に設けた吹き抜けのアトリウムは明るい光が差し込み、開放感がある。巨大なサイネージで囲んだ光るゲートをくぐると商業エリアに入る。1階は天井を高くし、観光客やギフトの需要に応える日本ブランドの店を並べた。

2階の飲食スペース「ヤエスパブリック」は、月替わりの出店エリアや立ち飲みスポットが並ぶ。通路と一体的なオープンスペースもあり、軽食や休憩などで気軽に立ち寄りやすい場所とした。

### 学校や富裕層向けホテルも

一方、南東側の低層部には中央区立城東小学校が入居している。理数系に特化した学校で、6クラスに約160人が通っている。選挙の投票所や災害時の避難所に使われることも考慮し、出入りしやすい2階に体育館を設置した。

小学校の入り口は東京駅に面する商業エリアのにぎわいから離し、交通量の少ないあおぎり通り側に設置。教室の窓には縦ルーバーを付け、プライバシーも確保した。

路地の記憶を残し、住民の生活を支える小学校やインフラ施設を入れながら、最先端のオフィスや高級ホテル「ブルガリ ホテル 東京」も同居する。複合開発の集大成ともいえる超高層ビルが誕生した。

**全天候型の校庭を備えた小学校**
低層階の南東部分にはもともと敷地内にあった中央区立城東小学校が入居。4階の屋上運動場には開閉式の屋根から自然光が差し込む（左）。交通量の少ない通りに面して昇降口を配置した（右下）。教室は一般的な形（右上）

**プライバシーにも配慮**
小学校が入る低層階の南東部外観。教室の窓には縦ルーバーを付けてプライバシーに配慮した。超高層ビルに公立学校が入るのは珍しい

## 東京ミッドタウン八重洲

■**所在地**：東京都中央区八重洲2丁目地内他 ■**主用途**：事務所、店舗、ホテル、小学校、カンファレンス、バスターミナル、駐車場、エネルギーセンター（以上、八重洲セントラルタワーA-1）、事務所、店舗、子育て支援施設、駐車場、駐輪場、住宅（以上、八重洲セントラルスクエアA-2）■**地域・地区**：商業地域、防火地域、日本橋・東京駅前地区・地区計画区域 ■**建蔽率**：A-1：87.77％（許容100％）、A-2：71.25％（許容100％）■**容積率**：A-1：1818.67（許容1820％）、A-2：399.15（許容1820％）■**前面道路**：東12.5m、西40m、南15m、北43.8m ■**駐車台数**：A-1：293台、A-2：6台 ■**敷地面積**：A-1：1万2390.43m²、A-2：1043.69m² ■**建築面積**：A-1：1万875.16m²、A-2：743.54m² ■**延べ面積**：A-1：28万3877.26m²（うち容積率不算入部分5万6051.35m²）、A-2：5856.39m²（うち容積率不算入部分1690.5m²）■**構造**：鉄骨造・鉄骨鉄筋コンクリート造、一部鉄筋コンクリート造（全てA-1）■**階数**：A-1：地下4階・地上45階、A-2：地下2階・地上7階 ■**基礎・杭**：A-1：パイルド・ラフト基礎、A-2：直接基礎 ■**高さ**：A-1：最高高さ238.4m、軒高236.4m、階高4.5m（事務室）、天井高4.5m（事務室）、A-2：最高高さ40.7m、軒高39.8m、階高4.1m、天井高2.8m ■**主なスパン**：A-1：9.6m×22m ■**発注・運営者**：八重洲二丁目北地区市街地再開発組合 ■**設計者**：PICKARD CHILTON INTERNATIONAL（マスターアーキテクト）、日本設計（都市計画・基本設計・実施設計）、竹中工務店（実施設計）■**設計協力者**：都市ぷろ計画事務所（事業コンサルタント）、日本設計（ホテルプロジェクトマネジメント）、内原智史デザイン事務所（照明デザイン）、井原理安デザイン事務所（サインデザイン）、ACPV Architects（ホテルインテリアデザイン）、インフィクス（商業環境デザイン）、トーニチコンサルタンツ（表層整備設計）、復建エンジニヤリング（地下接続設計）■**監理者**：日本設計 ■**施工者**：竹中工務店 ■**運営者**：三井不動産 ■**設計期間**：2015年4月〜18年11月 ■**施工期間**：2018年12月〜22年8月 ■**開業日**：2022年9月（一部）、23年3月（グランドオープン）

23年

ブルガリ ホテル 東京

# 東京駅前、ミッドタウン最上部で開業 ドーチェスターなど高級ホテル頂上対決

富裕層向けの超高級ホテルが少ないと言われてきた東京が激変しそうだ。2023年から5年ほどの間に、ラグジュアリーホテルの開業ラッシュが首都・東京で続く見通しである。

大手不動産会社が欧米の有力ホテルチェーンと組み、最上級ブランドを東京に投入する計画が相次いで明らかになっている。東京のあちらこちらで進む開発プロジェクトの目玉として、超高層ビルの上層階に超高級ホテルが入居するケースが目立つ。

大型複合施設のシンボルとなり、施設の「格」を上げる豪華ホテルを再開発の事業者がこぞって誘致。東京で競演を果たす。

直近では23年4月4日、イタリアの高級宝飾店「Bulgari」がプロデュースするブルガリ ホテルズ&リゾーツの「ブルガリ ホテル 東京」が開業した。日本初進出で、世界では8カ所目となる。そのブルガリ ホテル 東京が選んだ場所は、JR東京駅の目の前に完成した「東京ミッドタウン八重洲」の最上部である。

地下4階・地上45階建て、高さが約240mの東京ミッドタウン八重洲のタワー棟40〜45階に位置する。

東京駅の丸の内口側から見た超高層ビル「東京ミッドタウン八重洲」。その最上部に「ブルガリ ホテル 東京」がある（写真：Bulgari Hotels & Resorts）

ホテルからは皇居の緑や東京の街並みを一望できる。東京駅前で、交通の便は抜群だ。都市型の高級リゾートホテルである。

開業日には、ブルガリ グローバル アンバサダーである米女優のアン・ハサウェイ氏が駆け付け、ブルガリ グループCEO（最高経営責任者）のジャン-クリストフ・ババン氏と共に記者会見に登場した。他にも国内外から多数の著名なゲストが来場。ラグジュアリーホテルであることを強烈に印象づける演出のうまさは、高級ブランドならではといえる。

インテリアデザインは、イタリアの建築設計事務所であるACPV ARCHITECTS Antonio Citterio Patricia Viel（ACPV アーキテクツ アントニオ・チッテリオ・パトリシア・ヴィール）が手掛けた。これまで全てのブルガリ ホテルでインテリアデザインを担当してきた。

イタリアらしいモダンなデザインに、今回は日本的なモチーフを取り込んでいる。客室や共用部の内装には、随所に木材を使っているのが目に付く。

東京ミッドタウン八重洲の最高層という立地をうまく使っていると思

廊下の壁にブルガリの宝飾品を展示。ホテル内でウインドーショッピングを楽しめる。壁は木板仕上げ（写真：Bulgari Hotels & Resorts）

内装には木材を数多く使っている。写真はレセプションエリアにあるアーチ型の開口枠で、ニレ材を使用。壁の生地は日本の「孔雀紋」をヒントに特注したもの。イタリアンレストランにも同様な開口枠がある（写真：Bulgari Hotels & Resorts）

半屋外のテラスが様々な場所にある（写真：Bulgari Hotels & Resorts）

テラス席を数多く設けた（写真：Bulgari Hotels & Resorts）

わせるのが、半屋外のテラスだろう。バーやレストラン、プールなどが巨大なテラスとつながっている。

客室は全98室と、100室以下に絞った。41～44階の4フロアを使いながら、スモールラグジュアリーに振り切っている。ブルガリ ホテルの目玉であるスパエリアには1000m²を割く。

部屋の広さは、最低でも56m²を確保。ベッドルームの外壁は全面ガラス張りで、東京のパノラマを望める。44階の角にある最も広い「ブルガリ スイート」は、416m²の広さがある。

宿泊料金は1泊25万円から。スイートルームは1泊400万円以上になる。一般人の目には相当強気な値付けに見えるが、高級宝飾品を扱うブルガリのコアな顧客層なら出せない金額ではないだろう。

世界に8カ所しかないブルガリ ホテルを全て回る熱烈なファンもいるに違いない。高級感や立地、料金などを考えると、当面の競合相手は大手町にあるホテル「アマン東京」になるのかもしれない。

## 注目はドーチェスター・コレクション

25～28年にはブルガリ ホテル 東京を追いかけるように、話題の再開発ビルの上層階に進出を決めた超高級ホテルが次々とオープンする。中でも最大の注目は、完成すると日本一の高さになる三菱地所の超高層ビル「Torch Tower（トーチ タワー）」の53～58階に入居するホテル「ドーチェスター・コレクション」だろう。

自ら、ウルトララグジュアリーと称するホテルがどれほどの豪華さになるのか、今から楽しみだ。28年度の開業を予定している。場所はブルガリ ホテル 東京から徒歩圏と近く、同じ東京駅前だ。

さらに、3つの外資系ホテルを紹介しておく。まずは、JR東日本が開発している「TAKANAWA GATEWAY CITY」に入居する高級ホテル「JW マリオット・ホテル東京」。米マリオット・

ホテル自慢の「ブルガリ スパ」(写真:Bulgari Hotels & Resorts)

ベッドルームの外壁はガラス張りだ。木板張りも併用(写真:Bulgari Hotels & Resorts)

インターナショナルの最上級ブランドである。

野村不動産がJR東日本と開発中の「芝浦プロジェクト」のS棟上層階に入る仏アコーグループの高級ホテル「フェアモント東京」は、海の近さが特徴だ。芝浦・浜松町の水辺を見渡せるロケーションにできるので、リゾート感を期待できる。

米ヒルトンの最上級ブランド「ウォルドーフ・アストリア東京日本橋」も、三井不動産と野村不動産が進める「日本橋1丁目中地区第1種市街地再開発」に入る予定だ。

400m²を超えるブルガリ スイートは、幾つもの部屋が連続する(写真:Bulgari Hotels & Resorts)

三井不動産はブルガリ ホテルやウォルドーフ・アストリアだけでなく、最近では三井物産と共同で開発したOtemachi Oneタワーにホテル「フォーシーズンズホテル東京大手町」を誘致済み。大規模開発のたびに自社グループのホテルだけでなく、複数の異なる外資系高級ホテルと組んで施設を差異化している。

| ホテル名 | 事業者 | 入居する再開発ビル | 場所 | 客室数 | 内装のデザインや設計 | 開業(予定) | ホテル運営 |
|---|---|---|---|---|---|---|---|
| ブルガリ ホテル 東京 | 三井不動産 | 「東京ミッドタウン八重洲」40～45階 | 東京駅前 | 98室 | ACPV ARCHITECTS Antonio Citterio Patricia Viel | 23年4月 | 伊ブルガリ ホテルズ&リゾーツ |
| JW マリオット・ホテル東京 | JR東日本 | 「TAKANAWA GATEWAY CITY」のTHE LINKPILLAR 1 SOUTH23～30階 | 高輪 | 約200室 | ヤブ・プッシェルバーグ | 25年春 | 米マリオット・インターナショナル |
| フェアモント東京 | 野村不動産、JR東日本 | 「芝浦プロジェクト」S棟上層階 | 芝浦・浜松町 | 219室 | BAR Studio | 25年度 | 仏アコーグループ |
| ウォルドーフ・アストリア東京日本橋 | 三井不動産、野村不動産 | 「日本橋1丁目中地区第1種市街地再開発」C街区39～47階 | 日本橋 | 197室 | — | 26年 | 米ヒルトン |
| ドーチェスター・コレクション | 三菱地所、東京センチュリー | 「Torch Tower(トーチタワー)」53～58階 | 東京駅前 | 110室 | — | 28年度 | ドーチェスター・コレクション |
| ベルスタートウキョウ | 東急、東急レクリエーション | 「東急歌舞伎町タワー」39～47階 | 新宿 | 97室 | — | 23年5月 | 東急ホテルズ |

2023年4月時点で判明している、東京における23年以降の外資系高級ホテルブランドの進出情報を基に、日経クロステックが表にまとめた。今後変更になる可能性がある。比較のため、東急ホテルズが23年5月19日に、新宿の超高層ビル「東急歌舞伎町タワー」の高層階で開業した同社の最高級ホテルブランド「ベルスタートウキョウ」も掲載(資料:日経クロステック)

完成予定 30年

## 京橋3丁目東地区市街地再開発

# 180m超高層にアートセンター「Tokyo Sky Corridor」と接続

JR東京駅の近傍、京橋と銀座の結節点といえる場所で高さ約180mの超高層ビルを建設する大規模プロジェクトが始動する。東京建物は2023年1月13日、「京橋3丁目東地区市街地再開発事業（仮称）」の都市計画決定を発表した。

同社と京橋三丁目東地区再開発準備組合が都市再生特別地区の都市計画提案をしたのは22年5月。その後、国家戦略特別区域の特定事業として認定された。

計画地は京橋・銀座エリアの目抜き通りである中央通り沿い。東京メトロ銀座線京橋駅の目と鼻の先に位置する。

敷地面積は約6820m²。建物は地下4階・地上35階建て、延べ面積は約16万4000m²だ。オフィスやホテル、店舗、「アートセンター（仮称）」などが入る。25年度に着工し、29年度の竣工を予定している。

基本設計を担当するのは日本設計だ。実施設計と施工は未定。

### 歩道化するKK線と接続

建物の地下では京橋駅と接続する歩行者通路や広場を整備し、地下空間を拡充する。地上では京橋から銀座を通って汐留へと向かう東京高速道路（KK線）の上部空間と接続する。

KK線の上部空間は東京都によって、歩行者空間の空中回廊「Tokyo Sky Corridor」として整備する方針が示されている。地上と地下、それぞれの接続によって再開発エリアの歩行者ネットワークを拡充し、回遊性の強化につなげる。

高効率の設備機器や熱負荷の低減に配慮した外装を使用するなど、建物の省エネルギー化を図る。オフィス部分では建築物における評価基準「ZEB Oriented」の取得を目指す。東京都建築物環境計画書制度における「建築物外皮の熱負荷抑制」と「設備システムの高効率化」で、最高評価である段階3の水準を確保する。

大規模複合ビルの完成イメージ。店舗などが入る低層部は庇を活用して緑化したデザインにする。若手アーティストのアート作品を展示する「アートセンター（仮称）」を整備し、アートで周辺地区と連携することでにぎわいを創出する（資料：東京建物）

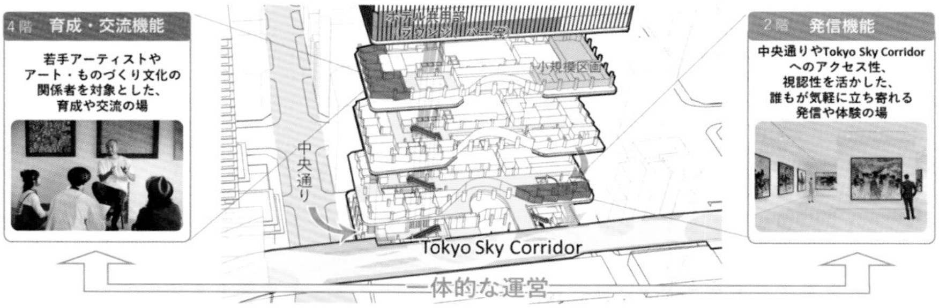


計画地は京橋と銀座の結節点。中央通りや「Tokyo Sky Corridor」にアクセスしやすくする（資料：東京建物）

TODA BUILDING

完成予定
24年

# 戸田建設の新社屋低層部にアート拠点 隣のアーティゾン美術館と「京橋彩区」

戸田建設は東京都中央区京橋1丁目で進めている自社ビルの建て替えにおいて、隣接する他社の高層ビルに入居する美術館と連携し、芸術文化の街区を共同で形成する。2024年9月に竣工予定の新社屋「TODA BUILDING」（以下、TODAビル）の低層部でアート事業を展開する。

TODAビルは地下3階・地上28階建てで、高さは約165m。8～27階がオフィスフロアで、そのうち8～12階を戸田建設が自社で利用。13～27階をテナントに賃貸する。

一方、1～6階の低層部には現代アートやデザイン、ものづくりなどをテーマにした創作交流と情報発信の複合施設を設ける。日本橋や京橋エリアで働くビジネスパーソンや来街者が気軽にアートに触れられる場を創出する。

敷地面積は6147$m^2$、建築面積が約4679$m^2$、延べ面積が約9万4813$m^2$。構造は鉄筋コンクリート造、鉄骨造、鉄骨鉄筋コンクリート造、一部CFT柱。コアウオール免震構造を採用する。設計・施工は戸田建設だ。

アート事業のコンセプトは「ART POWER KYOBASHI」。アーティストやキュレーターなどが集い、作品を創作・発表し、街で評価を受け

新社屋「TODA BUILDING」のイメージ（資料：戸田建設）

建設中のTODAビル。低層部にアート施設ができ、隣にあるアーティゾン美術館と連携する。2023年12月時点（写真：日経クロステック）

低層部のイメージ（資料：戸田建設）

広場から見た低層部（資料：戸田建設）

TODAビルの前に設ける広場のイメージ（資料：戸田建設）

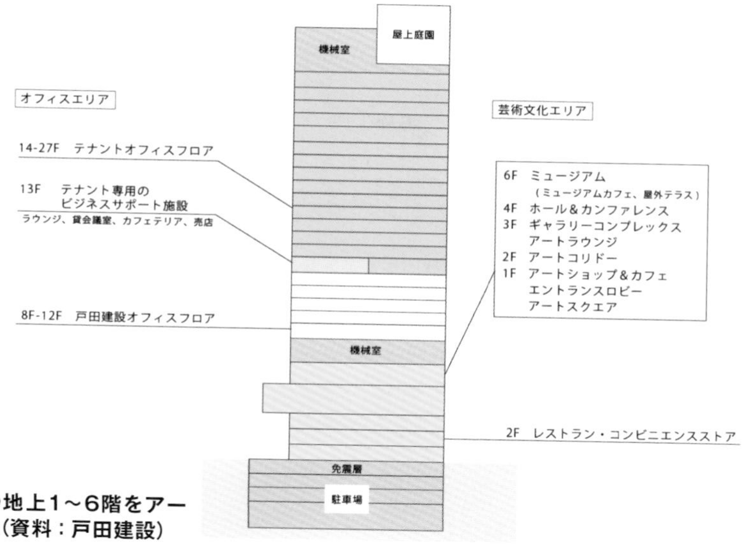


**TODAビルの地上1～6階をアート拠点にする（資料：戸田建設）**

**TODAビルと「ミュージアムタワー京橋」の両棟の1～6階をアート拠点にする。ビル前の屋外広場は「アートスクエア」として一体化（資料：戸田建設）**

て成長していくプログラムを構築する。24年秋のTODAビル完成に合わせて、アート事業のプログラムを本格始動させる。

TODAビルができる「京橋1丁目東地区」は都市再生特区制度を活用し、19年に完成した「ミュージアムタワー京橋」（永坂産業）とTODAビルのそれぞれの事業者が共同で「京橋彩区（さいく）エリアマネジメント」を設立している。

街区名を「京橋彩区」とし、JR東京駅にも近い立地に文化拠点を築く。地下2階・地上23階建てで高さが約150mのミュージアムタワー京橋の低層部では、20年に「アーティゾン美術館」が開館している。

## 隣接2棟が階数そろえてアート拠点

TODAビルは地上1～6階の低層部を、ミュージアムやホール、ギャラリー、ショップ、広場などの文化関連施設で構成する。建設会社の新社屋としては珍しい試みである。もっとも、最近は複合施設にアートが欠かせなくなっているのも事実だ。

具体的には、1階がアートショップとカフェ、1～2階の共用部と屋外広場はアートの展示スペースにする。3階は複数のアートギャラリーと、戸田建設が運営する創作交流の場。4階がホール&カンファレンス、6階はソニー・クリエイティブプロダクツが運営するミュージアムになる。

アーティゾン美術館もミュージアムタワー京橋の1～6階に入居しており、美術館のほか、カフェやショップ、美術教育などを提供中。両ビルで1～6階と階数をそろえて文化施設を設ける。1階は中央通りからセットバックして屋外広場も一体化。間口120mの「アートスクエア（仮称）」を立体的に構築する。

戸田建設のアート事業に対する本気度は「アドバイザリーコミッティ」に招へいするメンバー5人の顔ぶれを見れば分かる。現代アートなどに詳しい日本のキーパーソンがそろっている。

提供するプログラムは多彩である。

**美術館を持つオフィスビルだったブリヂストンビルを建て替え、19年に竣工したミュージアムタワー京橋。高さは約150m。低層部に「アーティゾン美術館」（旧ブリヂストン美術館）が入居している（写真：安川 千秋）**

工事現場の仮囲いを作品発表の場とするアーティスト支援や、ビル内や京橋の街でアートプロジェクトを実現させるスクール、ビル共用部でのアート展示、オフィステナントへのアート販売やレンタル、そしてアート関連ショップやカフェの運営だ。

京橋第一生命ビルディング建て替え計画（木造ハイブリッド賃貸ビル）

完成予定 25年

# 第一生命と清水建設が京橋に木造12階
# 中央通りと鍛冶橋通りの交差点角地

第一生命保険と清水建設は、東京都中央区京橋2丁目に木造と鉄骨造のハイブリッド構造の賃貸オフィスビルを新築する。想定規模は地下2階・地上12階建てで、高さは約56m。延べ面積は約1万6000m$^2$。2025年6月の竣工を目指す。

この計画は発注者が第一生命で、設計が清水建設。施工は清水建設・日本建設JVが手掛ける。第一生命としては2件目の木造オフィスビル建設で、初めての中高層賃貸オフィスビルになる。

多摩産材を含めた国産材を使用。森林資源の循環利用と地域創生・活性化に貢献する。

木造ハイブリッド構造を採用することで、同じ規模の鉄骨造の賃貸オフィスビルをつくるのに比べて、建設時の二酸化炭素（$CO_2$）排出量を20%以上削減できる見通しだ。具体的には主要構造部の柱と梁（はり）の一部に、1000m$^3$程度の木材を使用する。

主要な構造材には、清水建設が開発した「シミズハイウッド」を採用する。シミズハイウッドは木材と鉄骨、コンクリートをニーズに応じて組み合わせるハイブリッド技術である。

耐火集成材や耐火木鋼梁の使用で、40m×17mの木質無柱空間を実現する。

シミズハイウッドの構成要素は、「スリム耐火ウッド」「ハイウッドビーム・スラブ」「ハイウッドジョイント」。ハイウッドビームは2時間耐火性能を開発して実用化を目指す。

新築する木造ハイブリッド構造の賃貸オフィスビルの外観イメージ。交差点の角地で視認性が高い（資料：第一生命保険、清水建設）

低層部のイメージ（資料：第一生命保険、清水建設）

# 第3章

# 丸の内 内幸町 銀座

完成予定
29年

東京海上 新・本店ビル

# 20階建ての高層木造に建て替え 24年着工、基本設計にレンゾ・ピアノ氏

2028年度の完成を目指す「新・本店ビル」のイメージ。立ち並ぶ大木を表現した（資料：2点とも東京海上日動火災保険）

1 東京都千代田区丸の内1-6-1 2 東京海上日動火災保険 3 Renzo Piano Building Workshop、三菱地所設計 4 竹中工務店・大林組・清水建設・鹿島・大成建設・戸田建設JV 5 28年度 6 ― 7 S造、木造、SRC造 8 地下3階・地上20階 9 約12万4500m²

東京海上ホールディングスと東京海上日動火災保険は2022年8月1日、東京・丸の内で建設する「新・本店ビル」の基本設計をまとめたと発表した。建物は20階建てで、柱や床に国産木材を使う。木とガラスを組み合わせた外観イメージも新たに公開した。24年末の着工に向けて、実施設計を進める。

基本設計は、イタリアの建築家、レンゾ・ピアノ氏が主宰するRenzo Piano Building Workshop（レンゾ・ピアノ・ビルディング・ワークショップ、RPBW）と三菱地所設計がまとめた。21年9月に発表した建物の階

数を見直し、地下3階・地上20階建て、延べ面積は約12万4500$m^2$とした。高さは約100mだ。竣工は28年度を予定している。

構造は鉄骨造と木造、鉄骨鉄筋コンクリート造。丸の内で初めて、地上部分を全館免震とする。床の構造材にCLT（直交集成板）を使い、柱の多くに木材を取り入れる。木材の使用比率は現時点で明かしていない。

ファサードは垂直に立ち並ぶ柱をガラスで覆うデザインに仕上げ、「木の本店ビル」のイメージを打ち出す。地上1階には中庭を設け、樹木を植える。屋上階には庭園を配置し、都心でありながら静寂や憩いを得られるようにする。

1階エントランスのイメージ。右側の樹木を植えたエリアが中庭（資料：東京海上日動火災保険）

### 前川國男設計の旧本館は解体

建物は木材を利用することによって、一般的なビルに比べて建築時の二酸化炭素（$CO_2$）排出量を約3割削減する。22年2月27日には米国発の環境性能認証制度「LEED（リード）」の最高レベルであるプラチナの予備認証を取得した。

実施設計もRPBWと三菱地所設計が共同で手掛ける。新・本店ビルの建設予定地に立っていた、前川國男建築設計事務所（当時）が設計した旧本館と隣接する新館は解体された。

新・本店ビルの施工は竹中工務店、大林組、清水建設、鹿島、大成建設、戸田建設の6社による共同企業体（JV）が手掛ける。

建て替え前の「東京海上日動ビル本館」（右の茶色の建物）と「新館」。本館は前川國男建築設計事務所が設計した建物で、1974年に竣工したものだった。左下の写真は既存建物の解体後の計画地。2024年3月時点（右写真：東京海上日動火災保険、左写真：日経クロステック）

帝劇ビル、国際ビル 建て替え

未定

# 25年2月に「帝国劇場」休館
# 出光美術館と共に再び入居へ

三菱地所と東宝、出光美術館は3社共同で、帝国劇場や出光美術館が入る「帝劇ビル」と、隣接する複合ビル「国際ビル」を一体的に建て替えることを2022年9月27日に発表した。25年をめどに両ビルとも休館し、帝国劇場と出光美術館は建て替え後の建物内で再開する予定だ。

建て替えに至った理由は、建物の老朽化である。帝劇ビルと国際ビルは、1966年9月に竣工した。現在立っている帝国劇場の建物は2代目で、初代は1911年に近代日本の文化芸術の中心施設として開設された。長年、日本を代表する演劇・ミュージカルの聖地として知られてきた。

建て替え計画の具体的な内容やスケジュールは未定だが、防災対応機能の強化や、ポストコロナ時代の働き方などテナントからのニーズの高度化、脱炭素社会の実現に向けた社会の要請への対応などを目指す。

三菱地所は両ビルの建て替えについて、「多様な人が集い、未来をつくる舞台となる重要な拠点として計画を推進していく」とコメントしている。

### 三菱地所が有楽町エリア再開発

現在立っている帝劇ビルの設計は阿部事務所（2001年に解散）が、国

2025年2月に休館する「帝国劇場」。直前までクロージング公演が続く（写真：日経クロステック）

1966年9月に竣工した「帝劇ビル」の外観。帝国劇場や出光美術館が入る（写真：東宝）

1966年9月に竣工した「国際ビル」の外観。用途は事務所と店舗（写真：三菱地所）

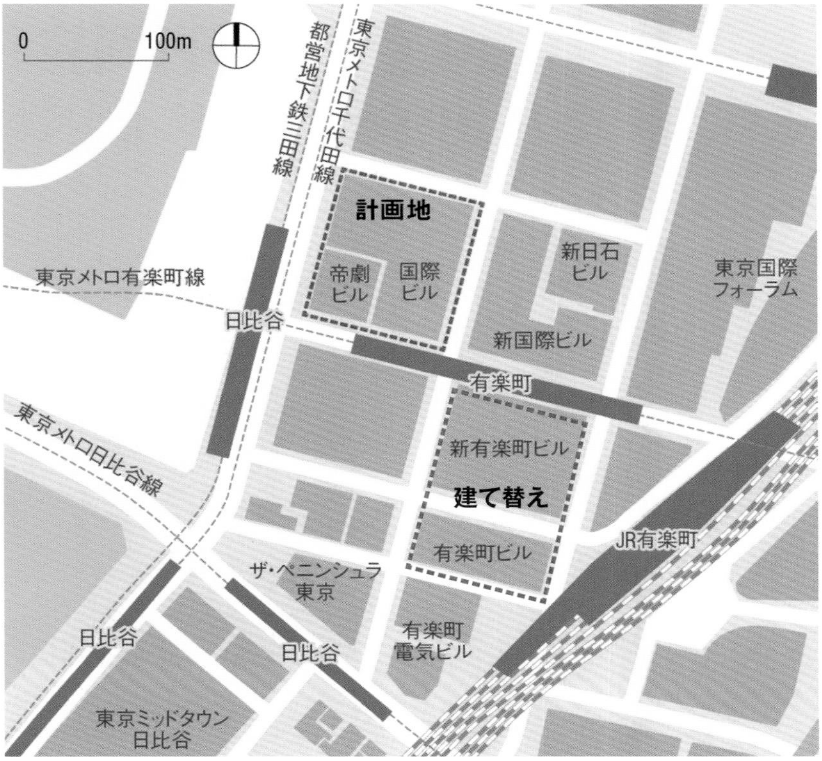


有楽町エリアの地図に、建て替える帝劇ビルと国際ビルの位置を示した。周辺では「有楽町ビル」と「新有楽町ビル」の建て替え計画もある（資料：三菱地所の資料を基に日経クロステックが作成）

際ビルの設計は三菱地所が手掛けた。施工は両ビルとも大林組だ。

共に鉄骨鉄筋コンクリート造で、地下6階・地上9階建て。延べ面積は帝劇ビルが約3万9400m²、国際ビルが約7万6900m²。帝劇ビルは東宝と出光美術館が、国際ビルは三菱地所と日本倶楽部が所有している。

三菱地所は、大手町・丸の内・有楽町エリアで同社が進める2020年以降の街づくりを「丸の内NEXTステージ」と位置づけている。その中で、有楽町は重点エリアとなっている。

同社は21年7月に、同じく1966年に竣工した「有楽町ビル」と翌67年に竣工した「新有楽町ビル」の建て替えに着手すると発表。帝劇ビルと国際ビルの建て替えも、これらの再開発の一環である。

1911年に完成した初代の帝国劇場の外観（写真：東宝）

## TOKYO CROSS PARK構想

完成予定 29～37年

# 都内最大級の再開発「内幸町1丁目街区」日比谷公園前に帝国ホテルと3つのタワー

東京都千代田区の「内幸町1丁目街区」の再開発を推進する事業者10社は2022年3月24日、37年度以降に完成を予定しているプロジェクト「TOKYO CROSS PARK（トーキョー クロス パーク）構想」の詳細を発表した。約6万5000m²の敷地を北地区・中地区・南地区の3つに分け、総延べ面積が約110万m²となる巨大開発を共同で進める。

建物にはオフィスや商業施設、ホテル、住宅などを備える予定だ。最初に竣工する南地区にある「みずほ銀行内幸町本部ビル（旧第一勧業銀行本店）」は解体が進んでいる。

事業者10社は、NTTアーバンソリューションズ、公共建物、第一生命保険、中央日本土地建物、帝国ホテル、東京センチュリー、東京電力ホールディングス、NTT、NTT東日本、三井不動産だ。

敷地は大手町や丸の内、有楽町、霞ケ関、虎ノ門といった東京都心の重要な結節点に位置する。広大な敷地に、「帝国ホテル 東京 新本館」と高さが約230mある3棟の超高層タワーを建て、日比谷公園とつなぐ計画とする。

「内幸町1丁目街区」の完成イメージ。手前は日比谷公園（資料：NTTアーバンソリューションズ、公共建物、第一生命保険、中央日本土地建物、帝国ホテル、東京センチュリー、東京電力ホールディングス、NTT、NTT東日本、三井不動産）

内幸町1丁目街区で新たに建てる、4つの建物と日比谷公園のイメージ（資料:NTTアーバンソリューションズ、公共建物、第一生命保険、中央日本土地建物、帝国ホテル、東京センチュリー、東京電力ホールディングス、NTT、NTT東日本、三井不動産）

街区全体のマスターデザインとプレイスメイキングストラテジー（街区の魅力向上と戦略提案）には、英ロンドンに拠点を持つ設計事務所PLPアーキテクチャーを起用した。都市計画とデザインインテグレーション（各地区の個性と調和をデザイン面で調整）、ランドスケープデザイン（基本計画）は日建設計が担う。

デザインアーキテクトとして、帝

事業者10社のトップが一堂に会して会見した（写真：日経クロステック）

低層部と日比谷公園が一体化するイメージ（資料：NTTアーバンソリューションズ、公共建物、第一生命保険、中央日本土地建物、帝国ホテル、東京センチュリー、東京電力ホールディングス、NTT、NTT東日本、三井不動産）

内幸町1丁目街区の配置図（資料：NTTアーバンソリューションズ、公共建物、第一生命保険、中央日本土地建物、帝国ホテル、東京センチュリー、東京電力ホールディングス、NTT、NTT東日本、三井不動産）

2ヘクタールの大規模広場イメージ（資料：NTTアーバンソリューションズ、公共建物、第一生命保険、中央日本土地建物、帝国ホテル、東京センチュリー、東京電力ホールディングス、NTT、NTT東日本、三井不動産）

国ホテル 東京 新本館はAtelier Tsuyoshi Tane Architects（アトリエ ツヨシタネ アーキテクツ）、北地区ノースタワーと中地区セントラルタワーはPLPアーキテクチャー、南地区サウスタワーは日建設計がそれぞれ担当する。28年度以降に順次完成していく。

## 10社のシナジーを街に生かす

事業者は、10社だからこそ実現できるスケールの大きな街づくりを推進していく。22年3月24日の記者発表会で三井不動産の菰田正信社長（当時）は、「働く・遊ぶ・暮らすといった人の行動や提供するサービスでとらえる街づくり、人が主役の街づくりを実現する」と述べた。

街区には超高層タワーの他に、デッキ状の道路上空公園、地上31mの高さの基壇部上広場、2ヘクタールの広場といった広大なパブリックスペースを設ける予定だ。

次世代スマートシティーの実現も目指し、NTTグループが開発しているDTC（デジタルツインコンピューティング）を活用した「都市OS」の実装に取り組む。

建て替え前の現在の帝国ホテル 東京（写真：日経クロステック）

**街区全体** 1 東京都千代田区内幸町1-1 3 PLPアーキテクチャー（マスターデザイン・プレイスメイキングストラテジー）、日建設計（都市計画・デザインインテグレーション・ランドスケープデザイン基本計画） **北地区** 2 帝国ホテル、三井不動産 3 山下設計・日建設計JV（新本館基本計画）、Atelier Tsuyoshi Tane Architects（新本館デザインアーキテクト）、日建設計・山下設計JV（ノースタワー基本計画）、PLPアーキテクチャー（ノースタワーデザインアーキテクト） 4 — 5 30年度（ノースタワー）、36年度（新本館） 6 7 — 8 地下4階・地上29階（新本館）、地下4階・地上46階（ノースタワー） 9 約15万$m^2$（新本館）、約27万$m^2$（ノースタワー） **中地区** 2 NTT都市開発、公共建物、東京電力パワーグリッド、三井不動産 3 NTTファシリティーズ（基本設計）、PLPアーキテクチャー（デザインアーキテクト） 4 — 5 29年度 6 7 — 8 地下6階・地上46階 9 約37万$m^2$ **南地区** 2 第一生命保険、中央日本土地建物、東京センチュリー、東京電力パワーグリッド、TF内幸町特定目的会社 3 日建設計 4 — 5 28年度 6 7 — 8 地下5階・地上43階 9 約31万$m^2$

帝国ホテル 東京 新本館

完成予定 37年

# 新本館デザインは田根剛氏 ひな壇状の宮殿のような外観

帝国ホテルは2021年10月27日、36年度の完成を目指す「帝国ホテル 東京 新本館」のデザインアーキテクトに田根剛氏を選んだと発表した。同社の定保英弥社長は発表会で、「将来有望な、若くて、世界でも経験があり、歴史を継承しながら未来に挑戦していく思いを共有、体現できる建築家にお願いした」と語った。

田根氏が担当するのは新本館の外観デザイン。そのイメージはひな壇状の宮殿を思わせ、高層部を日比谷公園側からセットバックしている。

基壇部は高さ約31mとし、かつての「百尺規制」にそろえて周辺ビルとの調和を図る。客室数は現状より減らし、客室面積の拡大や機能更新によって単価を引き上げる方針だ。

新本館は、1890年に開業した帝国ホテルにとって4代目の建物となる。現在立っている3代目の本館は1970年に完成。築50年以上がたち、施設の老朽化が進んでいた。

帝国ホテルは2021年3月に、本館とタワー館および駐車場ビルの建て替え計画を発表。総事業費2000億～2500億円程度を投じて、24年度から順次建て替える。新本館は31年度から36年度にかけて建て替える予定だ。

デザインアーキテクトの選考に当たり、帝国ホテルは国内外の建築設計事務所を対象にコンペを実施した。求めたのは、「品格・継承・挑戦」という3つのキーワードだ。

### 人類の英知から学ぶ

田根氏の提案のベースとなったのが、2代目本館の"ライト館"だ。建築家のフランク・ロイド・ライト(1867年～1959年)が設計し、その美しさから「東洋の宝石」と称された。

日経アーキテクチュアの取材に対して田根氏は、「ライト館がマヤ文明からインスピレーションを受けて設計されたように、自分もこれまでの文明など人類の英知から学びを得て、提案をしていきたい」と意気込みを語った。

2021年10月27日、帝国ホテル 東京で発表会が開かれた。左は帝国ホテルの定保英弥社長、右は田根剛氏(写真:日経アーキテクチュア)

田根氏による「帝国ホテル 東京 新本館」のイメージパース。「詳細は今後検討するが、過去の本館から引き継ぐものとして、素材に石を使いたい」と田根氏は語る(資料:Atelier Tsuyoshi Tane Architects)

## 新Ginza Sony Park 新築工事

完成予定 24年

# 銀座の一等地に「ソニーパーク」公園の性格を継承した約34mビル

ソニーとソニー企業（東京都中央区）は、東京・銀座の数寄屋橋交差点前で展開してきた「Ginza Sony Park（銀座ソニーパーク）」を2021年9月30日に一時閉園。「新Ginza Sony Park 新築工事（仮称）」に移行した。24年3月時点では工事の真っ最中だ。24年内の完成を目指している。

発端は「銀座 ソニービル」（1966年開業）の建て替えだ。しかし、計画が始まった2013年当時、都心部は20年東京五輪の開催を見据えて不動産開発を急ぐ動きが目立っていた。

東京で進むビルの更新に追随しても面白みがない。いったん「建てない」という姿勢で立ち止まってみると、ソニーは考えた。同社の企業理念である「ユニークであること」を実践した。

この計画についてソニー企業の永野大輔社長は、「減築によって生まれたフラットなParkは、旧ビル解体の途中と位置付けた。建て替え期間を引き延ばし、そのプロセスに『工夫して壊す』という考え方を持ち込んだ」と語った。

### 新ビルの規模は旧ビルの半分

旧ビル地上部を解体後、地階と合わせて跡地を「公園」的な空間として設定。18年8月から約3年間運営を継続してきた。その間にソニー企業は15件の実験的なイベントを試みた。コロナ禍の影響で途中から来園者数は7割程度に落ちたが、最終的に延べ約850万人が訪れた。

永野社長が率いるチーム「Ginza Sony Park Project」のメンバーには、倉方俊輔・大阪市立大学准教授や荒木信雄・The Archetype主宰などが加わる。基本設計はThe Archetypeと石本建築事務所が手掛け、実施設計・施工は竹中工務店が担当する。

敷地面積は約700m²、建築面積は約585m²、延べ面積は約4390m²。芦原義信建築設計研究所（当時名称）が手掛けた旧ビルは延べ面積8800m²余りだったので、半分程度の規模に縮小する。高さは約33.8m。

標識情報によると、鉄骨鉄筋コンクリート造・一部鉄骨造、地下4階・地上5階建て。主用途は物販店舗、飲食店舗、展示場だ。24年8月の竣工を見込む。

**パークの名称を引き継ぐ**
2021年9月30日の報告会で、新ビルの規模を説明するソニー企業の永野大輔代表取締役社長（写真：日経アーキテクチュア）

外堀通り越しに見た「新Ginza Sony Park」の工事現場。2024年3月時点（写真：日経クロステック）

▶▶ 三愛ドリームセンター 建て替え

完成予定 27年

# 林昌二設計の銀座の円筒形ビル 解体後の新ビル設計は小堀哲夫氏

リコーは2023年2月1日、東京・銀座4丁目の交差点に面して立つ円筒形の商業ビル「三愛ドリームセンター」を解体し、建て替えると発表した。1963年に開業した三愛ドリームセンターは築60年を超え、老朽化が進んでいた。

人通りが絶えない銀座の安全性を確保するため、2023年3月から約2年かけて解体工事を実施。新築のビルに建て替え、27年の竣工を目指す。

円筒形で総ガラス張りの三愛ドリームセンターは、地下3階・地上9階建て、鉄骨鉄筋コンクリート造のビルだ。銀座4丁目交差点の西角に立ち、向かいにある「SEIKO HOUSE GINZA」(セイコーハウス銀座、旧和光本館)や銀座三越と共に、銀座のランドマークとして親しまれてきた。設計したのは、日建設計の林昌二(1928～2011年)である。

建物を所有するリコーは安心・安全を担保するため、三愛ドリームセンターの建て替えを決断した。新ビルの設計者には、小堀哲夫建築設計事務所を起用する。新しいビルは三愛ドリームセンターの記憶を継承するようなデザインになる見通しだという。施工は竹中工務店が手掛ける。

小堀哲夫建築設計事務所を主宰する小堀哲夫氏は、法政大学教授を務めている。25年の大阪・関西万博では、シグネチャーパビリオン「いのちを高める」(いのちの遊び場 クラゲ館)の建築デザインを担当している。

リコーは、解体前に建物の形状を同社の技術でデジタルアーカイブと

2023年3月に解体が始まった銀座の商業ビル「三愛ドリームセンター」(写真：リコー)

1963年当時の三愛ドリームセンター
(写真：リコー)

総ガラス張りの商業ビルは、大規模なプロジェクションマッピングにも向いていた（写真：リコー）

して保存することも発表している。建設現場でも使われている360度カメラ「RICOH THETA（リコーシータ）」や3D画像処理技術を用いる。

## 円筒形で総ガラス張りの建築

1963年の竣工当時、総ガラス張りの円筒形（シリンダー形）ビルは非常に斬新なデザインとして注目を集めた。最上部にネオンサインを設置した広告塔としてのビル活用も、街を行き交う人々の記憶に残りやすいものだった。

施工を手掛けたのは竹中工務店だ。工法も独特で、円筒形の三愛ドリームセンターは建物の中心（コア）にエレベーターシャフトを配しており、まるで円盤を軸に通すようにフロアを順次施工していった。

時を経て2010年代に入ると、総ガラス張りが再び脚光を浴びた。17年に大規模なマルチスクリーンプロジェクションマッピングによる映像がガラス面に登場して話題をさらったのだ。銀座の街を歩く大勢の人々がプロジェクションマッピングの映像を眺めるため、三愛ドリームセンターを見上げた。

リコー製のプロジェクター80台を使った映像演出で評価を高めた。結果的に、銀座の一等地に立つ建築物そのものを自社製品のアピールに利用する好例にもなった。

21年には8～9階にアートギャラリー「RICOH ART GALLERY」を開設。曲面のガラスがよく分かる（写真：リコー）

21年には、地上8～9階にアートギャラリー「RICOH ART GALLERY」を開設。近年の現代アートブームを後押しする活動拠点にもなっていた。

21年 LOUIS VUITTON GINZA NAMIKI

# 青やオレンジに輝く「水の柱」

## ガラスの被膜でファサードの色を制御

ルイ・ヴィトンジャパンが東京・銀座の並木通り沿いに立つ日本初の直営店を建て替えた。曲面ガラスで覆ったファサードは「水の柱」を表し、光の加減で色が変化して見える。

東京・銀座に新装オープンした店舗「LOUIS VUITTON GINZA NAMIKI（ルイ・ヴィトン銀座並木通り店）」。ガラスのファサードが輝き、ブランドショップが立ち並ぶ中でもひときわ目立つ（写真：特記以外は北山宏一）

**波打つガラスで「水の柱」を表現**
地上８階建ての建物を、ガラスのカーテンウオールで覆った。ガラス自体は透明だが、青やオレンジに見える

この建物の色は青か、オレンジか。見る角度や時間帯、天候などによって様々な表情を見せる――。

ルイ・ヴィトン　ジャパンは2021年3月20日、東京・銀座の並木通り沿いに直営店「LOUIS VUITTON GINZA NAMIKI（ルイ・ヴィトン銀座並木通り店）」を新装オープンした。1981年に誕生した日本初の直営店を、約3年かけて建て替えた。

建物の建築本体と外装の設計は、AS（旧・青木淳建築計画事務所）が担当。建物の施工は清水建設が手掛けた。

生まれ変わった銀座並木通り店は、建物を覆い尽くすガラスのファサードが目を引く。高級ブランド店が軒を連ねる並木通りでもとにかく目立つ、新しいランドマークだ。

銀座並木通り店は地上8階建てで、高さは約40mある。表面が波打つ曲面ガラスのカーテンウオールは、「水の柱」を表現している。しかもガラスの色は、常に変化しているように見えるから不思議だ。

## 合わせと複層のダブルスキンガラス

全面ガラスのファサードは、非常に手の込んだつくりをしている。外側（アウター）に曲面の合わせガラス、内側（インナー）に複層ガラスを配置したダブルスキンになっている。意匠上、特に重要なのは外側に用いた合わせガラスだ。

2枚の曲面ガラスをくっ付けた合わせガラスは、一番外側にくるガラスの内面（合わせ面）に、特定の波長の光だけを反射する「ダイクロイック（多層金属被膜）・コーティング」を施している。これでオレンジ系の光だけを反射する。外観がオレンジに見えるのは、この反射が強いときだ。

オレンジ系以外の波長の光は、ダイクロイック・コーティングを透過。合わせガラスのもう1枚のガラスに到達する。そのガラスの室内側に張った透明から白色になる「グラデーションフィルム」に当たり、今度は青系の光を反射する。外観が青く見えるの

**ダブルスキンのガラスでファサード構成**

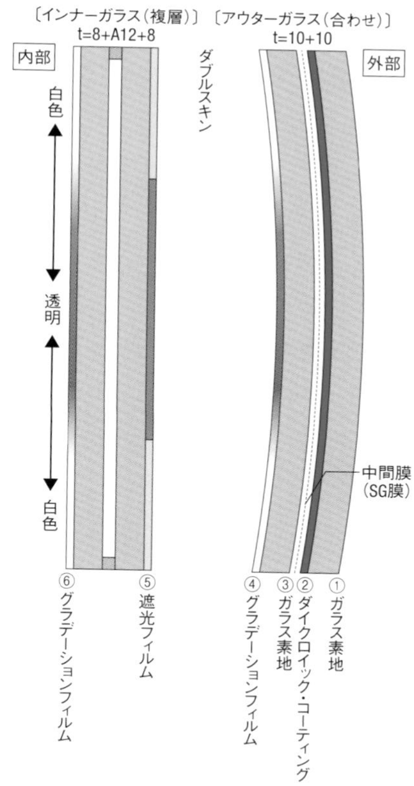


インナーとアウターのガラスにそれぞれ異なる加工を施し、光の色の反射と透過をコントロールしている（資料：AS）

**ダイクロイック・コーティングで分光**

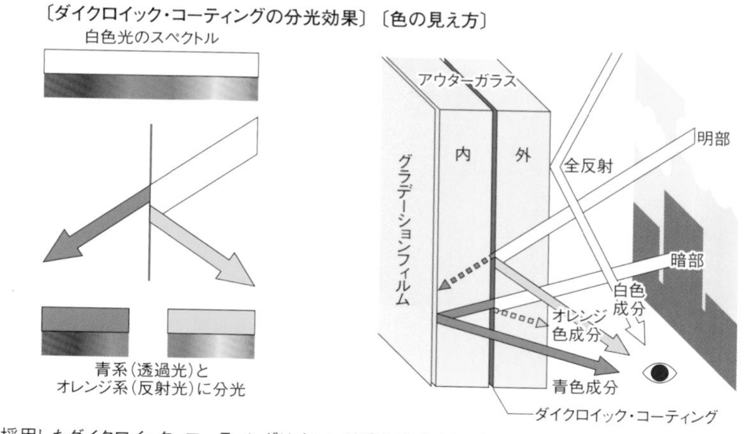


採用したダイクロイック・コーティングはオレンジ系の光だけを反射し、それ以外の色は透過する性質を持つ（資料：AS）

**ガラスの形状パターンを6つ用意**

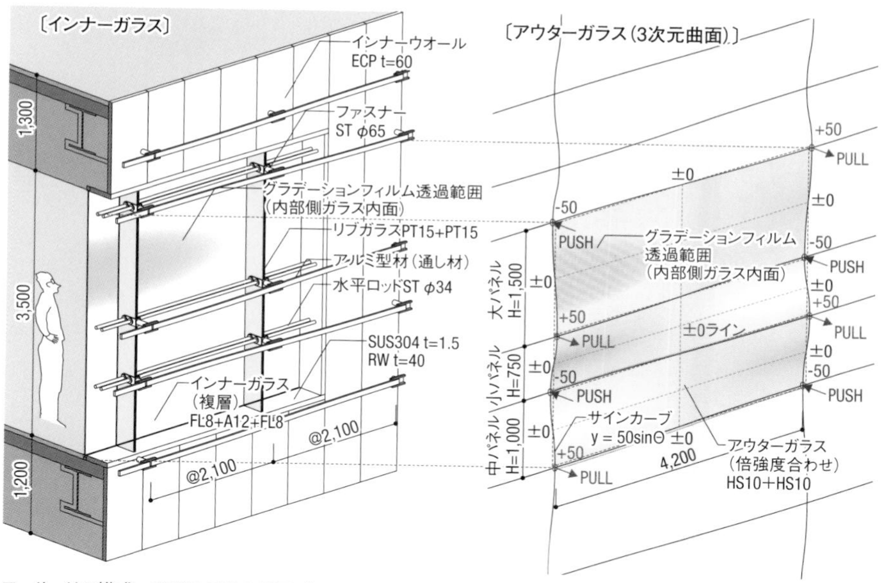


ファサードの構成。6種類の形の曲面ガラスを組み合わせて、ファサードの波形をつくる（資料：AS）

は、こちらの反射である。

建物に当たる直射光や間接光の加減で、オレンジ系の反射が見えたり、青系が見えたりする。合わせガラスは波打っているので、眺める角度によっても色が違って見える。

色ガラスは使っていない。ガラス自体は透明だ。光の反射と透過をダイクロイック・コーティングとグラデーションフィルムでコントロールしている。採用したガラスの製造や加工、波形の成型は、輸入先である中国の工場で行った。

曲面のアウターガラスは基本的に、6つの形状パターンの組み合わせでできている。6種類をシームレスにつなぎ合わせることで、3次元曲面をつくった。

曲面の凹凸の差は最大100㎜。6種類の金型を用意し、平らなガラスを熱で曲面に変形させる。それを2枚張り、合わせガラスにする。

室内に近く断熱性能を求められるインナーの複層ガラスにも、グラデーションフィルムを張った。フィルムの所々を楕円形に切り抜き、中央の透明な部分から段々白色にグラデーションが濃くなるようにして、楕円形の窓のように見せている。店内の壁には、こうした楕円形の開口が幾つもある。

楕円部分からは、外の景色が青っ

**楕円形の窓があるように見せる**
店舗の壁の一部を楕円形にくりぬいたような内装。中央部分から外の景色が透けて見える

**夜は外から楕円形の窓があるように見える**
夜の建物外観。室内照明の光が楕円形に外に漏れる。ファサードはあえてライトアップしていない（写真：竹内吉彦）

ぽく見える。グラデーションフィルムの透明な場所を透過してきたオレンジ系以外の光だけが、室内から見えるからだ。逆に夜は、室内照明の光が楕円部分から外に漏れる。

## 外装だけでなく建築も設計

店舗の内装設計は、米国の建築家ピーター・マリノ氏が主宰するPETER MARINO ARCHITECTとエイチアンドエイが手掛けた。ASは内装設計にはタッチしていない。

7階にはカフェ「LE CAFE V（ル・カフェ・ヴィー）」もある。カフェの壁の一部も、楕円形にくりぬいたように外が見える。楕円形の大きさは、フロアごとに異なる。

内装を決めるのはマリノ氏らだが、今回の建て替えではASが外装だけでなく建築設計も手掛けた。ASを共同主宰するパートナーの青木淳氏はルイ・ヴィトンの店舗設計に数多く関わってきたが、建築まで設計した例は少ない。青木氏は売り場以外の機能を南端にまとめて、店舗面積を従来より広げている。

### LOUIS VUITTON GINZA NAMIKI

■**所在地**：東京都中央区銀座7丁目 ■**主用途**：物販店舗、飲食店、事務所 ■**建築面積**：310.1m² ■**構造**：鉄骨造 ■**階数**：地上8階 ■**高さ**：39.04m ■**発注者**：ルイ・ヴィトン ジャパン ■**設計者**：AS（建築本体、外装）、PETER MARINO ARCHITECT、エイチアンドエイ（以上、店舗内装）、乃村工芸社A.N.D.（以上、飲食店内装）、LOUIS VUITTON MALLETIER ■**設計協力者**：金箱構造設計事務所（構造）、森村設計（設備）、Lighting Planners Associates（照明） ■**施工者**：清水建設、旭ビルウォール（外装）、J.フロント建装（店舗内装）、綜合デザイン（飲食店内装） ■**施工協力者**：菱熱（空調・衛生）、大栄電気（電気）、松下設備工業（飲食店厨房） ■**設計期間**：2016年5月～19年6月 ■**施工期間**：2019年6月～21年1月 ■**開業日**：2021年3月20日

## 中銀カプセルタワービルの歩み

| | |
|---|---|
| 1972年 | 中銀カプセルタワービルが竣工 |
| 2005年 | 建物にアスベストが使われている問題が表面化 |
| 07年 | 建物の管理組合が臨時総会でビルの建て替えを決議 |
| 18年 | 中銀グループが建物と敷地を売却 |
| 21年 | 建物の管理組合が敷地の売却を決定 |
| 22年 | 住民の退去が完了し、解体工事が始まる |

解体が進む中銀カプセルタワービルを敷地西側から眺める。右が13階建てのA棟で、左が11階建てのB棟。撮影した2022年6月下旬、B棟は塔屋が撤去済みだった。敷地東側のヤードに置いたクレーン車がカプセルを1個ずつ吊り下ろす。円窓のついたカプセルが上空をゆっくり移動するさまは、まるで宇宙船の航行を思わせる不思議な光景だった（写真：特記以外は安川千秋）

解体 22年

消えたランドマーク

中銀カプセルタワービル（1972年竣工）

# 「メタボリズム」の新たな船出

**メタボリズム（新陳代謝）の代表作といわれる「中銀カプセルタワービル」が2022年に解体された。これまで1度も交換されなかったカプセルが、初めて建物から解き放たれた。**

**居住のための最小限空間**
解体工事中に撮影したカプセル内部の様子。竣工当時は収納机やオープンリール式テープレコーダー、テレビ、ラジオなどが備わっていた

**建築当時に近い内装のカプセルも**
オリジナルの３点ユニットバスが取り付けられていた。トイレ、洗面台、浴槽が入っている。配管の故障で近年はお湯が出なかった

**解体前に内壁や設備を外す**
内壁を取り外し、アスベストの除去作業を終えたカプセルの内部。解体工事を手掛ける東京ビルド計画管制課の荒川仁吾課長は「床板を剥がしたら、外壁が取れていたカプセルもあった」と明かす

白い防音パネルに囲われた中銀カプセルタワービル（東京都中央区）の解体が、2022年4月12日に始められた。しばらくして現場を訪れると、クレーンで吊り上げられたカプセルがパネルの奥から姿を現した。

建物は1972年に竣工した。設計は黒川紀章（1934～2007年）。特徴的な鉄骨製カプセルは幅2.5m、奥行き4m、高さ2.5mの大きさで、その中に最小限の居住機能が収まっていた。11階建てと13階建てのタワーに取り付けたカプセルユニットは、合計140個に上る。

世界的に見ても独創的なこの建物は、時代が生んだ建築といえる。

黒川は1959年、菊竹清訓（1928～2011年）らと組み、社会や人口の変化に合わせて有機的に成長する都市や建築を提案する運動を組織。生命の原理を基に、グループの名称を「メタボリズム」と名付けた。

黒川はメタボリズム運動の中で、複数の拠点を移動しながら暮らす人物像として「ホモ・モーベンス」を提唱。住まいのあるべき姿は移設や再利用が可能なカプセルだと宣言し、中銀カプセルタワービルを都心のセカンドハウスとして提案した。

### 交換できないまま建て替えへ

構想にとどまったメタボリズム建築が多くあるなか、実際に東京都心に立ち上がった中銀カプセルタワービルは国内外の注目を集めた。しかし時がたつにつれ、黒川の想定とは異なる道を歩み始める。

交換したくともカプセル自体が一品生産モノであるという矛盾をはらんでいたこと。また、カプセルの間隔が狭くて取り外しにくいことや、カプセルが階段に接する特殊な構造であることなども交換を阻んだ。区分所有の下で維持管理も不十分なまま、静かに老朽化が進行した。

2005年、カプセル外壁の屋内側などにアスベストが使われている問題が表面化した。それを理由に、区分所有者らによる管理組合は07年、建物の建て替えを決議した。

建て替え計画に関わる建設会社が倒産したため、決議は一度、白紙に。区分所有者らは保存と建て替えで立場を二分することになり、月日が経過した。

事態を大きく動かしたのが、20年の新型コロナウイルス感染拡大だ。所有者の一部がカプセルを手放し始めた。「建て替え推進派が8割の議決権を得てしまえば、何もできなくなる」。中銀カプセルタワービル保存・再生プロジェクトの代表を務める前

**密集したカプセルの配置が交換と維持管理を困難にした**

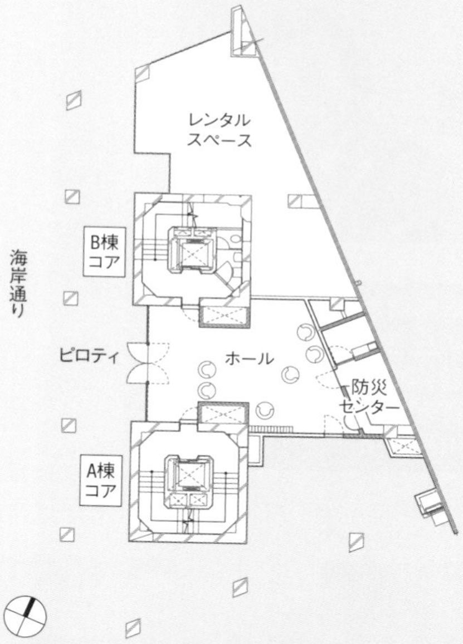


1階平面図1/400　0　5m

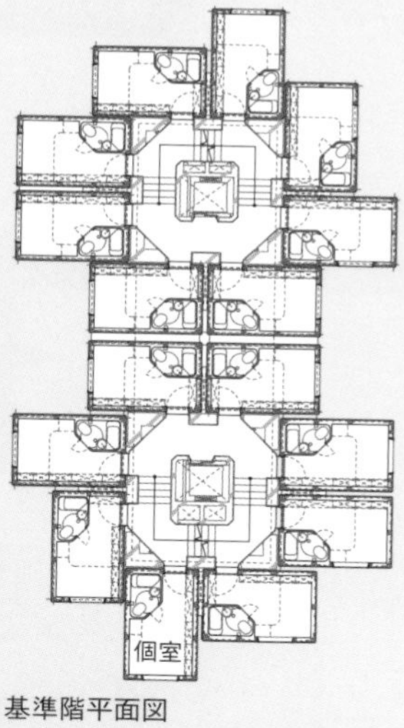


基準階平面図

カプセル同士の間隔は狭く、人が入り込んで作業するのは難しい

左の写真はカプセルの扉を取り外した後の様子。コアとの接合部は老朽化が進んでいる。右はカプセル底面に設置された配管

**建物の解体時までカプセルは一度も交換されなかった**

| | | |
|---|---|---|
| **1970年代** | | |
| 70年 | 大阪万博で黒川紀章が設計したカプセル建築「タカラ・ビューティリオン」が展示される | |
| 72年 | 中銀カプセルタワービル竣工 | 分譲当時の価格は1戸平均約300万円 |
| 79年 | 黒川紀章が設計を手掛けたカプセルホテル第1号の「カプセル・イン大阪」が開業 | |
| **2000年代** | | |
| 05年 | カプセル外壁の屋内側などにアスベストが使われている問題が表面化する | |
| 06年 | 管理組合の中で、建て替えとカプセルの交換保存に意見が分かれる | |
| 06年 | 日本建築士会連合会、日本建築家協会、Docomomo Japanの3団体が建築的価値が高いとして建物の管理組合に保存要望書を提出 | |
| 06年 | 黒川紀章がカプセル交換費用の見積書を管理組合に提出 | |
| 07年 | 管理組合が臨時総会を開き、建物の建て替えを決議。老朽化やアスベスト問題などを理由として権利者の80％以上が賛成 | 黒川紀章が死去 |
| 09年 | 建物の跡地にマンションを建設する予定だった建設会社が倒産し、建て替え決議が無効となる | |
| 10年前後 | 建物の給湯管が損傷し、補修を断念。全館での給湯が停止される | |
| **2010年代** | | |
| 14年 | 管理組合の依頼により、黒川紀章建築都市設計事務所がカプセル接合部の調査を実施 | 改正マンション建て替え円滑化法が施行／黒川事務所が東京地方裁判所に民事再生法の適用を申請した。負債額は約12億円で、日本工営が事業を譲り受けた。15年1月に現黒川事務所が設立される |
| 15年 | 管理組合が総会を開き、建物全体で耐震診断の実施を決定 | |
| 18年 | 中銀グループが建物と敷地を売却 | |
| **2020年代** | | |
| 21年 | 建物の管理組合が敷地の売却を決定 | |
| 21年 | 黒川事務所がLAETOLIと建物のデジタル空間での保存に関する協定を結ぶ | |
| 22年 | gluonなどが建物の3次元スキャンを完了する | |
| 22年 | 住民の退去が完了し、解体工事が始まる | 初のカプセル取り外し。一部を除いてその場で解体される |
| 22年 | 黒川事務所とLAETOLIが建物の3次元モデルにひも付くNFTを販売開始 | |

（資料：取材を基に日経アーキテクチュアが作成）

新橋駅から徒歩圏内。多くの愛好家らが見学に訪れた（写真：日経クロステック）

黒川紀章自身もカプセルを所有していた（写真：日経アーキテクチュア）

保存するカプセルはトレーラーで千葉県にある工場へ運ばれた（写真：日経クロステック）

田達之氏は危機感を抱いた。

カプセルだけでも残したい――。保存派は建て替え推進派と協議し、解体に際してカプセル25個を保存する約束を交わした。カプセルは補修後、博物館での展示や宿泊施設としての利用が計画されている。

23年末には銀座の商業施設「GINZA SIX（ギンザ シックス）」のエントランスに、解体されて一旦千葉県に移された中銀カプセルタワービルの一部がアートモニュメントになって戻ってきた。約1カ月半の展示だったが、カプセルが「移動」して銀座に帰還を果たした。

**中銀カプセルタワービル**

■**所在地**：東京都中央区銀座8-16-10（当初は、8-216-11）■**主用途**：集合住宅 ■**地域・地区**：商業地域 ■**建蔽率**：97.2% ■**容積率**：699.55% ■**敷地面積**：442m² ■**建築面積**：430m² ■**延べ面積**：3091m² ■**構造**：鉄骨鉄筋コンクリート造、一部鉄骨造 ■**階数**：地下1階・地上13階（A棟）、地下1階・地上11階（B棟）■**基礎・杭**：場所打ちコンクリート杭（アースドリル工法）■**高さ**：最高高さ42.137m、軒高42.13m ■**発注者**：中銀マンシオン ■**設計・監理者**：黒川紀章建築都市設計事務所 ■**施工者**：大成建設、大丸装工事業部（カプセル製作）■**施工期間**：1971年4月～72年3月

**解体工事はカプセルを1個ずつ取り外すなど手間がかかった**

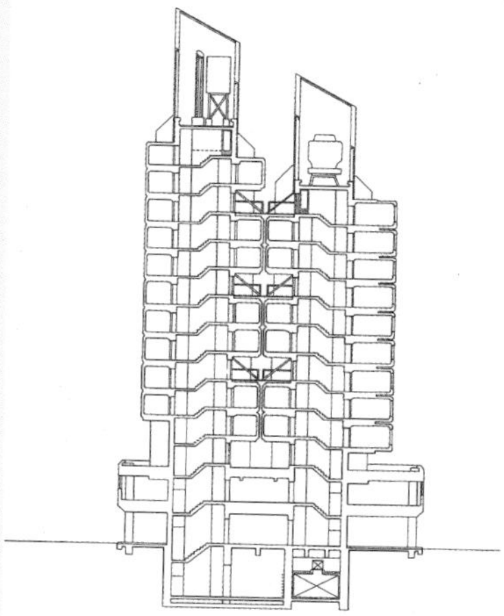

断面図1/1,000 0 20m

**高層階の解体の流れ**

**❶ 作業足場の組み立て**
カプセルを取り巻くような形で足場を配置

**❷ カプセル内装の解体やアスベストの除去**
カプセル外壁の屋内側にアスベストが使われていたため、区画ごとに屋内を養生して作業スペースを設けた。内装を解体してアスベストの除去を進めた

**❸ カプセルの撤去やコアの解体**
骨組みと外壁だけとなったカプセルは1個ずつ、建物に隣接した作業スペースに置いたクレーンで吊り上げて下ろした

**❶カプセルに配慮しながら足場を組み上げ**

上階から解体作業を進めるため、カプセルの周囲に足場を組んでいる。カプセルによる凹凸があり、足場の組み方も複雑になった（写真：日経クロステック）

**❷屋内を養生してアスベストを除去**

カプセル外壁の屋内側に使われたアスベストを除去するに当たって、共用部の屋内側を養生したうえで減圧している。扉の張り紙は、アスベストを除去した後に保存を検討しているカプセルであることを示す（写真：日経クロステック）

**❸狭いコアで使える小型重機を搬入**

建物は鉄骨鉄筋コンクリート造で頑丈だ。コア部分では、柱と梁の接合部周辺のコンクリートの一部を事前に除去し、小型重機による解体をスムーズにした

第4章

# 品川
# 高輪
# 三田
# 田町
# 浜松町

# 品川が陸海空の玄関口に

## 開業待たれるリニア中央新幹線と駅周辺の再開発

リニア中央新幹線の始発駅になる予定の品川は羽田空港にも近く、東京の新しい玄関口に変貌する。近接するJR高輪ゲートウェイ駅周辺の再開発とともに、この場所は世界中から人々が集まり、最先端のテクノロジーを体験できる場になる。

交通機関が集積する品川は2030年に向けて、駅と街が一体になって進化を遂げる。高輪ゲートウェイ駅では目の前に広がるJR東日本の車両基地跡に、5棟のビルが25年以降に相次ぎ誕生。そのうち4棟は高さ160m以上の超高層になる。山手線から見える車窓の景色は一変する。

品川駅回りでは30年代までに注目のプロジェクトが3つある。リニアの地下ホーム開設、京浜急行電鉄の駅の地平化を含む「品川駅街区地区」の開発計画、駅西口に接する国道15号の上空にできる歩行者デッキと「品川駅西口地区」の都市計画だ。「駅の東西で分断された品川がデッキレベルでつながる。デッキ、地上、地下の3層構造に整理される」（品川の再開発に詳しい東京工業大学の中井検裕教授）

西口デッキは、再整備する駅前広

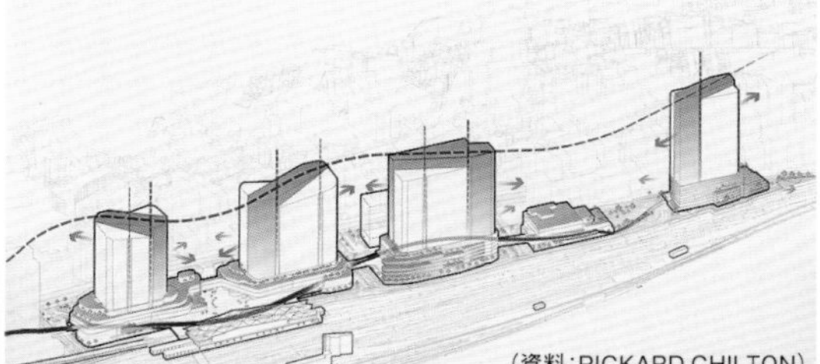

（資料：PICKARD CHILTON）

建設中の「TAKANAWA GATEWAY CITY」。2024年2月末時点（写真：北山宏一）

1所在地 2発注者、事業者 3設計者 4施工者 5竣工時期 6オープン時期 7主構造 8階数 9延べ面積

**品川駅とその周りが立体的に整理される**

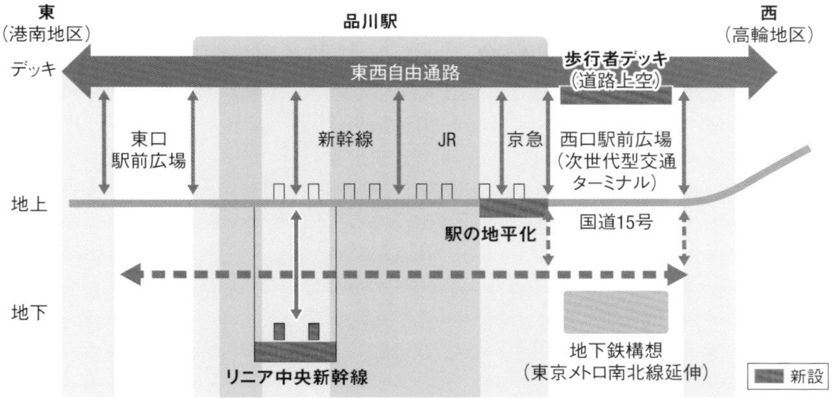


品川駅の地下にリニア中央新幹線のホームができる。京急は駅を地平化。駅西口には国道15号の上空に歩行者デッキを設け、次世代型交通ターミナルも建設される予定（資料：「品川駅・田町駅周辺まちづくりガイドライン2020概要版」を基に日経アーキテクチュアが作成）

「品川駅街区地区」における開発計画。25～36年度を予定（資料：京浜急行電鉄、JR東日本）

「品川駅西口地区」の都市計画（資料：京浜急行電鉄）

場と立体的に接続する。西口の施設「旧シナガワグース」跡地（A地区）では、京急とトヨタ自動車が共同で再開発に乗り出した。京急はトヨタに土地持ち分を一部譲渡。トヨタは建設する施設に新東京本社を構える。総事業費は約2400億円。隣地のC地区でも再開発が始まる。

その北側に広がる高輪ゲートウェイ駅前の広大な敷地では、JR東日本が新街区「TAKANAWA GATEWAY CITY」を開発中だ。

「品川駅西口地区A地区新築計画（仮称）」で建設予定の施設イメージ。地下4階・地上29階建てで、高さは約160m。オフィスや店舗、高級ホテル、ホールが入居する。トヨタ自動車が新東京本社を構える。29年度に開業予定（資料：京浜急行電鉄）

品川駅西口地区の「C地区」に建設予定の施設イメージ（京浜急行電鉄、西武プロパティーズ、高輪三丁目品川駅前地区市街地再開発準備組合、都市再生機構）

## 25年 TAKANAWA GATEWAY CITY
## 高輪ゲートウェイ駅前に5棟が南北に直列

「グローバルゲートウェイ品川」を掲げる都心最大級の再開発。JR高輪ゲートウェイ駅に隣接する、南北に1kmを超える細長い敷地、約7万4000m²を4つの街区に分けて整備する。超高層ビル4棟、低層の文化施設1棟の合計5棟で構成。地上とデッキから成る立体的な広場と歩行者空間を各棟の低層部に配置し、街区間を結ぶ。

1 東京都港区三田3、高輪2 2 JR東日本 3 JR東日本建築設計・JR東日本コンサルタンツ・日本設計・日建設計JV 4 大林組（複合棟I、II）、鹿島（文化創造棟）、フジタ（住宅棟） 5 — 6 25年3月（複合棟I）、25年度（その他） 7 S造、一部SRC造・RC造（複合棟I、複合棟II）、SRC造、S造、一部RC造（文化創造棟）、RC造、一部S造（住宅棟） 8 地下3階・地上29階（複合棟I NORTH）、地下3階・地上30階（複合棟I SOUTH）、地下5階・地上31階（複合棟II）、地下3階・地上6階（文化創造棟）、地下2階・地上44階（住宅棟） 9 46万177.37m²（複合棟I）、20万8164.26m²（複合棟II）、2万8952.55m²（文化創造棟）、14万8294.34m²（住宅棟）

## 31年 芝浦プロジェクト（BLUE FRONT SHIBAURA）

# 旧東芝ビルが235mの巨大ツインタワーに

浜松町ビルディング（旧東芝ビルディング）などを建て替え、高さが共に約235mのツインタワー（N棟、S棟）を建設する。新棟は旧東芝ビルより約70m高く、それが2棟並ぶ巨大さだ。マスターデザインは槇総合計画事務所が手掛ける。

建設中の「芝浦プロジェクト」のS棟。2024年2月末時点（写真：北山宏一）

**1** 東京都港区芝浦1-1-1他 **2** 野村不動産、JR東日本 **3** 槇総合計画事務所、清水建設、アラップ、日建設計 **4** 清水建設（S棟）、—（N棟） **5** 25年2月（S棟）、30年度（N棟） **6** — **7** S造、一部SRC造・RC造 **8** 地下3階・地上43階（S棟）、地下3階・地上45階（N棟） **9** 約55万450m²

（資料：野村不動産、JR東日本）

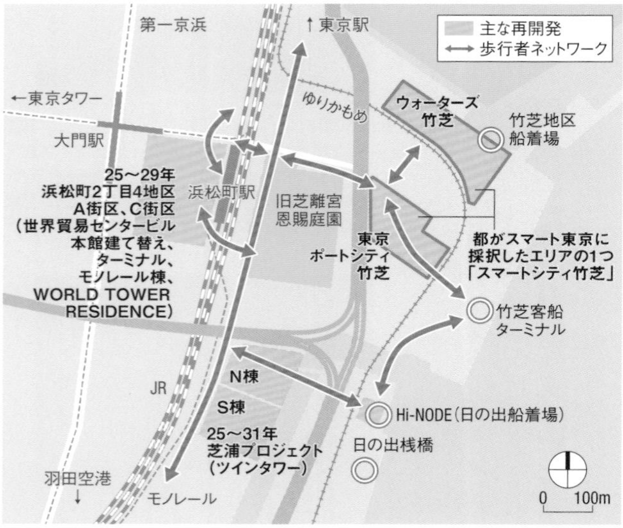


### 浜松町と竹芝、芝浦の連携で海辺まで回遊

浜松町は駅西側から竹芝、芝浦の再開発まで、3つのエリアの融合で街の魅力を向上。湾岸まで歩行者の回遊を促す。船運や東京臨海新交通臨海線（ゆりかもめ）まで取り込み、都心で唯一無二の交通結節点になる。テクノロジーをふんだんに盛り込んだ超高層ビルが次々と建ち、いち早くスマートシティーの確立を目指す（資料：世界貿易センタービルディングの資料を基に日経アーキテクチュアが作成）

### 浜松町駅西口地区の「ステーションコア」で乗り換えが楽に

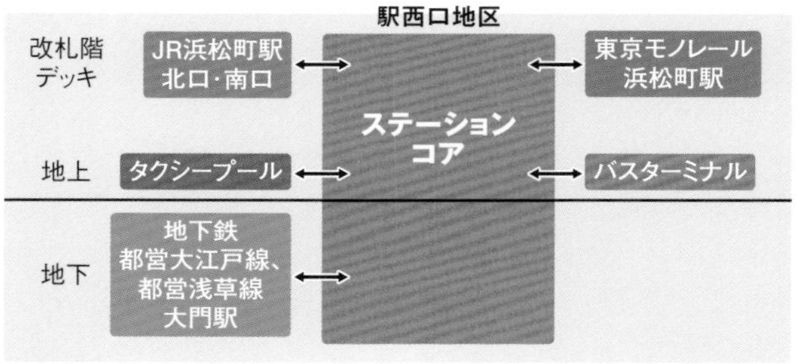


建て替え後の世界貿易センタービルには低層部から地下にかけて、様々な交通手段にスムーズに乗り換えられる縦動線「ステーションコア」を新設する。JRや地下鉄、バス、タクシー、モノレールの接続機能を強化
（資料：世界貿易センタービルディング）

❶所在地 ❷発注者、事業者 ❸設計者 ❹施工者 ❺竣工時期 ❻オープン時期 ❼主構造 ❽階数 ❾延べ面積

## 29年 浜松町2丁目4地区A街区
# 世界貿易センタービル建て替えで交通ハブに

（資料：世界貿易センタービルディング）

解体されて更地になった「世界貿易センタービルディング 建て替え」の計画地。2024年2月末時点（写真：北山宏一）

都市再生特別地区の計画を変更。交通結節点の強化に加え、都心型MICEや外国人滞在者の支援機能、観光支援施設を整備。低層部の緑化計画も見直した。中核の世界貿易センタービルディング本館（A-1棟）は上層部にホテル「ラッフルズ東京」が入居し、建物の高さは約235mに延びた。東京モノレールの建物（駅舎など）も建て替える。

❶東京都港区浜松町2 ❷世界貿易センタービルディング、鹿島、東京モノレール、JR東日本 ❸鹿島（本館、ターミナル）、トーニチコンサルタント、JR東日本建築設計（以上モノレール棟） ❹鹿島（本館、ターミナル）、鹿島（モノレール棟） ❺27年（本館、ターミナル）、29年（モノレール棟） ❻― ❼S造、RC造、SRC造（本館、ターミナル）、RC造（モノレール棟） ❽地下3階・地上46階（本館）、地下3階・地上8階（ターミナル）、地上5階（モノレール棟） ❾約31万4000m²（本館、ターミナル、モノレール棟）

※世界貿易センタービルディング（A棟）は本館（A-1）とモノレール棟（A-2）、南館（A-3）で構成。南館は竣工済み

事業者のJR東日本は、全体デザイン構想に米ピカード・チルトンと隈研吾建築都市設計事務所を起用した。

チルトンは4分割した街区の建物を日本列島の島々に見立て、「アーキペラーゴ（列島）」のコンセプトを提示。「列島」に沿って歩行者デッキを整備し、フロー（流れ）をつくる。品川駅と高輪ゲートウェイ駅の間に、次世代モビリティーを動かす計画もある。

品川の北側に位置する浜松町も、駅周辺の再開発が本格化している。緑豊かな旧芝離宮恩賜庭園を囲むように、駅西側の浜松町2丁目と東側の竹芝、芝浦の3カ所で工事が進む。

開業済みの「東京ポートシティ竹芝」などに続き、浜松町2丁目4地区A街区と芝浦1丁目には、これまた東京の景色を大きく変える建物が25～31年にかけてお目見えする。

### 「ステーションコア」で乗り換え

浜松町のランドマークだったブロンズ色の世界貿易センタービルディングは既に解体され、27～29年にかけて建て替わる。野村不動産は旧東芝ビルを取り壊し、隣地を含めてツインタワーを建てる。

これら3棟はいずれも高さが約235m。旧世界貿易センタービルや旧東芝ビルより70m近く高い。

浜松町駅は品川駅と並ぶ都心の交通ターミナルとして存在感を増す。船運を含め、唯一無二の交通結節点になる。駅でスムーズに乗り換えられるよう、新しい貿易センタービルの低層部から地下にかけて、縦動線の「ステーションコア」を新設する。

浜松町エリアは街区ごとに主要な事業者が異なる。だが湾岸まで歩行者の回遊を促すように協力する。

品川と浜松町に挟まれた三田や田町には、大型マンションが次々と誕生。都心の住宅街になりつつある。東京工業大学田町キャンパスの敷地を、国内最大級の産官学連携インキュベーション拠点に育てる構想も進行中だ。

（資料：NTT都市開発、鹿島、JR東日本、東急不動産）

## 32年 東京工業大学田町キャンパス土地活用事業
# 国内最大規模の産官学インキュベーション施設

国立大学法人が土地を貸し付ける再開発事業として、全国最大規模。東京工業大学は2026年から75年間の定期借地権を設定する。JR田町駅東口に隣接する約2万3000m²のキャンパス跡地に、2棟の複合施設を建設する。官民複合施設や産官学連携のインキュベーション施設などを配置する。PwCアドバイザリーが事業計画などの包括的なアドバイザリーサービスを提供した。「イノベーション・ウォーターフロント」の街づくりを目指す。

❶東京都港区芝浦3-17-1他 ❷NTT都市開発、鹿島、JR東日本、東急不動産 ❸ ❹― ❺30年6月ごろ（一部を除く）、32年4月ごろ（全体） ❻30年6月ごろ（一部を除く）、32年4月ごろ（グランドオープン） ❼― ❽地下2階・地上36階（複合施設A）、地上7階（複合施設B） ❾約25万m²（A、Bの合計）

▶▶ TAKANAWA GATEWAY CITY

完成予定 25年

# JR東日本が品川・高輪を大改造 文化創造棟は隈研吾氏が外装デザイン

JR東日本は、品川開発プロジェクト(第I期)として進めてきた街区名を「TAKANAWA GATEWAY CITY」と名付けた。JR高輪ゲートウェイ駅前から北に向かって1kmを超える細長い敷地、約7万2000m$^2$に合計5棟のビルを建設する。総事業費は約5800億円。

TAKANAWA GATEWAY CITYの区域内を南北に貫き、約4ヘクタールに広がるオープンスペースも整備する。東海道五十三次に着想を得たコンセプト「53Playable Park」を掲げ、周辺の水系や地形、植生を取り込んだ約2.7ヘクタールの緑地空間を設ける。品川駅周辺まで含めた範囲に、交流拠点になるような53カ所の広場空間が誕生する。

計画地は4つのエリアに分ける。北から順に1街区の住宅棟「TAKANAWA GATEWAY CITY RESIDENCE」、2街区の「文化創造棟」、3街区の複合棟II「THE LINKPILLAR 2」、そして4街区の複合棟I「THE LINKPILLAR 1 NORTH／SOUTH」。文化創造棟は高さを抑えるが、それ以外は超高層の巨大な建物になる。

「TAKANAWA GATEWAY CITY」の全体イメージ（資料：JR東日本）

THE LINKPILLAR 1と高輪ゲートウェイ駅周辺エリアの街開きは、2025年3月下旬を予定している。その他の棟と周辺エリアも25年度中には開業する計画である。全体開業後、JR東日本は年間560億円の営業収益を見込む。

各棟の主な用途は、次の通り。THE LINKPILLAR 1がオフィスとホテル、商業施設、コンベンション・カンファレンス、保育園、ビジネス創造施設。THE LINKPILLAR 2がオフィスと商業施設、フィットネス、クリニック。TAKANAWA GATEWAY CITY RESIDENCEには住宅とインターナショナルスクールが入る。

このうち、THE LINKPILLAR 1 SOUTHの地下1～2階および地上6階に配置するコンベンション・カンファレンス「TAKANAWA GATEWAY Convention Center」は、MICE(会議・展示)施設になる。約1640m$^2$の広さがあるコンベンションホールを核とし、全15室で構成。海外からMICEに参加する人の利便性を高めるため、トラベルセンター「TAKANAWA GATEWAY

高輪ゲートウェイ駅の目の前で建設が進む複合棟I「THE LINKPILLAR 1」。両棟の間に設ける駅前広場を挟み、NORTH（右）とSOUTH（左）の2棟で構成。2024年2月末時点（写真：北山 宏一）

THE LINKPILLAR 1の完成イメージ（資料：JR東日本）

高輪ゲートウェイ駅に直結する、約6500m²の駅前広場。1日に約27万人の往来を想定し、様々なデータを収集して活用する（資料：JR東日本）

「文化創造棟」のイメージ（資料：JR東日本）

文化創造棟のエントランス（資料：JR東日本）

約1500m²ある展示室（資料：JR東日本）

THE LINKPILLAR 1 NORTH／SOUTHと、右隣で低層部ができ始めたTHE LINKPILLAR 2を東側から見た様子。2024年2月末時点（写真：北山 宏一）

Travel Service Center」も設ける。

文化創造棟の内外観は、他棟と趣が異なる。公園と一体化した、らせん状の建物だ。緑と木で形づくるスパイラルのファサードが最大の特徴で、外装デザインアーキテクトは隈研吾建築都市設計事務所が担当する。

内部には約1500m²の展示室「BOX 1500」や約1200席を設けるライブホール「BOX 1000」、約300m²のオルタナティブスペース「BOX 300」、約200m²の畳空間「TATAMI 200」、足湯と水盤のある屋上庭園などを配置。多様なスペースで展覧会やライブ、アートなど幅広いプログラムを展開する。

文化創造棟の運営準備組織として、一般財団法人JR東日本文化創造財団が22年4月に設立された。準備室長には、日本科学未来館でキュレーターを務めた内田まほろ氏が就任した。

文化創造棟は地下3階・地上6階建てで、高さは約45m。延べ面積は2万8952.55m²。設計者は品川開発プロジェクト（第Ⅰ期）設計共同企業体で、JR東日本建築設計とJR東日本コンサルタンツ、日本設計、日建設計で構成する。

アクセスは隣地で開発が進む、京浜急行電鉄と都営地下鉄の泉岳寺駅からの方が高輪ゲートウェイ駅より近い。泉岳寺駅地区では京急と東急不動産が主導する再開発が進んでいる。28年3月ごろの竣工を計画する。

## 最高級ホテルと豪華タワマン

もう1つの注目は、TAKANAWA GATEWAY CITYの玄関口に当たるTHE LINKPILLAR 1に入居するホテルだ。SOUTHの地上23～30階に、米マリオット・インターナショナルの最高級ホテル「JW マリオット・ホテル東京」ができる。JW マリオットブランドは首都圏初進出となる。客室数は約200室を予定。ホテルの内装デザインは、カナダのヤブ・プッシェルバーグ（Yabu Pushelberg）が担当する。

THE LINKPILLAR 1は延べ面積が46万177.37m²。NORTHは地下3階・地上29階建てで、高さが約161m。SOUTHは地下3階・地上30階建てで、高さが約158m。設計は同じく品川開発プロジェクト（第Ⅰ期）設計共同企業体で、施工は大林

「TAKANAWA GATEWAY CITY RESIDENCE」の完成イメージ。5棟の中で最も高い建物になる（資料：JR東日本）

「THE LINKPILLAR 2」の完成イメージ（資料：JR東日本）

住宅の共用部。内装デザイナーはHBA（ハーシュ・ベドナー・アソシエイツ）（資料：JR東日本）

各棟をつなぐデッキで小型モビリティーの走行実験を計画（資料：JR東日本）

住宅棟の周辺にビオトープ（生物空間）を整備（資料：JR東日本）

細長い街全体の照明デザインは、シリウスライティングオフィスが担当（資料:JR東日本）

組が手掛ける。

外装デザインとエントランス内装デザインは、米ピカード・チルトン（Pickard Chilton）が担当。チルトンは隈事務所と共にTAKANAWA GATEWAY CITYの全体デザイン構想にも参画している。JR東日本はTAKANAWA GATEWAY CITYの開発に、海外のデザイン事務所を積極的に起用している。

計画地の一番北側、田町駅に近いTAKANAWA GATEWAY CITY RESIDENCEは都心のタワーマンションだ。外国人ビジネスワーカーとその家族が生活することを想定した高級賃貸住宅やテラス型住戸を含むレジデンスで構成する。住宅部分の内装デザイナーには、HBA（ハーシュ・ベドナー・アソシエイツ）を起用する。

低層部には、東京インターナショナルスクールが運営するインターナショナルスクールができる。隣接する広場は、ビオトープ（生物空間）として多様な生態系と自然を感じられる環境にする。

延べ面積は約14万8294.34m²。地下2階・地上44階建てで、高さは約172mと5棟の中で一番高い。設計は品川開発プロジェクト（第Ⅰ期）設計共同企業体、施工はフジタが手掛ける。

最後に地下5階・地上31階建てのTHE LINKPILLAR 2に触れる。計画地からは150年前に構築された「高輪築堤」が見つかり、国史跡指定された。そのため、建物の位置を東側に少し移した経緯がある。高輪築堤は保存のため、今は埋め戻されている。

25年度には、山手線から見える高輪の景色が激変する。夜は海岸線を思わせる細長い敷地と、そこに立つ建物をライトアップ。照明デザインはシリウスライティングオフィスが手掛ける。

次世代モビリティーの運行に乗り出す計画もある。5棟を結ぶデッキプロムナードで、小型モビリティーを走らせる実験を想定している。将来的には、品川駅と高輪ゲートウェイ駅の間を次世代モビリティーで結ぶ構想もある。

JR東日本はTAKANAWA GATEWAY CITYを「様々な社会課題を解決するための実験場」（深澤祐二社長、当時）と位置付ける。KDDIを共創パートナーに迎えたほか、100社以上のスタートアップを支援する拠点「TAKANAWA GATEWAY Link Scholars' Hub」を開設する。

▶▶ 高輪築堤跡

完成予定 27年

# JR東日本が27年度に現地公開 150年前の史跡がランドスケープに

JR東日本はTAKANAWA GATEWAY CITYの計画地から出土した日本初の鉄道開業時の構造物「高輪築堤」を2027年度にも現地公開する。高輪築堤跡は21年9月17日に国の史跡に指定された。

日本で初めて鉄道が走った土地の記憶と歴史的価値を継承し、保存・公開する方法をJR東日本は有識者と検討してきた。そして文化財保護法に基づき、保存活用計画を策定。23年5月26日に文化庁長官の認定を受けた。

鉄道会社であるJR東日本にとって、国の史跡にもなった高輪築堤跡は新街区のシンボルになる「宝」だ。出土後にはTAKANAWA GATEWAY CITYの計画の一部を見直し、建物の配置を変えている。そして新街区のランドスケープの一部に組み込んだ。

TAKANAWA GATEWAY CITYは25年3月から、順次開業を迎える。高輪築堤跡は27年度の現地公開を目指す。

高輪築堤を構成する杭や築石の腐朽・塩類析出対策などの保存科学や高輪築堤の構造安定性について、有識者の指導の下、適切な保存対策および継続的な維持管理を行うことで現地公開が可能になった。現在は劣化を防ぐため、地中に埋め戻している。

TAKANAWA GATEWAY CITY内に設ける公園の地下から「高輪築堤跡」を眺めるイメージ（資料：JR東日本）

「THE LINKPILLAR 2」の2階プロムナードから眺めるイメージ（資料：JR東日本）

文化創造棟の3階テラスから眺めるイメージ（資料：JR東日本）

## 景観の再現にVR／AR活用を検討

策定した保存活用計画に基づいて議論する内容は、以下のような項目だ。まず、発掘時に既に滅失していた欠損部築石や盛り土、バラスト（砂利）、レール、橋梁などの再現を検討する。

かつての築堤ライン上は現地で発掘された築石を活用したランドスケープとし、歴史を感じられる空間を街区内に創出する。TAKANAWA GATEWAY CITYの街の一部になるわけだ。公開に当たっては、VR／AR（仮想現実／拡張現実）などの技術を使い、開業当時の鉄道が走る景観の再現も検討する。

そもそも高輪築堤とは、1872年に日本で初めて鉄道が東京・新橋と横

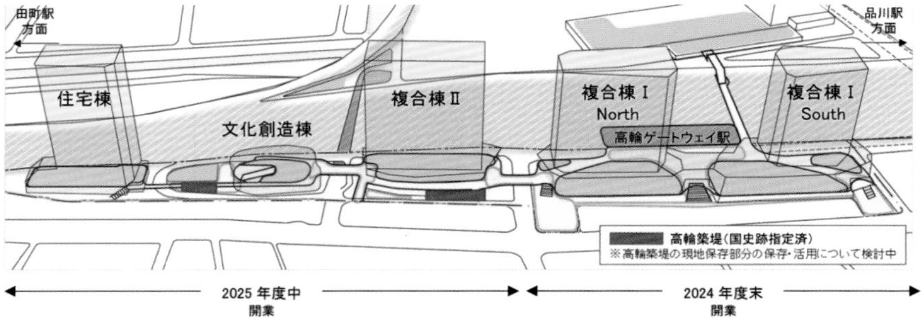


**TAKANAWA GATEWAY CITYは計画地を4つの街区に分け、合計5棟のビルを建てる。現場公開する高輪築堤跡は、3街区に建つ複合棟ⅡのTHE LINKPILLAR 2の西側にある「第7橋梁部」と2街区にできる文化創造棟の北側に設ける公園に隣接する「公園部」の2カ所を検討している（資料：JR東日本）**

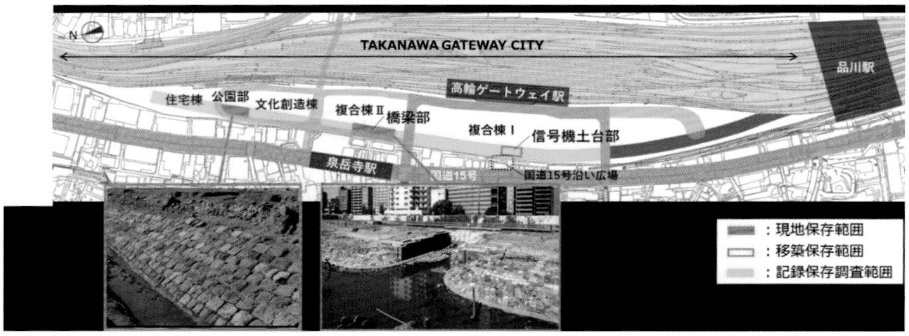


**高輪築堤跡の現地保存範囲。現地公開を予定しているのは、3街区の第7橋梁部と2街区の公園部。第7橋梁部は同じく再開発が進む泉岳寺駅に近い（資料：JR東日本）**

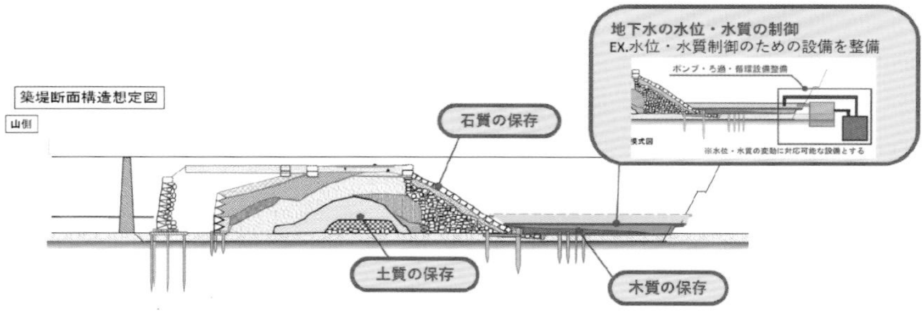


**高輪築堤跡の保存対策対象。図は検討を進めている実施イメージ（資料：JR東日本）**

**THE LINKPILLAR 2の1階から第7橋梁部を眺めるイメージ。VR／ARを使い、当時の様子を仮想的に再現することも検討する（資料：JR東日本）**

浜の間で開業した際、高輪海岸沿いの海上に鉄道を走らせるため敷設された鉄道敷の遺構である。発掘調査の結果、第7橋梁の橋台を含む開業当初の高輪築堤の構造物が残っていることが判明した。

記録保存調査を進めたところ、日本の交通の近代化や当時の土木技術を知るうえで重要な遺跡と分かった。21年9月に第7橋梁部（約80m分）および公園部（約40m分）が、既に指定されていた「旧新橋停車場跡」に追加される形で、「旧新橋停車場跡及び高輪築堤跡」として史跡指定された経緯がある。

現地公開に向けて、鉄道開業当初の新橋〜横浜間、約29kmの史資料調査や研究成果の収集・整理を実施する。その知見を踏まえ、高輪築堤や鉄道の歴史を国内外の来街者に情報発信していく。

JR東日本はTAKANAWA GATEWAY CITYの全体デザイン構想に、米ピカード・チルトンと隈研吾建築都市設計事務所を起用した。チルトンは4分割した街区の建物を日本列島の島々に見立て、「アーキペラーゴ（列島）」というコンセプトを提示。「列島に沿って歩行者デッキを整備し、フロー（流れ）をつくる」ことを提案した。

その後、計画地から高輪築堤が出土。かつてこの場所が本当に、日本列島の海岸線沿いだったことが判明したというわけだ。

芝浦プロジェクト（BLUE FRONT SHIBAURA）

完成予定
25～
31年

# 野村不動産が235mツインタワー フェアモントホテルが日本初進出

野村不動産とJR東日本は2022年5月、東京都港区の浜松町駅に近接する敷地で共同推進している国家戦略特別区域計画の特定事業「芝浦プロジェクト」の詳細を発表した。「浜松町ビルディング」(旧・東芝ビルディング）を建て替え、ツインタワー（S棟とN棟）を建設する。南側のS棟は25年2月の竣工を予定し、北側のN棟は30年度の竣工を目指す。

会見であいさつした野村不動産ホールディングスの沓掛英二社長兼グループCEO（最高経営責任者、当時）は、「野村不動産グループ各社の本社も25年にS棟に移転する」と宣言

「芝浦プロジェクト」の建設状況。S棟（左）は外観がほぼ完成している。N棟は既存の「浜松町ビルディング」（旧・東芝ビルディング、右）を解体した後に着工。2024年2月末時点（写真:北山 宏一）

東京湾側から見た芝浦プロジェクトの外観イメージ（資料：野村不動産、JR東日本）

対岸の晴海側から見た芝浦プロジェクト。2023年12月時点
（写真：日経クロステック）

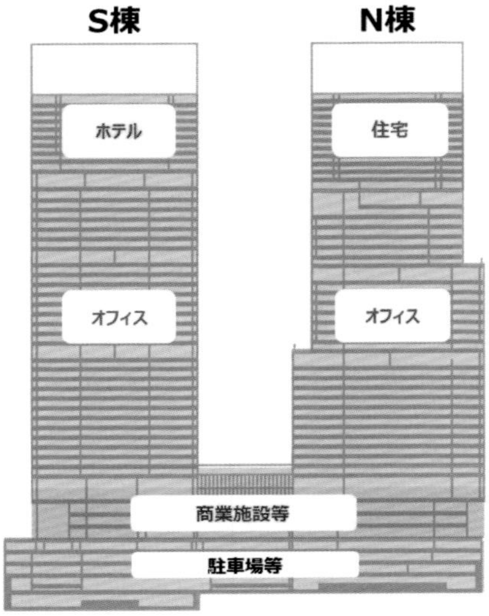


ツインタワーの断面図（資料：野村不動産、JR東日本）

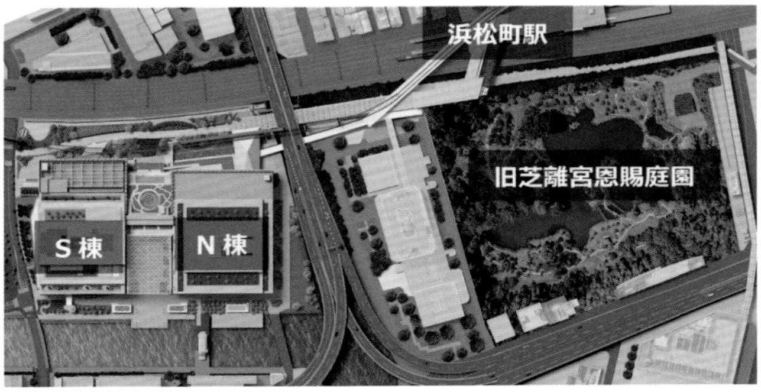


S棟とN棟の配置図（資料：野村不動産、JR東日本）

芝浦運河に面するテラスや船着き場のイメージ（資料：野村不動産、JR東日本）

した。現在本社がある東京・西新宿の「新宿野村ビル」を飛び出し、湾岸の芝浦に本拠地を移す。

区域面積は約4万7000m²、延べ面積は約55万m²。都内最大級の再開発事業だ。

オフィスやホテル、商業施設、住宅を含む2棟の巨大な複合ビルで構成し、開発期間は約10年に及ぶ。ツインタワーの高さは共に約235m。S棟は地下3階・地上43階建て、N棟は地下3階・地上45階建てになる。

### 都内最大級のオフィスフロア

ツインタワーの中層階は、オフィスフロアが占める。オフィスの基準階（19階）面積は約1556坪と都内最大級の広さで、かつJRや東京モノレールの浜松町駅に近く利便性も高い。

設計は槇総合計画事務所、清水建設、アラップ、日建設計が手掛ける。施工はS棟が清水建設、N棟は未定。

清水建設は制振装置の設置台数を従来と比べて大幅に削減しつつ、地

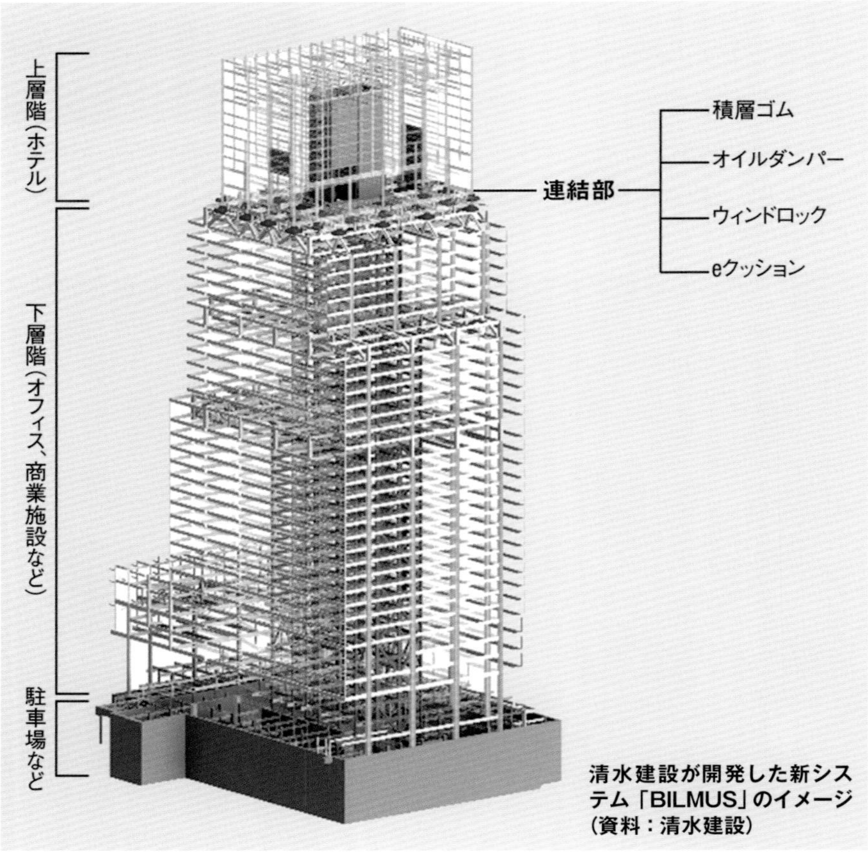


清水建設が開発した新システム「BILMUS」のイメージ（資料：清水建設）

東京湾を望むホテル「フェアモント東京」のテラスイメージ（資料：野村不動産、JR東日本）

地上28階（約138m）に位置する、オフィスワーカー専用の「スカイラウンジ」イメージ。空と海を間近に感じられる空間を用意する（資料：野村不動産、JR東日本）

震時の揺れを半分以下に抑える新システム「BILMUS」をS棟に初導入する。超高層ビルの上層階と下層階を構造的に独立させ、積層ゴムとオイルダンパーで連結。地震時に互いの揺れを打ち消し合う。

海に近いため、津波や高潮などのリスクにも備える。重要な電気設備は地上2階以上に設置する。

槇事務所のデザインアドバイザーである槇文彦氏は、「芝浦運河と日の出桟橋を介して東京湾を一望できる敷地に建てる2棟の超高層ビルは、東京の他のどこにもない壮大な景観を享受できる。この場所が浜松町駅から海や田町方面に至る交通ネットワークの拠点となり、時代と共に緑豊かな環境に包まれ、人と自然が共存し、ダイナミックに成長していく場になるように心掛けた」とコメントしている。

S棟の上層階には欧州最大手のホテルグループである仏アコーのラグジュアリーブランド「フェアモント」が日本に初進出する。ホテル名は「フェアモント東京」。海辺の景色をホテルに取り込む。

空と海が近いツインタワーのS棟に、野村不動産グループ自身が本社移転する（資料：野村不動産、JR東日本）

客室数は219室を計画。25年度中の開業を予定している。インテリアデザインは、オーストラリアのBAR Studioを起用する。

## 本社移転で自らワーケーション

野村不動産は今回の会見で「TOKYO WORKation」という事業コンセプトを提示した。「ビジネスの中枢である東京都心で働くこと」と「空と海から得られる開放感」が融合し、自分に合ったスタイルで健康的に働くことを意味する。

働きながら空と海の眺望を存分に楽しめるよう、オフィスフロアは柱スパンを18m間隔と広く取る設計にする予定だ。オフィスワーカー専用の「スカイラウンジ」を設ける。

緑も大きく確保する予定で、計画地の西側に長さが約200m、奥行きが約30mの「敷地内緑地空間」を設ける。

野村不動産はグループの社員が生き生きと働けるようにと、グループ各社の本社をS棟に移す。「TOKYO WORKationを自ら実践する」（野村不動産の松尾大作社長）

▶▶ 三田ガーデンヒルズ

完成予定 25年

# 港区最大敷地面積の分譲マンション 三井と三菱の巨大プロジェクト復活

三井・三菱の巨大プロジェクトが38年ぶりに復活する。三井不動産レジデンシャルと三菱地所レジデンスは、全1002戸から成る大規模分譲マンション「三田ガーデンヒルズ」のレジデンシャルサロンを2022年10月に東京タワーの敷地内に開設した。

販売価格は専有面積が80m²以上の住戸で、2億円以上の価格帯になる見込み。竣工は25年3月を予定している。

敷地面積は約2万5000m²と、都内でも特に人気が高い港区で、分譲マンションとしては最大の広さを誇

旧逓信省簡易保険局庁舎の建物を一部保存したマンション「三田ガーデンヒルズ」の完成イメージ（資料：三井不動産レジデンシャル、三菱地所レジデンス）

1929年に竣工した「旧逓信省簡易保険局庁舎」の建物（写真：三井不動産レジデンシャル、三菱地所レジデンス）

正面玄関（写真：三井不動産レジデンシャル、三菱地所レジデンス）

階段室の保存イメージ（資料：三井不動産レジデンシャル、三菱地所レジデンス）

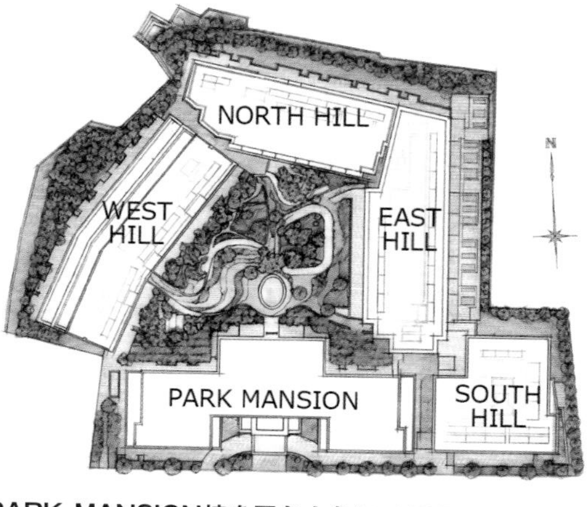


PARK MANSION棟を囲むように、NORTH HILL棟、WEST HILL棟、EAST HILL棟、SOUTH HILL棟が立つ。図にはないが、住宅部分は7棟構成になる予定（資料：三井不動産レジデンシャル、三菱地所レジデンス）

る。「旧逓信省簡易保険局庁舎」跡地で、三井不動産グループと三菱地所グループが手を組む注目の大規模プロジェクトだ。都心で両グループが手掛けるガーデンヒルズブランドの物件は「広尾ガーデンヒルズ」以来、実に38年ぶりとなる。

三田ガーデンヒルズは地下2階・地上14階建て。構造は鉄筋コンクリート造。星野裕明氏が代表取締役を務めるホシノアーキテクツが、マスターデザインアーキテクトを務める。

英国の建築設計事務所であるホプキンス・アーキテクツ（Hopkins Architects）がファサードデザインレビュアー、米office maがランドスケープデザイナーをそれぞれ務める。星野氏はホプキンス・アーキテクツの日本代表でもある。設計・施工は大成建設だ。

WEST HILL棟の完成イメージ（資料：三井不動産レジデンシャル、三菱地所レジデンス）

今回の建物には、1929年に竣工した旧逓信省建造物を一部保存・再生したものを利用する。特にファサードのデザインに、保存部分を多く残す。ロビーや正面玄関、階段室も保存・復元対象になる。他にもステンドグラスや石材、木材といった素材の保存と再利用を進める。

三田ガーデンヒルズは複数の建物で構成する。PARK MANSION棟を囲むように、NORTH HILL棟、WEST HILL棟、EAST HILL棟、SOUTH HILL棟が立ち、他にもVILLA棟やCENTER HILL棟ができる。階数はいずれも最大で地上14階であり、駐車場は全て地下に設ける。

### 森のような敷地にマンション配置

入居者専用の中庭を中心に、約7700m$^2$のランドスケープを敷地内に開発。地下鉄の麻布十番駅から徒歩5～7分の距離にありながら、森の中に住むような生活を提供する。

住戸プランは約220を用意。専有面積が約29m$^2$のワンルームから約376m$^2$のペントハウスまで、幅広い間取りを提供する。

▶▶ インフラ 羽田空港アクセス線（仮称）

完成予定 32年

# 東京駅から「羽田空港新駅」まで18分
# 休止している大汐線などストック改修

JR東日本は2023年6月、羽田空港にダイレクトにつながる路線「羽田空港アクセス線（仮称）」を着工した。完成すれば、新設する「羽田空港新駅（仮称）」まで、東京駅から約18分で到着できるようになる。現状より12分以上、所要時間を短縮できる。31年度の開業を予定する。

羽田空港新駅は、羽田空港の第1旅客ターミナルと第2旅客ターミナルの間の空港構内道路下に設置する計画だ。ホームは地下1階の高さで、第2旅客ターミナルに高低差なく移動できる。

工事区間は、起点が港区芝浦1丁目、終点が大田区羽田空港3丁目になる。工事延長は約12.4km。構造形式はトンネル（シールドトンネル、開削トンネル）と高架橋、地平、擁壁（掘割）。概算工事費は約2800億円を見込む。

羽田空港アクセス線は既存の東京貨物ターミナルを起点として田町駅付近まで延びる「東山手ルート」と、羽田空港新駅まで新設する「アクセス新線」の区間に分かれる。

東山手ルートとアクセス新線は、1998年から鉄道事業を休止している大汐線の橋りょうや高架橋など既存ストックを有効活用して整備する。

東京駅と羽田空港を直結させるだけでなく、JR宇都宮線・高崎線・常磐線方面からの所要時間短縮や乗り換えの解消・低減を目指す。現状では東京駅から羽田空港まで、電車で約30分かかっている。

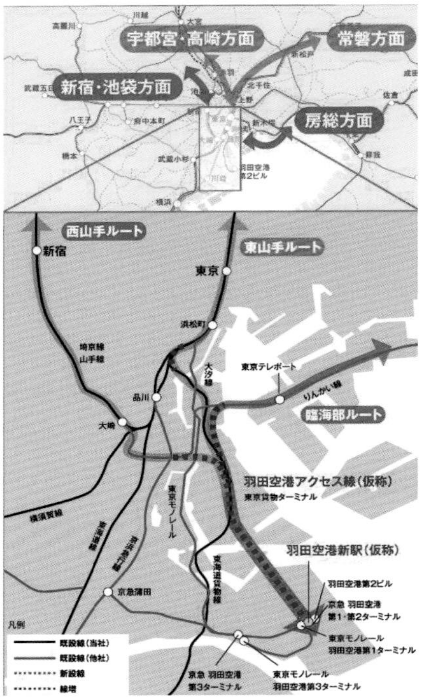


「羽田空港アクセス線（仮称）」の路線図（資料：JR東日本）

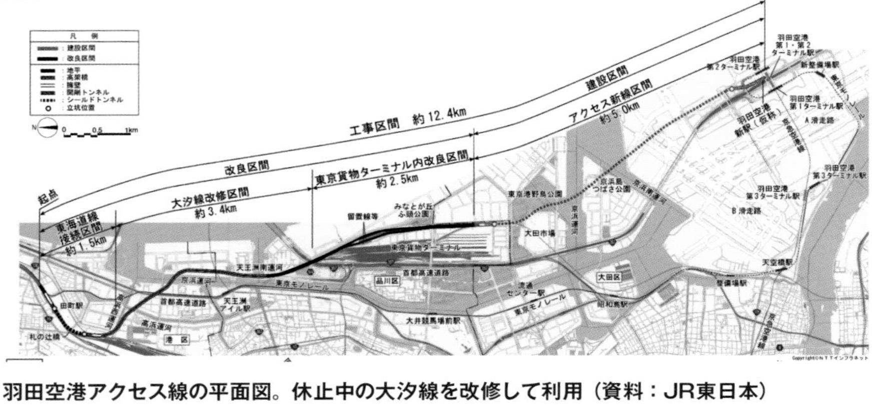


羽田空港アクセス線の平面図。休止中の大汐線を改修して利用（資料：JR東日本）

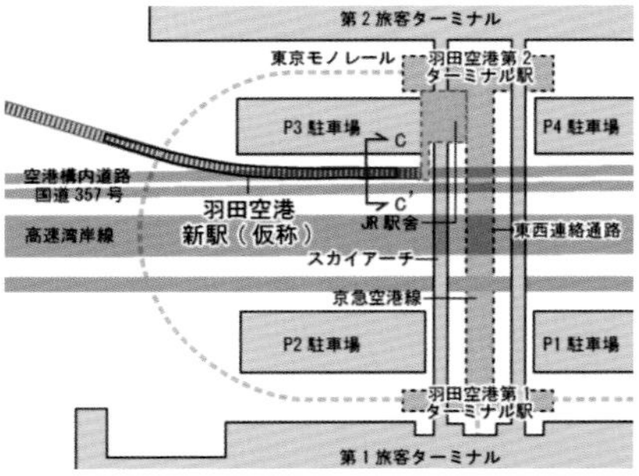


「羽田空港新駅（仮称）」は空港第1、第2旅客ターミナルの間の道路下に新設することを想定（資料：JR東日本）

第5章

# 新宿
# 中野

# 100年に一度の改造中

## 小田急百貨店解体で新宿駅西口は「別世界」

2024年春時点では
西口側から東口側の建物が見える

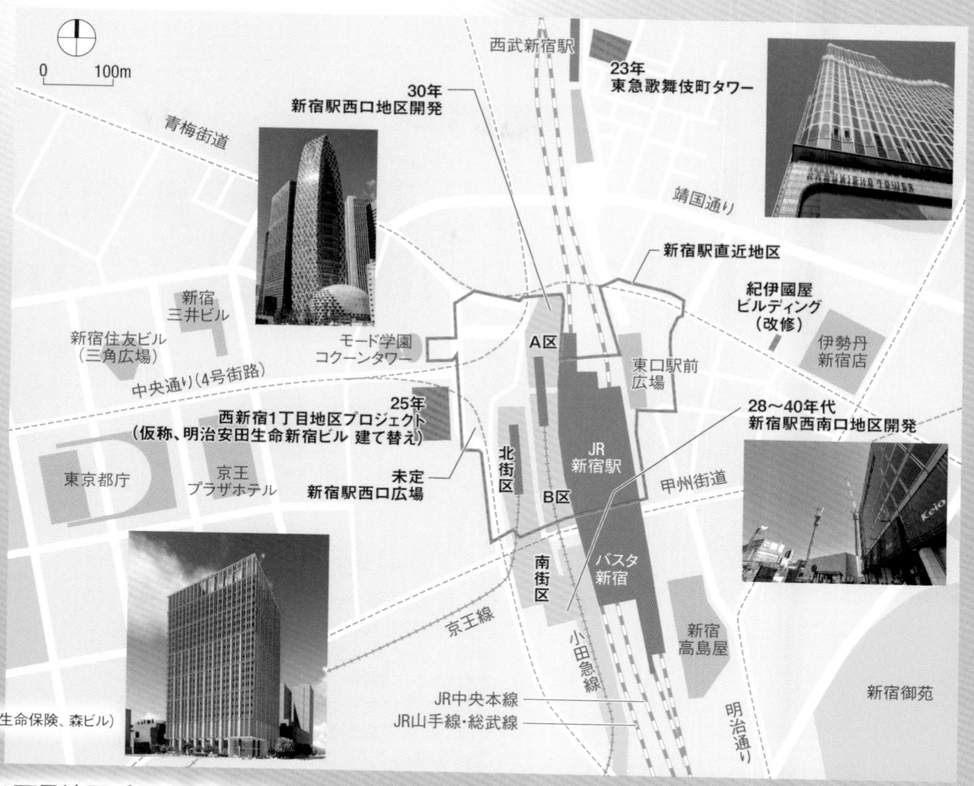


（全体・図中左写真：北山 宏一、図中上・右写真：日経クロステック）

## 25年 西新宿1丁目地区プロジェクト（仮称）
## 明治安田生命新宿ビル建て替え

▶▶ 新宿駅西南口地区開発

完成予定
28～
40年代

# 京王とJR東日本が西南口開発 第1弾の「南街区」に225mビル

京王電鉄は2023年8月2日、同日に開催された取締役会で「新宿駅西南口地区開発計画」および「京王線新宿駅改良工事」の事業を推進することを決定した。同社とJR東日本が事業主体となって進めている開発計画が都市再生特別地区として、22年11月9日に都市計画決定告示された。これを受け、京王電鉄の中核事業が集中する新宿エリアで資産や機能を更新する計画を本格推進する。

「新宿駅西南口地区開発」の北街区と南街区のイメージ。北街区の左隣は、小田急電鉄と東京メトロ、東急不動産が開発を進める「新宿駅西口地区開発」の超高層ビル（資料：京王電鉄、JR東日本）

京王電鉄が投資する西南口地区開発計画と駅改良工事の総事業費は、現時点で3000億円程度を想定している。社運を懸けた大事業になる。

西南口地区開発計画は敷地面積が約1万6300m²、延べ面積が約29万1500m²。最終的な完成は40年代と、かなり先になる。そこで開発は段階的に進める。

この開発計画は新宿駅前を通る甲州街道を境にして、北街区と南街区の2つに分かれる。北街区は京王百貨店があるエリアを指し、南街区はJR東日本グループの商業施設などがあるエリアになる。

23年度中に、まず南街区の開発と新宿駅の改良工事に着手する。南街区開発における総事業費のうち、京王電鉄が負担する事業費と駅改良工事費（一部先行分）の合計は、920億円を予定する。なお、北街区の開発は南街区の竣工後になる見通しだ。

南街区の敷地面積は約6300m²、延べ面積は約15万m²。地下6階・地上37階建ての超高層ビルを建設し、

| 計画地 | 東京都新宿区西新宿一丁目及び渋谷区代々木二丁目各地内 | | |
|---|---|---|---|
| 街区別諸元 | 全体 | 北街区 | 南街区 |
| 敷地面積 | 約１６，３００㎡ | 約１０，０００㎡ | 約６，３００㎡ |
| 延床面積 | 約２９１，５００㎡ | 約１４１，５００㎡ | 約１５０，０００㎡ |
| 主要用途 | ― | 店舗、宿泊施設、駐車場　等 | 店舗、事務所、宿泊施設、駐車場　等 |
| 階数 | ― | 地上１９階、地下３階 | 地上３７階、地下６階 |
| 最高高さ | ― | 約１１０ｍ | 約２２５ｍ |
| 工期 | ２０２３年度～２０４０年代（予定） | ～２０４０年代※ | ２０２３年度～２０２８年度（予定） |

新宿駅西南口地区開発計画の概要。北街区の詳細は未定（資料：京王電鉄）

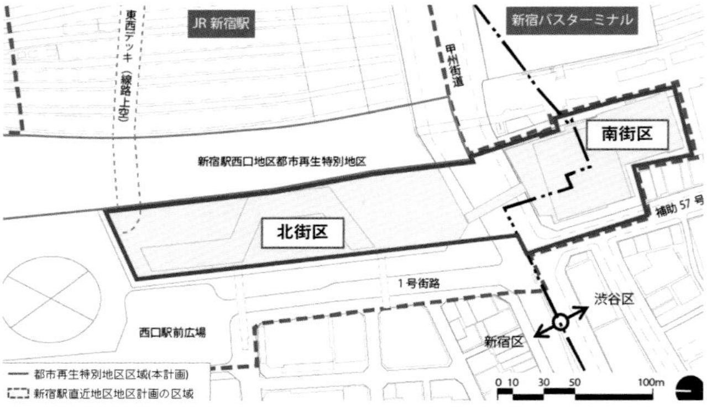


新宿駅西南口地区開発計画（赤枠部分）は北街区と南街区に分かれている。南街区が先に誕生する（資料：京王電鉄）

南街区に建設する建物のイメージ。地下6階・地上37階建ての超高層ビルを建てる（資料：京王電鉄）

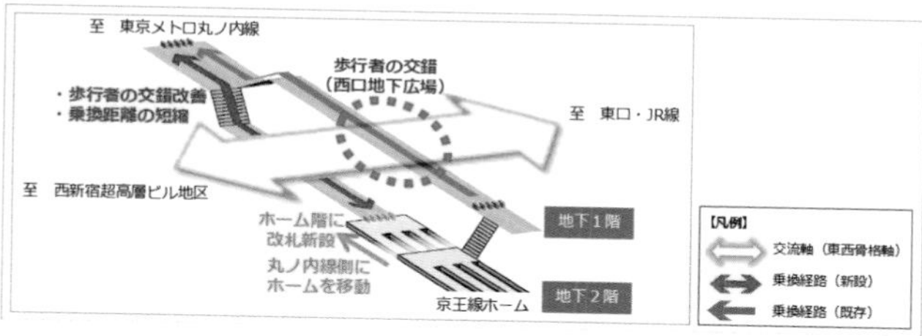


京王線の新宿駅改良工事の一部先行分（資料：京王電鉄）

店舗やオフィス、ホテルなどが入居する。高さは約225m。工期は23～28年度を予定している。

駅改良工事の一部先行分は、京王線新宿駅の地下2階ホームを北側（東京メトロ丸ノ内線側）へ移動し、ホーム北側の端部に改札を新設するものだ。地下2階のホーム階から丸ノ内線に乗り換える動線を整備する。

これにより、新宿駅の西口地下広場で歩行者が移動中に交錯する無駄を省く。乗り換えにかかる時間を短縮する。

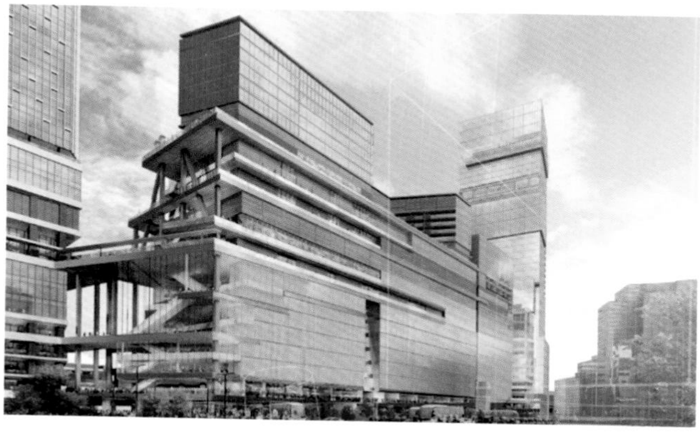

40年代に生まれ変わる新宿駅西南口地区開発の全体イメージ（資料：京王電鉄、JR東日本）

### 西南口地区の北街区は2040年代

1日の乗降客数が世界一である巨大ターミナルの新宿駅は、40年代までかけて劇的な変化を遂げる。新宿駅西南口地区開発計画は、その1つに過ぎない。

隣接する「新宿駅西口地区開発計画」といった周辺エリアの開発と連携しながらプロジェクトが進む。新宿駅西口地区の再開発は、小田急電鉄と東京地下鉄（東京メトロ）、東急不動産が事業主体となる。

西南口地区と西口地区の再開発が並行して進み、新宿全体を活性化する次世代ターミナル構想「新宿グランドターミナル」を実現するのが最終

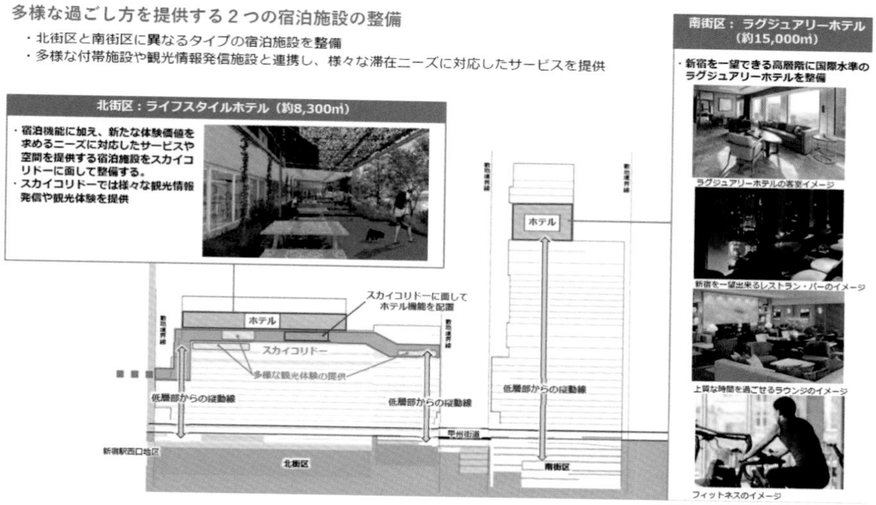


新宿駅西南口地区開発全体の断面イメージ（資料：京王電鉄、JR東日本）

目標である。新宿グランドターミナルが完成すると、これまで駅の東西南北で街が分断されていた新宿の回遊性の悪さが飛躍的に改善される。

JR東日本と京王電鉄、そして小田急電鉄と東京メトロはこれまでも、新宿駅の西口と南口のエリアでビジネスを展開してきたライバルであり、仲間でもある。さらに渋谷が主要拠点である東急不動産が加わる。

中でも西南口地区開発の北街区と西口地区開発は隣同士で、事実上、一体的な開発となる。そして西新宿の新しい玄関口になることが期待されている。企業の枠組みを超えた新宿大改造が進む。

▶▶ 新宿駅西口地区開発

完成予定 30年

# 260m超高層の駅直結ビルが誕生 小田急と東急不動産が2000億円投資

小田急電鉄と東京地下鉄（東京メトロ）、東急不動産の3社が事業主体となる「新宿駅西口地区開発計画」。2024年3月25日に、敷地の北側「A区」が着工した。南側の「B区」は小田急電鉄の単独事業になる。

A区で計画している建物の一部について、小田急電鉄と東急不動産との間で敷地の一部を小田急電鉄が東急不動産に譲渡し、建物の共有持ち分を取得する「等価交換契約」を締結。両社共同で計画を推進していく。総事業費のうち、小田急電鉄と東急不動産の投資予定額は2000億円程度になる見込みである。

西新宿エリアから見た「新宿駅西口地区開発」の外観イメージ。2024年3月25日時点の設計に基づく（資料：小田急電鉄、東急不動産）

計画地は東京都新宿区新宿3丁目および西新宿1丁目の各地内で、敷地面積は約1万5720m²、延べ面積は約28万m²。商業やオフィス、駅施設などを整備する。A・B区ともに29年度の竣工を予定している。

再開発の目玉は、1967年に竣工した「小田急百貨店新宿店本館」の建て替えだ。A区の建物は地下5階・地上48階建て。高さは約260mと、新

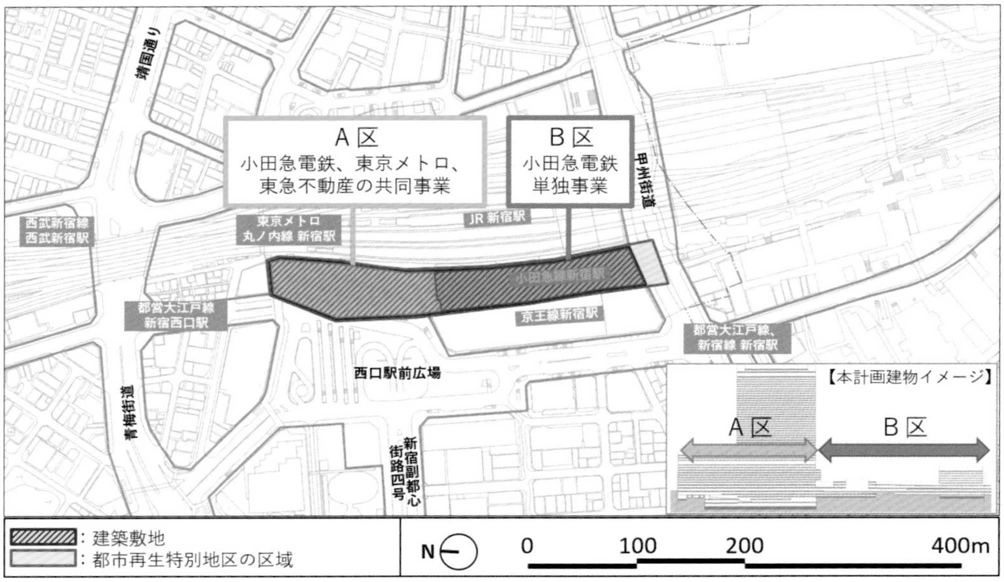


再開発の計画地。3社共同事業の「A区」と小田急電鉄単独事業の「B区」に分かれる（資料：小田急電鉄、東急不動産）

建物2階の東西デッキ。駅と街のつながりを見せる役割を果たすグランドシャフトとしての公共的な空間になる（資料：小田急電鉄、東急不動産）

宿の新しいランドマークになる。14〜46階がオフィスと大部分を占める。

22年10月に百貨店の営業を終え、24年3月までに小田急本館は解体された。一方、B区は地下2階・地上8階建てで、高さ約50mと小ぶりだ。

## 「新宿グランドターミナル」を実現

この開発計画は、都市再生特別措置法に基づく特定都市再生緊急整備地域内に位置している。「新宿の拠点再整備方針」や「新宿グランドターミナル・デザインポリシー 2019」といった上位計画や立地特性を踏まえて、事業に取り組む。

新宿グランドターミナルの実現に向けては、駅と街の連携を強化する重層的な歩行者ネットワークを整備する。にぎわいと交流を生む滞留空間を設け、歩行者中心の駅前広場を整える予定だ。

地上部分が解体されて姿を消した「小田急百貨店新宿店本館」（正面）。JR新宿駅の線路越しに東口の建物が見えるようになっている。将来的には手前に見える西口広場も生まれ変わる予定だ。2024年3月初旬時点（写真：北山 宏一）

国際競争力の強化にも貢献する。交流や連携、挑戦を生み出す「ビジネス創発機能」を盛り込む。

防災機能の強化と環境負荷の低減については、帰宅困難者の支援やエリアの面的な多重エネルギーネットワークの構築を進める。同時に最新技術の導入で、環境負荷を減らす。

23年 ▷▷ 東急歌舞伎町タワー

# 歌舞伎町に輝くエンタメビル

## 新宿の活気を表すような噴水デザイン

観光客などで再びにぎわう歌舞伎町で、エンターテインメントに特化した超高層ビルが開業した。
周囲の雑多なビルから突き出た噴水のような外装が、新宿の新たなランドマークとして注目を浴びている。

新宿通り越しに見る全景。塔状に細い高層部にはホテルが入る。中低層部はエンタメエリア。外装頂部と中ほどで白く隆起している部分は「噴水」の水しぶきをイメージ。王冠のようにも見える。手前左の茶色い建物は新宿プリンスホテル
(写真:特記以外は吉田誠)

**見る角度や雲の動きで表情が変わる外装**
東側に隣接する「シネシティ広場」から見上げた様子。ガラスファサードが空の色を映す。繊細なセラミックプリントによりガラス１枚ずつの周縁に白いアーチを描いた。さらにガラスは屏風状に並べているので、光の当たり方で輝きが変わる。陰影も生まれ、表情豊かだ

**注目施設のオープンに多くの来訪者**
開業式と開業当日の様子。式典は、シネシティ広場に面して設けた屋外ステージを使って行われた。屋外ビジョンは約200m²の大きさ（写真：2点ともTOKYU KABUKICHO TOWER）

新宿駅から雑踏をすり抜け、国内屈指の繁華街・歌舞伎町へと向かう途中、華やかな超高層ビルが目に入る。その形はしぶきとともに湧き上がる噴水を思わせる。近づいてビルの足元から見上げると、天候や時間によっては空に溶け込むような、はかない表情も見せる。

2023年4月14日に開業した「東急歌舞伎町タワー」は世間の注目も大きく、開業初日には大勢の人が訪れた。場所は映画館「新宿ミラノ座」があった跡地。東急と東急レクリエーションが8年がかりで開発を進めた。

## まるごと１棟エンタメを詰め込む

一般的に都心部に立つ超高層ビルは、オフィスや住宅などが入ることが多い。しかし、東急歌舞伎町タワーはオフィスや住宅がゼロ、1棟まるごとエンターテインメントの複合施設であることが最大の特徴だ。

外装デザインも、エンタメや観光の街にふさわしく、人目を引き付けシンボルになり得るものを目指した。デザイナーは対話型プロポーザルにより選ばれた永山祐子氏。「土地の文脈を生かし、街のにぎわいを生むデザインにしてほしいと頼んだ」と、東急の新宿プロジェクト企画開発室プロジェクト推進グループ施設・基盤整備担当課長の富岡環氏は話す。

建物は地下5階・地上48階建てで、高さは約225m。設計は久米設計・東急設計コンサルタントJVが手掛けた。コンセプトは「好きを極める」。地下・中低層部はエンタメ施設、高層部はホテルに大別される。

では、施設内部を下から順に見ていこう。地下1～4階には収容人数1500人のライブホール「Zepp Shinjuku (TOKYO)」が入る。午前9時～午後10時でライブなどの営業をした後は、地下2～4階の5エリアがナイトエンターテインメント施設「ZEROTOKYO」に切り替わる。

イベントによるが営業は午前4時半まで続き、東京の弱点といわれる「ナイトタイムエコノミー」を取り込む。

地上1～5階は飲食店やアミューズメント施設が中心となる。目を引くのは2階のフードホール。広さ約1000m²に10店舗が「横丁」のように集まる。派手な照明やサインで彩ら

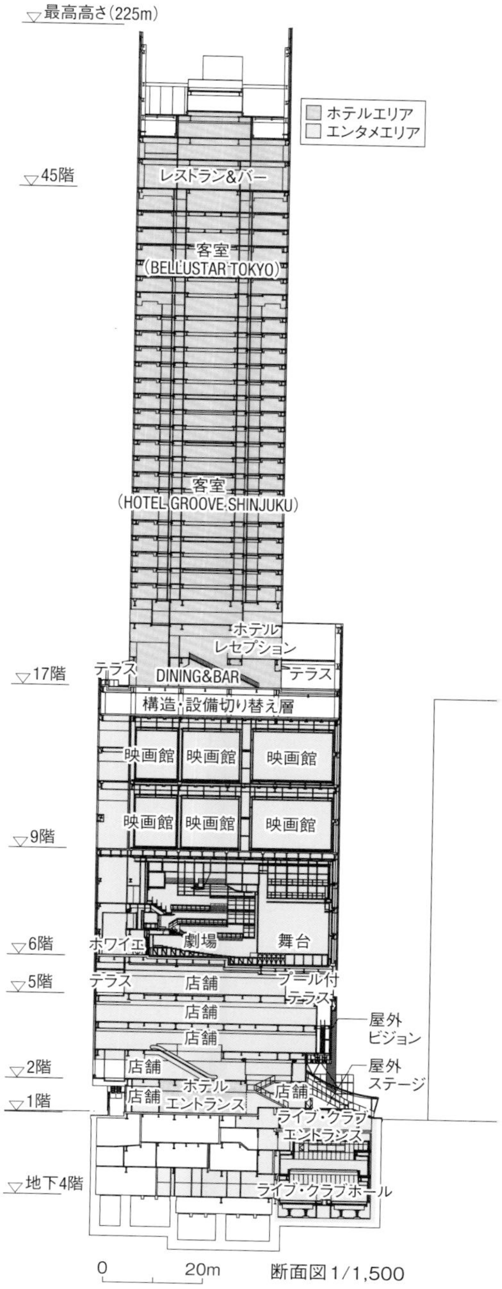

断面図1/1,500

A 2階のエンターテインメントフードホール

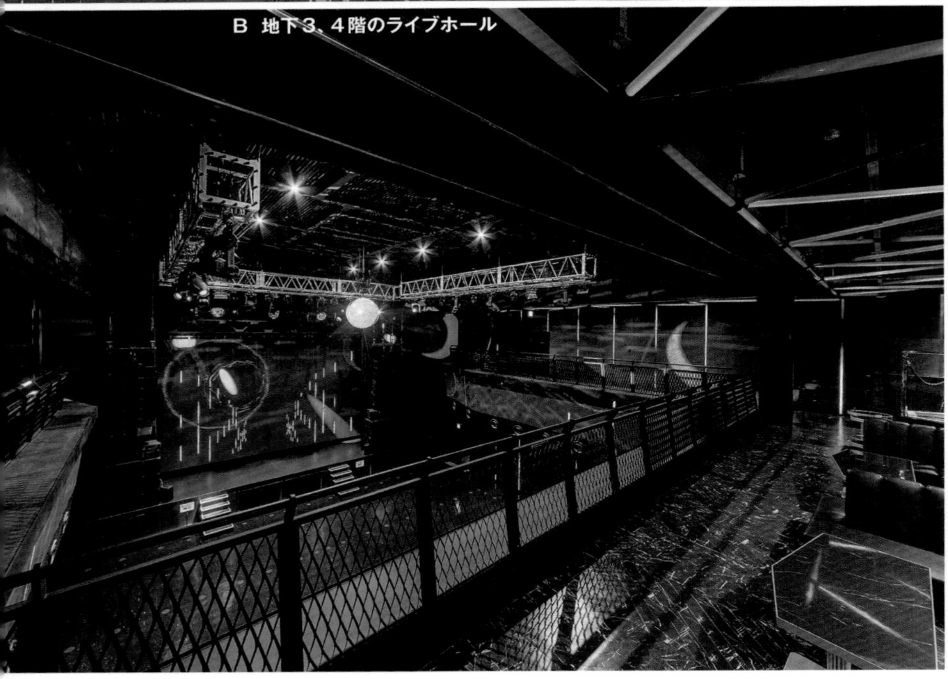
B 地下3、4階のライブホール

C 1階のスターバックスコーヒー

D 地下3階のラウンジ

**地下と低層階は夜間も楽しめる**

**A**:「新宿カブキhall～歌舞伎横丁」は約1000m²の広さに、「祭り」をテーマとする全10店舗が集まる。朝6時から翌朝5時まで営業。ホール内にステージやDJブースなどを設け、毎晩様々なパフォーマンスやイベントも実施する。内装設計は乃村工芸社が担当　**B、D**:地下1～4階のライブホール「Zepp Shinjuku (TOKYO)」には360度LEDビジョンを常設。深夜、地下2～4階は「ZEROTOKYO」と名を変えてナイトエンターテインメント施設となる　**C**:屋外ステージに面して東側に位置する「スターバックスコーヒー」。1階は注文や商品受け取りのバースペース、2階に客席スペースがある（写真：A、C、DはTOKYU KABUKICHO TOWER）

E 45階のレストラン

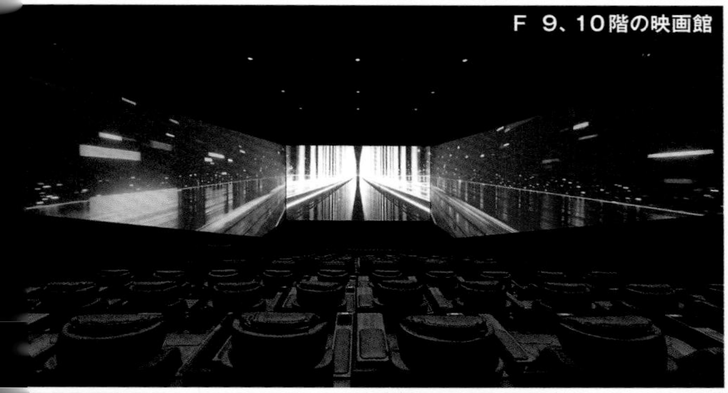
F 9、10階の映画館

G 映画館の鑑賞者用ラウンジ

H ホテル「BELLUSTAR TOKYO」客室

I ホテル「HOTEL GROOVE SHINJUKU」客室

J 6～8階の劇場

**ホテルと映画館は高級仕様**

**E:**ラグジュアリーホテル「BELLUSTAR TOKYO」併設のレストラン。45階にある。内装設計は芦沢啓治氏　**F、G:**映画館「109シネマズプレミアム新宿」は8スクリーンを備える　**H:**39～47階に入るBELLUSTAR TOKYOの客室。内装設計は久米設計　**I:**20～38階に入るライフスタイル型ホテル「HOTEL GROOVE SHINJUKU」の客室。内装設計は乃村工芸社　**J:**6～8階に位置する劇場「THEATER MILANO-Za」は約900席。没入感を重視し、舞台と客席の距離が近い

（写真：FとIはTOKYU KABUKICHO TOWER、Hは日経アーキテクチュア）

れた店内にステージやDJブース、ミラーボールも備える。ネオンきらびやかな3階のゲームセンターとも吹き抜けでつながり、妖艶な歌舞伎町の風情を楽しめる。

6～8階には幅広い演出に対応可能な設備を備えた、3層吹き抜けの劇場を配置。9～10階には8スクリーンを有する映画館が入る。

映画館は全席プレミアムシートを導入し、座席の大きさは一般的なシネコンの最大約2.3倍。カフェのように広い鑑賞者用ラウンジも備え、映画鑑賞をグレードアップしてくれる。

17階は「まちの社交場」を銘打つ飲食フロアで、開放的な屋外テラスがある。18階から上は、カテゴリーやグレードの異なる2つのホテルブランドが入る。客室数は合計600超。

夜通し遊び、そのまま泊まる——。そんなエネルギッシュな歌舞伎町の楽しみ方ができる構成となっている。

### エンタメの歴史が観光資源

この再開発計画は当初から観光をキーワードにしていた。東急の新宿プロジェクト企画開発室プロジェクト推進グループ事業推進・管理担当課長代理の石垣洋介氏は、「海外からの観光客も多い歌舞伎町に、都市観光の拠点をつくろうというのが計画の原点だった」と言う。

観光資源はこの地の歴史にあった。1956年から2014年まで「新宿東急文化会館（1996年に新宿TOKYU MILANOに改称）」が立っていた。「新宿ミラノ座」を持つ同館は、歌舞伎町が映画や演劇、音楽などエンタメの街として発展するきっかけになった。

久米設計開発マネジメント本部ソーシャルデザイン室室長の井上宏氏は、「東京都心部は意外と観光に強くない。ゆっくり滞在して楽しめる場所が少ないと感じていた」と話す。

東京都や新宿区としても歌舞伎町の観光力を強化する意向があったことから、再開発計画は18年に東京圏国家戦略特別区域の特定事業として内閣総理大臣の認定を受けた。

再開発計画を進める中で、東急は2つの目的を据えた。1つ目が街の核となる新たな都市観光拠点の創出。2つ目が、街の回遊性とにぎわいを創出する都市観光インフラの整備だ。

### 繁華街に珍しい広場活用

1つ目の目的については、エンタメ施設を詰め込んだ超高層ビルの建設に加えて、東側に隣接するシネシティ広場（旧コマ劇場前広場）の活用を考えた。

広場に面して巨大な屋外ビジョンと大階段の屋外ステージを設け、広場と一体の「屋外劇場的都市空間」を形成。開業後はエリアマネジメントを展開することで、街ににぎわいを生み出すことを狙う。

シネシティ広場はかつての東京都都市計画課長・石川栄耀らによるまちづくりで生まれた空間だ。四方を建物に囲まれながらも、繁華街には

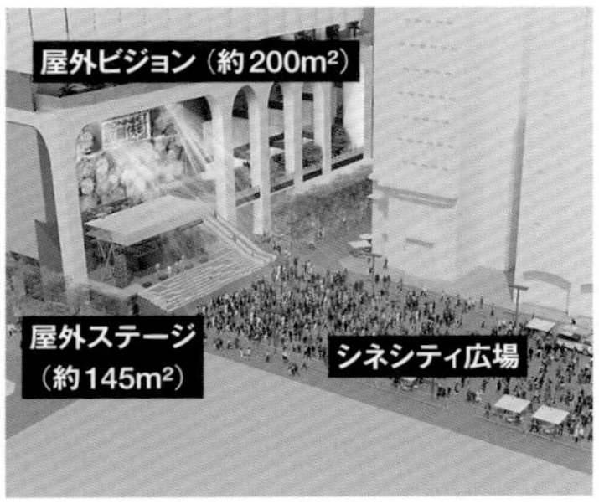


**シネシティ広場と一体の「屋外劇場的都市空間」**
東急歌舞伎町タワーの屋外ビジョンと屋外ステージは、シネシティ広場と緩やかにつながり、「屋外劇場的都市空間」を形成する。写真のビジョンに写る映像作品は「Kabukicho Creator's Gallery Project」の受賞作。タワー足元の広場側はアーチのフレーム形状とし、その内側に広告や店舗を配置した。にぎわいが街へにじみ出ることを意図している（資料：東急）

**新宿の新たなランドマーク**
西日を浴びる時間帯に北西側から見た様子。右手に林立するのは西新宿のビル群。
永山祐子氏は「2段構成の建物だから、噴水のモチーフがぴったりだった」と話す

珍しく、まとまった広さがある。

そのポテンシャルを生かすには広場側の「顔」をどうつくるかが重要だ。東急歌舞伎町タワーでは屋外ステージとなる幅広の大階段を緩やかに広場につなげた。普段はその階段に来街者が腰掛けて休んだりしている。

15年、歌舞伎町にはゴジラのモニュメントが印象的な新宿東宝ビルが開業した。以降、家族連れなど街の客層が変わり、人通りが増えた。

しかし、新宿東宝ビルの奥にあるシネシティ広場まで来る人はまばらで、「歩行者数に5倍の開きがあった」(東急の石垣氏)。東急歌舞伎町タワーが広場と共に新たな観光拠点となることで、街全体の回遊性や集客力が高まることが期待される。

2つ目の目的、都市観光インフラの整備においては、空港バスの乗降場を新設した。1階に羽田空港や成田空港から来る空港バスが停まる。

23年4月のメディア説明会で東急の木村知郎執行役員は、「工事中にコロナ禍となり、計画を変更した。この逆境から立ち直るシンボルとしてタワーをつくろうと、関係者たちで協力して事業を進めた」と語った。

完成した新たなランドマークの下、歌舞伎町の人の流れが変わりそうだ。

### 東急歌舞伎町タワー

■**所在地**:東京都新宿区歌舞伎町1-29-1 ■**主用途**:ホテル、劇場、映画館、店舗、駐車場など ■**地域・地区**:商業地域、防火地域、駐車場整備地区、都市再生特別地区(歌舞伎町一丁目地区)、歌舞伎町シネシティ広場周辺地区地区計画区域 ■**建蔽率**:68.89%(許容100%) ■**容積率**:1497.47%(許容1500%) ■**前面道路**:西15m ■**駐車台数**:115台 ■**敷地面積**:4603.74m² ■**建築面積**:3171.05m² ■**延べ面積**:約8万7000m² ■**構造**:鉄骨造、一部鉄骨鉄筋コンクリート造・鉄筋コンクリート造 ■**階数**:地下5階・地上48階 ■**耐火性能**:耐火建築物 ■**各階面積**:地下4階4969.07m²、地上1階2737.46m²、2階2373.81m²、6階2531.52m²、9階1928.81m²、17階2226.11m²、18階1676.16m²、基準階1430.25m² ■**基礎・杭**:直接基礎 ■**高さ**:最高高さ約225m、階高約6m、天井高約3.5m ■**主なスパン**:7.2m×9.4m ■**発注者**:東急、東急レクリエーション ■**設計・監理者**:久米設計・東急設計コンサルタントJV ■**外装デザイン**:永山祐子建築設計 ■**企画・プロデュース**:POD ■**施工者**:清水建設・東急建設JV ■**施工協力者**:高砂熱学工業(空調)、斎久工業(衛生)、きんでん(電気) ■**運営者**:東急ホテルズ&リゾーツ、TSTエンタテイメント ■**設計期間**:2015年6月〜18年12月 ■**施工期間**:2019年8月〜23年1月 ■**開業日**:2023年4月14日

▶▶ **中野駅西側南北通路・橋上駅舎等事業**

完成予定 **26年**

# 橋上駅舎と南北自由通路が基軸に違う街に来たような激変の予感

東京・中野は、100年に一度という言葉がふさわしい街の大改造が進んでいる。玄関口であるJR中野駅もまた、新しい駅舎に生まれ変わり、駅ビルもできる。駅の南北に広がる街並みは、2026年の新駅舎完成以降に激変する。

そんな中、JR東日本は23年9月1日、新駅舎や駅ビルの開発概要を発表した。同社は中野区および東西線が乗り入れる東京地下鉄（東京メトロ）と協力し、「中野駅西側南北通路・橋上駅舎等事業」を推進している。

事業の中核要素は、幅員19mの南北自由通路と橋上駅舎、駅ビルの3つ。これらを一体の施設として建設。3つの整備に「立体道路制度」を活用する。駅西側の線路上空には、歩行者専用の南北自由通路を整備する。同時に新たな橋上駅舎を建設し、現在の北口改札やコンコースの混雑を緩和。バリアフリーの整備を拡充する。さらに新駅舎には駅ビルを併設して、街のにぎわいに貢献する。

南北自由通路と駅舎は、26年の開業を予定している。商業施設のオープン時期は未定だが、27年度内になりそうだ。

建物は白を基調とする外観とし、壁面や屋上は一部を緑化する。壁面を分割し、圧迫感を減らすデザインを採用する予定だ。

事業対象となる敷地面積は約7700m²、延べ面積は新駅舎が約2700m²、商業施設が約1万6900m²。地上5階建てで、高さは約28m。構造は鉄骨造になる。

2階が駅舎となり、2～4階に店舗が入居する。5階は駅員などが利用

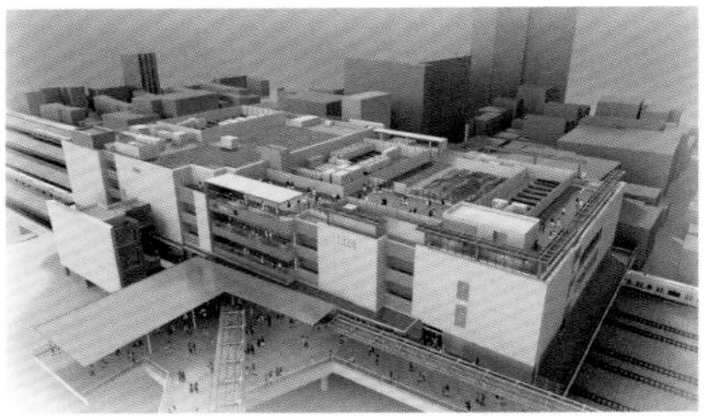

**北西側から見た、新しいJR中野駅の駅舎と駅ビルの外観イメージ（資料：JR東日本）**

**南北自由通路のイメージ。通路に面した商業施設も開発する（資料：JR東日本）**

**中野駅周辺の街づくり事業一覧。2023年6月時点で合計11のプロジェクトが駅の南北で進行中（資料：中野区）**

する後方施設になる。

鉄道を平常運行しながら駅舎を新設するのは、簡単ではない。1日に約15万人が利用する中野駅で安全を確保するため、駅の終電から始発までの夜間に主な工事を実施している。

JR東日本は駅前広場を整備する中野区や周辺の再開発事業者と連携。中野の玄関口を充実させる。

中野駅の南北エリアでは現在、新駅舎と駅ビルの開発を含めて、合計11もの再開発プロジェクトが同時進行している。その中心に位置するのが新生の中野駅というわけだ。

29年度には駅北側に、約262mの超高層ビルや「中野サンプラザ」の後継となるホール、ホテルなどができる予定だ。南北自由通路と、超高層ビル方面に進む主要動線「セントラルウォーク」は同一直線上にある。

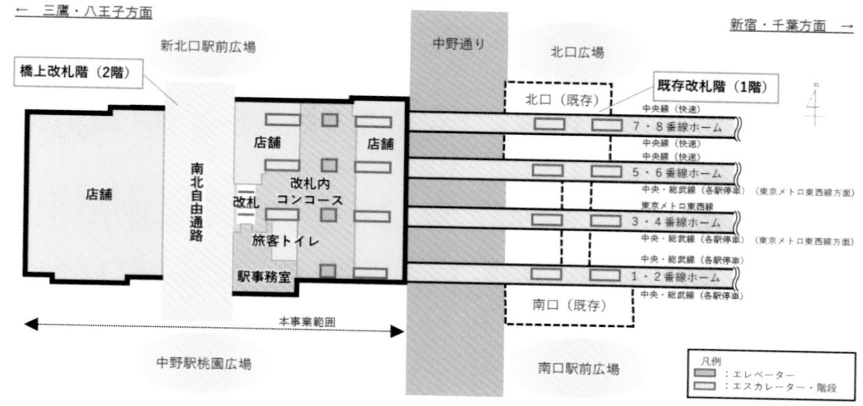


中野駅西側の南北自由通路と橋上駅舎などの事業範囲（資料：JR東日本）

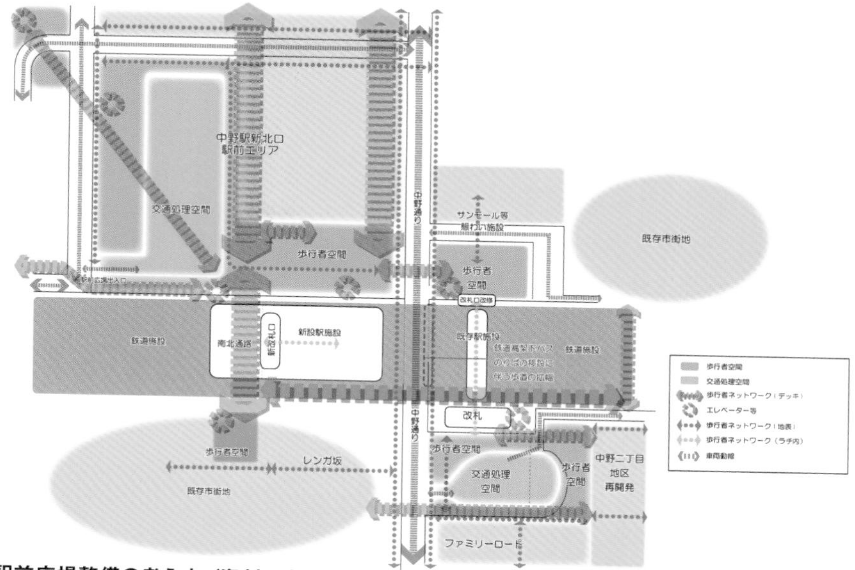


駅前広場整備の考え方（資料：中野区）

## 駅西側の南北通路で車歩分離

橋上駅舎は、街の中心軸で車の往来が激しい中野通りを挟んで駅の西側にできる。建物の中央を貫く南北自由通路は、駅の南北にできる広場に続く。北に進めば、中野サンプラザの跡地開発エリアに真っすぐつながる歩行者動線になっている。

すぐ西側の線路沿いでは、三井不動産レジデンシャルと三井不動産が参画する複合施設「パークシティ中野（囲町東地区第1種市街地再開発事業）」の開発も進んでいる。25年12月の竣工を予定している。

南側から見た新駅舎と駅ビル。駅ビルにはJR東日本グループの商業施設「atre（アトレ）」ができる（資料：JR東日本）

三井不動産レジデンシャルが参画する複合施設「パークシティ中野」（資料:三井不動産レジデンシャル、三井不動産）

商業的にいえば、駅と一体化する店舗は最高の立地にできる。駅ビルの商業施設「atre」はアトレが、エキナカの商業施設はJR東日本クロスステーションのデベロップメントカンパニーがそれぞれ運営する。

一方、北口駅前よりも人通りが少なかった南口駅前では中野大改造の先陣を切って、住友不動産が参画。「住友不動産中野駅前ビル」と「中野ステーションレジデンス」が24年2月に竣工済みだ。

▶▶ 中野4丁目新北口駅前地区第1種市街地再開発

完成予定 30年

# 「中野サンプラザ」跡地に262mビル 野村不動産などが7000人ホール整備

2023年に都内の名所がまた1つ消えた。JR中野駅前に立つ複合施設「中野サンプラザ」が同年7月2日に閉館した。数多くのミュージシャンらがステージに立った中野サンプラザは老朽化に伴い、解体される。

日建設計の林昌二（1928～2011年）が設計した中野サンプラザは、1973年に開業。2023年でちょうど50年となる節目を迎えていた。

23年11月15日、中野区と推進する「中野4丁目新北口駅前地区第1種市街地再開発事業」について、区より都市計画決定が告知された。それに伴い、同事業を進める代表企業の野村不動産や東急不動産、住友商事、ヒューリック、JR東日本の5社が完成イメージを公開した。

複合施設は29年度の竣工を予定している。総事業費は約2600億円。

敷地面積は約2万3460m$^2$、延べ面積は約31万5000m$^2$。高さが約262mで高層棟と低層棟から成る。

前者には主にオフィスと約1250戸の住宅、店舗が入る。最上部には展望施設を設ける。後者にはホールやホテルができる。ホールは中野サンプラザの約3倍に当たる7000人収容に拡大される。

**中野駅北側をさらに歩きやすく**

新地区は、中野駅の北側エリアを移動する歩行者ネットワークの起点になる。中野通り東側には、「中野サンモール商店街」が南北に並行して延びる。高層棟と低層棟の外周には広場を設け、歩行者ネットワークを張り巡らせる。新地区の南北の中心軸が「セントラルウォーク」だ。

2023年7月に閉館した「中野サンプラザ」（写真：日経クロステック）

「中野4丁目新北口駅前地区第1種市街地再開発事業」の完成イメージ。中野の新しいランドマークになる（資料：野村不動産、東急不動産、住友商事、ヒューリック、JR東日本）

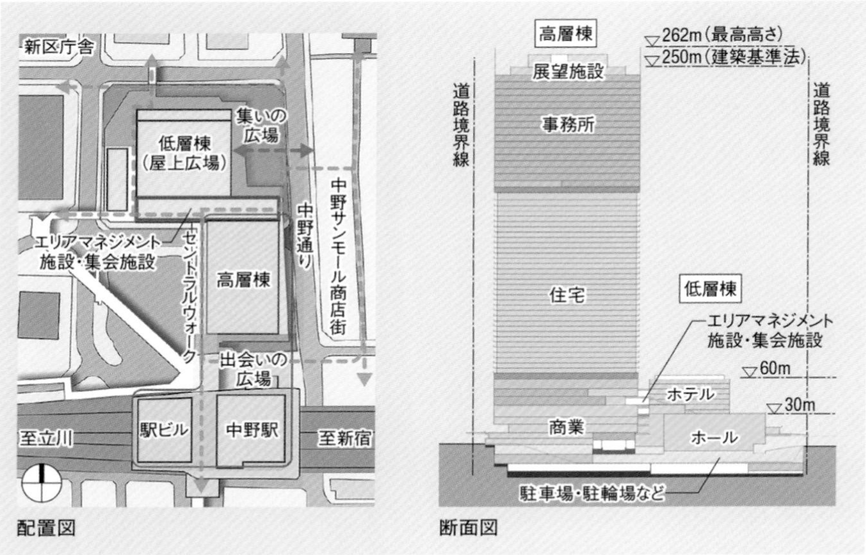


中野駅新北口の駅前に高層棟と低層棟の2つから成る複合施設を整備。歩行者ネットワークを張り巡らせる（資料：野村不動産、東急不動産、住友商事、ヒューリック、JR東日本）

第6章

# 渋谷
# 代々木
# 原宿
# 青山

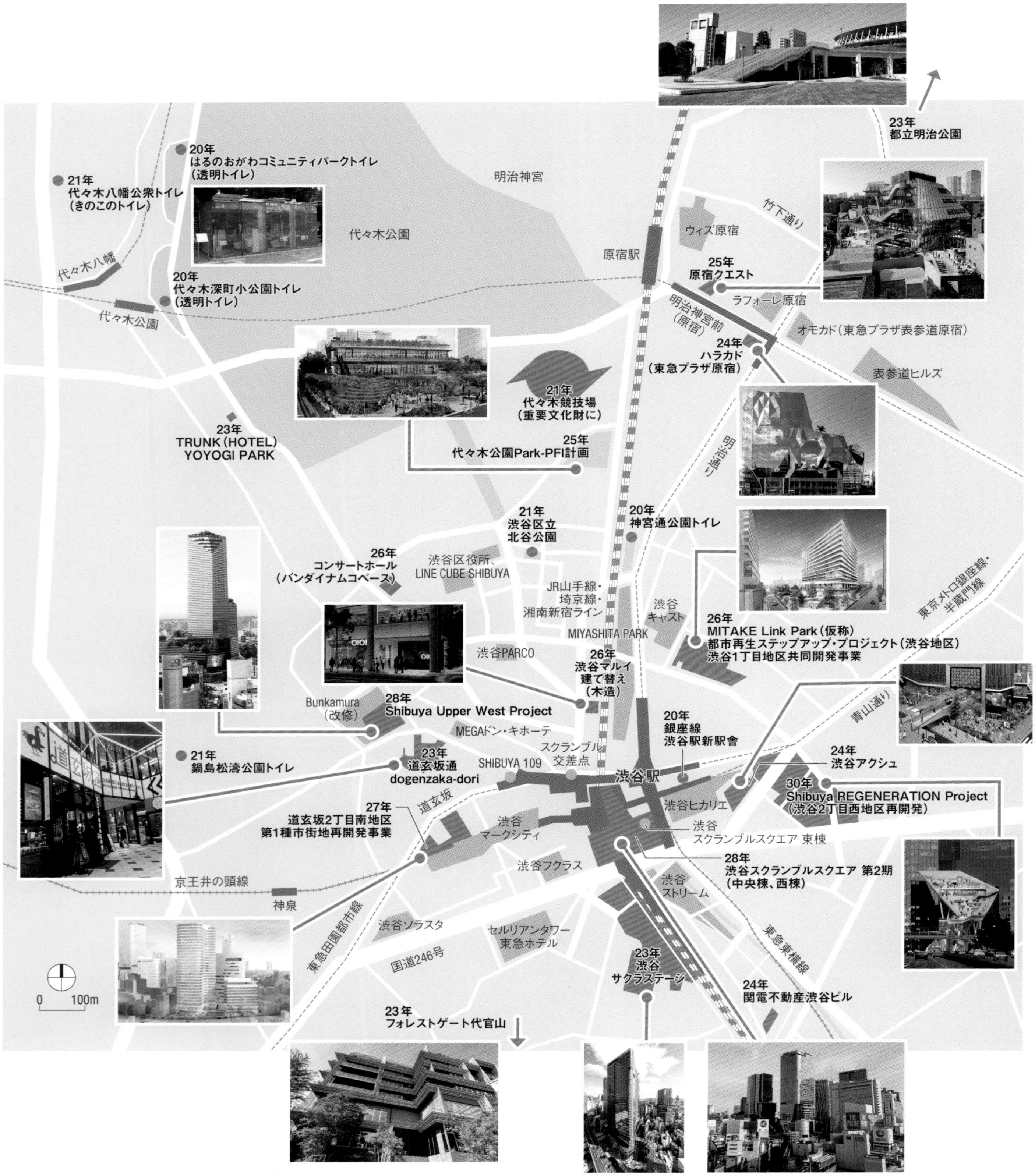
23年
都立明治公園
20年
はるのおがわコミュニティパークトイレ
（透明トイレ）
21年
代々木八幡公衆トイレ
（きのこのトイレ）
明治神宮
代々木公園
代々木八幡
20年
代々木深町小公園トイレ
（透明トイレ）
代々木公園
竹下通り
ウィズ原宿
原宿駅
25年
原宿クエスト
ラフォーレ原宿
明治神宮前
〈原宿〉
オモカド（東急プラザ表参道原宿）
24年
ハラカド
（東急プラザ原宿）
表参道ヒルズ
21年
代々木競技場
（重要文化財に）
23年
TRUNK（HOTEL）
YOYOGI PARK
25年
代々木公園Park-PFI計画
明治通り
21年
渋谷区立
北谷公園
20年
神宮通公園トイレ
26年
コンサートホール
（バンダイナムコベース）
渋谷区役所、
LINE CUBE SHIBUYA
JR山手線・
埼京線・
湘南新宿ライン
渋谷
キャスト
MIYASHITA PARK
26年
MITAKE Link Park（仮称）
都市再生ステップアップ・プロジェクト（渋谷地区）
渋谷1丁目地区共同開発事業
東京メトロ銀座線・
半蔵門線
渋谷PARCO
26年
渋谷マルイ
建て替え
（木造）
Bunkamura
（改修）
28年
Shibuya Upper West Project
MEGAドン・キホーテ
青山通り
20年
銀座線
渋谷駅新駅舎
21年
鍋島松濤公園トイレ
23年
道玄坂通
dogenzaka-dori
SHIBUYA 109
スクランブル
交差点
渋谷駅
24年
渋谷アクシュ
30年
Shibuya REGENERATION Project
（渋谷2丁目西地区再開発）
道玄坂
27年
道玄坂2丁目南地区
第1種市街地再開発事業
渋谷
マークシティ
渋谷ヒカリエ
渋谷
スクランブルスクエア 東棟
渋谷フクラス
28年
渋谷スクランブルスクエア 第2期
（中央棟、西棟）
京王井の頭線
神泉
渋谷
ストリーム
東急田園都市線
渋谷ソラスタ
セルリアンタワー
東急ホテル
東急東横線
国道246号
23年
渋谷
サクラステージ
0
100m
24年
関電不動産渋谷ビル
23年
フォレストゲート代官山

（写真：東急不動産、東京建物、北山 宏一、日経クロステック）
（資料：東急グループ、丸井グループ、三菱地所、東京建物、清水建設、NTT都市開発）

完成予定 28年

## Shibuya Upper West Project

# 東急百貨店本店跡地に165mビル ノルウエーのスノヘッタが建築デザイン

渋谷区道玄坂2丁目に2027年度に誕生する予定の複合施設「Shibuya Upper West Project（渋谷アッパー・ウエスト・プロジェクト）」（資料：東急、L Catterton Real Estate、東急百貨店）

高級ホテルが少なかった東京・渋谷が、数年後に激変する様相を呈してきた。注目は道玄坂2丁目エリアだ。

渋谷が地盤の東急グループや、初進出する三菱地所、先行開業で存在感を高めるドン・キホーテ親会社が、同じ2丁目に相次いで複合施設を建てる。しかもホテルを集客の目玉に据える点が共通している。

最大の注目はやはり、地元の東急陣営だろう。東急とL Catterton Real Estate（LCRE）、東急百貨店は2022年7月21日、3社共同で「Shibuya Upper West Project（渋谷アッパー・ウエスト・プロジェクト）」を27年度の竣工を目指して推進すると発表した。

地下4階・地上36階建ての超高層ビルで、高さは約164.8m。渋谷駅前のスクランブル交差点から続く坂道の文化村通りを上った場所に立つ。東急百貨店本店が立っていた場所だ。駅前よりも高い土地なので、そこに完成する超高層ビルは飛び抜けて高く見える。

Shibuya Upper West Projectは、存続する東急グループの文化施設「Bunkamura」を含めた敷地面積が1万3675m²、延べ面積は11万

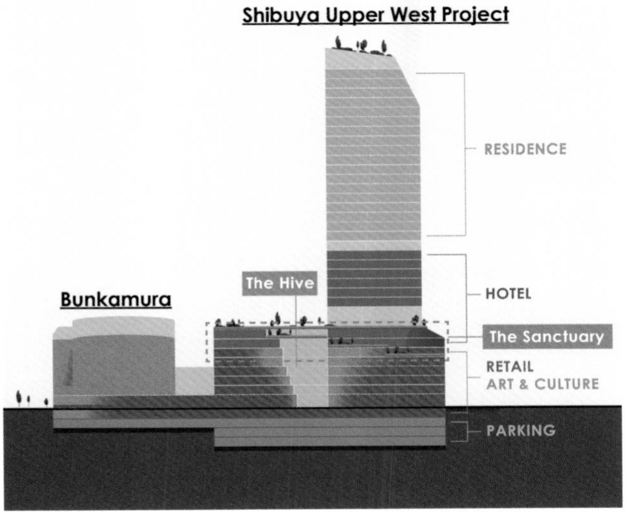


Shibuya Upper West Projectは店舗、ホテル、住宅を備える（資料：東急、L Catterton Real Estate、東急百貨店）

低層部の屋上に設ける庭園「The Sanctuary（ザ・サンクチュアリ）」のイメージ（資料：東急、L Catterton Real Estate、東急百貨店）

東急グループの文化施設「Bunkamura（ブンカムラ）」は大規模リニューアルのため、27年度まで長期休館（写真：日経クロステック）

7000m²。商業施設に加え、高級ホテルと賃貸レジデンスを備える。

デザインアーキテクトには、ノルウェーの建築設計事務所「Snøhetta」を起用。エグゼクティブアーキテクトは日建設計・東急設計コンサルタントJVが担当する。

ホテルは香港を拠点とし、アジアを中心に展開する「Swire Hotels」の高級ブランド「The House Collective」が日本に初進出する。

建物の特徴は、低層階の中心で天井から光が降り注ぐアトリウム「The Hive」を設けることだ。低層部の屋上には、緑を配した空間「The Sanctuary」ができる。

隣接する地下2階・地上8階建てのBunkamuraは、活動を継続する。ただし、劇場のオーチャードホール以外は、23年4月10日から長期休館に入った。1989年9月に開館したBunkamuraは、2027年度まで大規模改修工事を進める計画。Shibuya Upper West Projectの開業と同時に営業を再開する。

Bunkamuraのシアターコクーンで実施していた演劇などは、東京・新宿で23年4月に開業した「東急歌舞伎町タワー」の中にできる「THEATER MILANO-Za」などで当面引き継ぐ。東急グループの施設を有効利用して、コンテンツを絶やさないようにする。

東急百貨店本店は23年1月31日に営業を終了し、既にほぼ解体された。1967年11月に竣工し、渋谷のシンボルだった東急百貨店本店は姿を消した。

共同事業者のLCREは、コンシューマー業界に特化した投資会社であるL Cattertonの一員で、不動産開発の投資会社だ。ルイ・ヴィトンなどの高級ブランドを傘下に持つLVMHとAgacheが共同で設立した。日本では東京・銀座の商業施設「GINZA SIX」の開発に参画した実績がある。

### 三菱地所はTRUNKを誘致

一方、渋谷駅周辺の大規模再開発に初めて参画する三菱地所は、「道玄坂2丁目南地区第1種市街地再開発

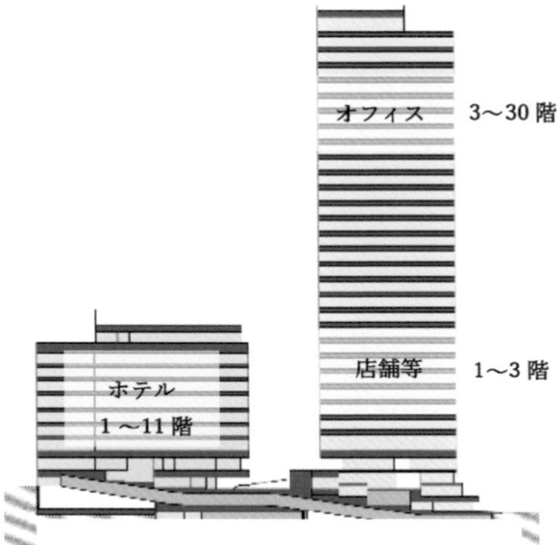


▲断面図

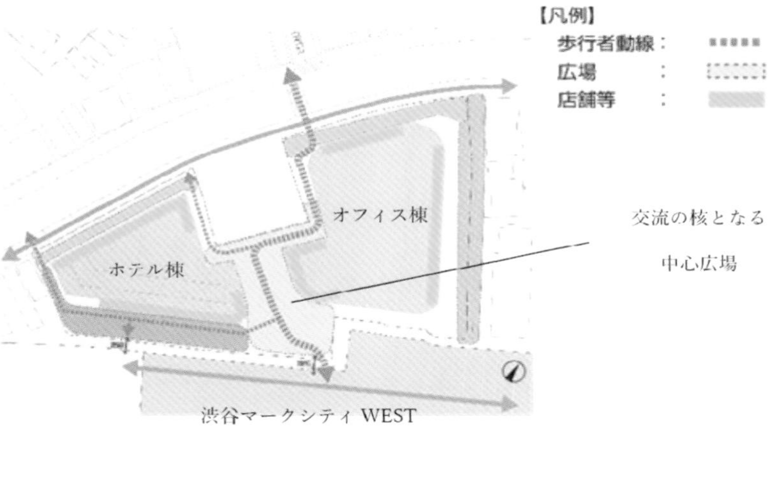


▲平面図

**三菱地所が参画する「道玄坂2丁目南地区第1種市街地再開発事業」は、オフィス棟とホテル棟で構成する。2棟の間には約850m²の広場を設ける（資料：三菱地所、テイクアンドギヴ・ニーズ）**

**道玄坂2丁目南地区第1種市街地再開発事業で建設予定のビルのイメージ（資料：三菱地所、テイクアンドギヴ・ニーズ）**

**スパのイメージ（資料：三菱地所、テイクアンドギヴ・ニーズ）**

事業」でオフィス棟とホテル棟を建設する。後者にはテイクアンドギヴ・ニーズ（T＆G）が運営する「TRUNK（HOTEL）DOGENZAKA（仮称）」を誘致する。

ホテルの開業は、27年夏を予定している。東急が招へいしたThe House Collectiveとほぼ同時期にオープンする見通しだ。

このプロジェクトでは多様な来街者を呼び込むため、敷地の西側にホテル棟を建てることにした。同じ渋谷区の神宮前でT＆Gが展開しているTRUNK（HOTEL）の実績を三菱地所が評価し、出店を呼びかけた格好だ。ホテルはスパ施設を備える。

敷地面積は約6720m²、延べ面積は約8万7100m²。地下3階・地上30階建てで高さが約155mのオフィス棟と、地下2階・地上11階建てで約60mのホテル棟で構成する。構造は鉄骨造（地上）、鉄骨鉄筋コンクリート造（地下）。総事業費は約767億円を予定している。

▶▶ 道玄坂通 dogenzaka-dori(ホテルインディゴ東京渋谷)など

完成予定 23〜30年

# 高級ホテル急増で「泊まる街」に東急陣営とドンキや三菱地所が激突

高級ホテルが少ない東京・渋谷に変化の兆しが見えている。2024年以降、渋谷を地盤とする東急グループと新たに進出するライバル企業のホテル対決が渋谷駅周辺で本格化する。

再開発が目白押しの渋谷では、大型複合施設の目玉として高級ホテルを誘致する動きが活発である。東京を訪れるインバウンド(訪日外国人)が行きたい場所として名前が挙がる渋谷は遊ぶだけでなく、「泊まる街」に生まれ変わりそうだ。

一足早く、23年8月に先陣を切ったのが、道玄坂2丁目にオープンした英IHGホテルズ&リゾーツが展開する「ホテルインディゴ東京渋谷」である。ディスカウント店のドン・キホーテを傘下に持つパン・パシフィック・インターナショナルホールディングス(PPIH)が中心となって開発した複合施設「道玄坂通 dogenzaka-dori」の上層階に入居した。

ホテルインディゴブランドとしては日本で4件目。東京は初となる。

客室数は272室と、部屋数は多め。ただし、スタンダードルームは17m$^2$とビジネスホテル並みの広さだ。渋谷の一等地で客室数の多さを優先したといえる。

宿泊料金は24年1月中旬時点で5万円台から。渋谷の繁華街に位置するとはいえ、部屋の広さに対して5万円以上の料金設定は強気である。

最大の特徴は、世界的に知られる渋谷スクランブル交差点のそばという、観光には打ってつけの立地だ。

文化村通りの先にスクランブル交差点と駅周辺の高層ビル群が見える(写真:日経クロステック)

「道玄坂通」の敷地は非常に複雑だ。通り抜けできるように出入り口を複数設けた(資料:パン・パシフィック・インターナショナルホールディングス)

道玄坂2丁目にオープンした「ホテルインディゴ東京渋谷」（写真：日経クロステック）

ホテルインディゴ東京渋谷の一部の客室から、渋谷駅近くの高層ビルが目の前に見える。一番高いビルが渋谷駅上に立つ「渋谷スクランブルスクエア」。客室は足元近くまでガラス窓になっており、渋谷の街を間近に感じられる（写真：日経クロステック）

渋谷のシンボルであるファッションビル「SHIBUYA 109」の裏手に位置する。

### インバウンドにも人気のドンキ

スクランブル交差点から西方向に進むと、坂道がSHIBUYA 109の手前で左右に分かれる。左が道玄坂、右が文化村通りで、どちらも渋谷を代表するメインストリートだ。文化村通りを挟んでホテルインディゴの向かい側には、インバウンドにも人気の「MEGAドン・キホーテ渋谷本店」がある。買い物に便利だ。

道玄坂と文化村通りの間を南北につなぐように、道玄坂通ができた。施設名が道玄坂通となっているのは、建物が道玄坂と文化村通りを結ぶ通路としても機能しているからだ。

もっとも、道玄坂通と言われると、施設名なのか道路名なのか判別がつかない。どちらでもあるわけだが、迷う人はいるだろう。

おまけに敷地形状が非常に複雑で、かつ高低差がある。周囲は細い坂道だらけで、そこに昔ながらの雑居ビルが立ち並んでいる。飲食店や飲み屋がひしめき合い、風俗店やラブホテルも点在する雑多な場所である。

ホテルインディゴは、出店する街の個性やカルチャーに合わせて内装デザインを個々に決める。ホテルインディゴ東京渋谷は国内にある他のホテルインディゴとは雰囲気が全く異なる。渋谷らしく、ファッションや音楽、ストリートアートなどから連想されるポップなデザインをふんだんに取り入れた。斜線模様も多く使われているが、これはスクランブル交差点をイメージしたものだという。

道玄坂通は地下1階・地上28階建て（建築基準法上は地下2階・地上27階建て）で、高さは約115m。構造は鉄骨造、一部鉄筋コンクリート造、鉄骨鉄筋コンクリート造だ。設計は東急設計コンサルタント、施工は熊谷組が手掛けた。

敷地面積は約5900$m^2$、延べ面積は約4万1800$m^2$。施設にはホテルインディゴ東京渋谷の他、店舗や飲食店、事務所が入っている。ホテルは地上3階および11～28階と、施設の半分以上を占める。

1階には複数のカフェや飲食店が入居しており、ドン・キホーテの新業態である雑貨店が出店している。流通業主体のPPIHが手掛ける不動

24年末に開業予定のホテル「lyf渋谷東京」。客室数は200室（資料：アスコット）

産事業とドンキの融合に注目したい。

ホテルインディゴ東京渋谷は23年夏開業という先行メリットを生かし、渋谷で早めにファンを獲得したいところ。24年末には渋谷PARCOの近くに外資系アスコットのホテル「lyf（ライフ）渋谷東京」が開業する見通しだ。

さらに27〜28年には強力な競合ホテルが2件、ホテルインディゴのすぐ近くでオープンする予定である。

テイクアンドギヴ・ニーズ（T＆G）のホテル「TRUNK（HOTEL）DOGENZAKA（仮称）」と、東急と仏L Catterton Real Estate、東急百貨店の3社が共同開発する「Shibuya Upper West Project（渋谷アッパー・ウエスト・プロジェクト）」に入居する外資系の高級ホテル「The House Collective」だ。

三菱地所が初めて渋谷の再開発に参画する「道玄坂2丁目南地区第1種市街地再開発事業」が、道玄坂通の近くで進行中だ。この施設はオフィス棟とホテル棟から成る。デザイン総合監修を北川原温建築都市研究所、設計は三菱地所設計・山下設計JVが手掛ける。

ホテル棟にはTRUNK（HOTEL）DOGENZAKAが入居し、27年夏にオープンする。道玄坂に面し、渋谷駅にも直結する好立地だ。

「TRUNK（HOTEL）DOGENZAKA（仮称）」のルーフトッププールのイメージ。渋谷では最大級の屋外プールになる（資料：三菱地所、テイクアンドギヴ・ニーズ）

TRUNK（HOTEL）DOGENZAKAの延べ面積は、約1万3000m²。客室数は120〜130室になる見込みで、ホテルインディゴの半分ほど。広さは28m²以上とし、客室単価は5万円以上を想定している。ホテルインディゴの実績次第では、もっと高い料金設定になるかもしれない。渋谷では最大級のルーフトッププールを備える。特徴は明快だ。

T＆GグループのTRUNK（トランク）が渋谷区神宮前で運営する「TRUNK（HOTEL）CAT STREET」の成功で、T＆Gは婚礼事業に続いてホテル事業を軌道に乗せた。

23年9月には同じ渋谷区の富ヶ谷に「TRUNK（HOTEL）YOYOGI PARK」をオープンしており、勢いに乗る。YOYOGI PARKの設計は芦沢啓治建築設計事務所、インテリアデザインは同じく芦沢事務所とデンマークのNorm Architects（ノームアーキテクツ）が手掛けた。渋谷区に集中出店し、ドミナント化を狙う。

一方、The House Collectiveは香港を拠点とする「Swire Hotels」の高級ブランドで、日本初進出となる。入居するShibuya Upper West

東急百貨店本店の跡地に完成する予定の複合施設「Shibuya Upper West Project（渋谷アッパー・ウエスト・プロジェクト）」（資料：東急、Image by Mir／Snøhetta）

東急百貨店本店の解体は2023年12月時点で大詰めを迎えた。ホテルインディゴ東京渋谷の客室から解体現場が見える（写真：日経クロステック）

Projectは東急百貨店本店の跡地にできる複合施設だ。デザインアーキテクトに、ノルウェーの建築設計事務所「Snøhetta（スノヘッタ）」を起用することで大きな話題になっている。

### 東急グループのホテル包囲網に対抗

東急百貨店本店の跡地という東急グループを象徴する場所にできるThe House Collectiveは、東急グループのホテルブランドではない。同じく、東急不動産が主体となって開発している渋谷駅前の大型複合施設「Shibuya Sakura Stage（渋谷サクラステージ）」の一角で24年2月26日に開業したサービスアパートメント「ハイアット ハウス 東京 渋谷」もまた、東急ブランドではない。

東急グループには中長期滞在型のホテルブランドもあるが、外国人によく知られたハイアットブランドを選択した。インバウンドや渋谷に拠点を構える外資系企業の海外人材などに訴求する。

ハイアット ハウス 東京 渋谷はキッチンや洗濯乾燥機があるサービスアパートメントだが、長期滞在だけでなく1泊からでも渋谷の駅前に住むように宿泊できる。客室数は126室で、広さは32m²以上ある。

渋谷サクラステージと向かい合うように立つ複合施設「渋谷ストリーム」には、18年からホテルがある。こちらは「渋谷ストリームエクセルホテル東急」で、エクセルホテル東急ブランドを掲げていた。

だが開業から6年目を迎え、24年1月16日には「SHIBUYA STREAM HOTEL（渋谷ストリームホテル）」に名称を変更した。同日に札幌市で開業した「SAPPORO STREAM HOTEL（札幌ストリームホテル）」と共に、東急ホテルズ＆リゾーツの新しいホテルブランド「STREAM HOTEL」として再スタートを切った。

こちらもブランドから東急の名を外し、エクセルホテル東急とは異なるライフスタイル提案型のブランドに育てる。渋谷ストリームホテルは、その旗艦店の位置付けだ。なお、客室単価はこれまでと同程度を維持する計画である。

渋谷駅前には、複合施設「渋谷マークシティ」に入居するホテル「渋谷エクセルホテル東急」が以前からある。こちらとブランドを分けて運営する。

そもそも渋谷で高級ホテルといえば、国道246号沿いに立つ駅近くの「セルリアンタワー東急ホテル」くらいだった。高級レストランや能楽堂を備えるなど格式は申し分ない。ただし、駅前立地にもかかわらず、国道246号を越えて坂道を上らないとアクセスできないという弱点がある。

渋谷の繁華街からも少し離れている。静かに滞在するにはちょうどいいかもしれないが、渋谷の街で遊び回りたい人にはちょっと不便だ。その点、アクティブな富裕層にはホテルインディゴやTRUNK（HOTEL）が向いているかもしれない。

## 駅東側にバスターミナルとホテル

最後に、竣工は29年度とまだ先だが、渋谷エリアで最大規模となる再開発「Shibuya REGENERATION Project」に触れておく。ここにも国際水準のホテルができるからだ。

渋谷二丁目西地区市街地再開発組合と東京建物、都市再生機構（UR都市機構）が市街地再開発組合を設立した巨大プロジェクトで、A、B、Cの3つの街区で構成する。全体の敷地面積は約1万8800m$^2$、延べ面積は約32万2200m$^2$にもなる。

「渋谷ヒカリエ」やその隣に24年夏にできる複合施設「渋谷アクシュ（SHIBUYA AXSH）」の奥に位置する場所だ。宮益坂と六本木通りに挟まれ、青山通り（国道246号）が貫く街区で、渋谷の繁華街とは反対方向にある。多くの人にとって、渋谷の

「ハイアット ハウス 東京 渋谷」の客室には、キッチンや洗濯乾燥機、電子レンジ、冷蔵庫などがある（資料：東急不動産）

ハイアット ハウスにある屋内プールのイメージ（資料：東急不動産）

既存の複合施設「渋谷ストリーム」に入居するホテル「渋谷ストリームエクセルホテル東急」は、24年1月16日に「SHIBUYA STREAM HOTEL（渋谷ストリームホテル）」にリブランド。ホテル名から東急が消えた（写真：渋谷ストリーム）

渋谷2丁目の大規模な再開発「Shibuya REGENERATION Project」の完成イメージ（資料：渋谷二丁目西地区市街地再開発組合、東京建物、都市再生機構）

B街区の低層部イメージ（資料：渋谷二丁目西地区市街地再開発組合、東京建物、都市再生機構）

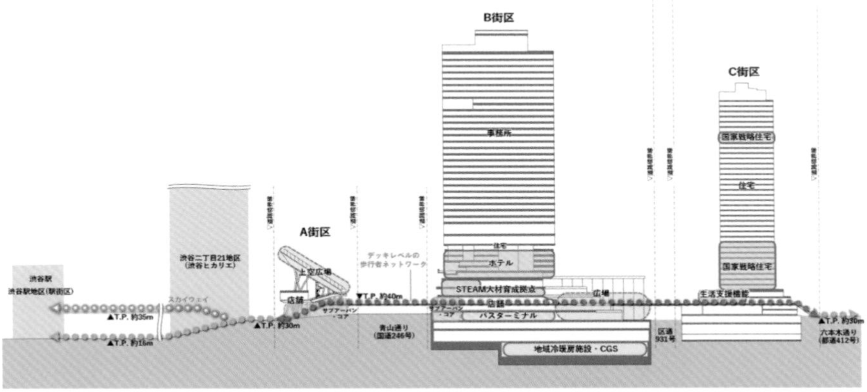


Shibuya REGENERATION Projectの断面イメージ。最大のB街区にバスターミナルやホテルができる（資料：渋谷二丁目西地区市街地再開発組合、東京建物、都市再生機構）

Shibuya REGENERATION Projectで開発する上空広場（資料：東京建物）

中ではあまり出かけることがなかったエリアだろう。

そんな街区で、大規模なバスターミナルと広場を備えるShibuya REGENERATION Projectが始まった。空港リムジンバスや高速バス、観光バスの受け入れを予定している。バスターミナルを設けるB街区の建物に高級ホテルを誘致し、遠方から渋谷に人を呼び込む。

渋谷駅周辺の再開発で最大の焦点になるのは、これまで駅を中心に東西南北で分断されていた街を歩行者ネットワークで結び、渋谷を全方位に拡大することだ。

その意味で東急グループと他陣営は協力関係にある。施設同士が歩行者ネットワークでつながり、高級ホテルの増加で渋谷を訪れる人の滞在時間が長くなれば、各社が恩恵を受けられる。

先行して再開発が進んだ渋谷駅の北側では、三井不動産が「渋谷区立宮下公園」と商業施設、そしてホテル「sequence MIYASHITA PARK」を一体化した「MIYASHITA PARK」を20年にオープン。すぐ近くにはUDSグループのホテル「all day place shibuya」が22年にできるなど、渋谷と原宿を結ぶ通りの人の流れを活性化している。

インバウンドの回復後、原宿や表参道は買い物客で大混雑している。そこにまた、新しい商業施設がオープンする予定だ。徒歩でも行き来できる渋谷の魅力が増していく。

Shibuya Sakura Stage

23年

# 渋谷サクラステージが駅前で竣工 再開発群のラストピースは「働・遊・住」

東急不動産が中心となって開発を進めてきた複合施設「Shibuya Sakura Stage（渋谷サクラステージ）」が2023年11月30日、渋谷駅西口近くで竣工した。総事業費は約2000億円。東急グループが渋谷駅中心地区で進めてきた5街区にわたる大規模再開発・都市基盤整備の“ラストピース”となる。

敷地は約2万6000m²、総延べ面積は約25万5000m²と広大だ。NASCA（ナスカ）代表の古谷誠章氏と、日建設計がデザインアーキテクトを担当。施工は鹿島・戸田建設JVが担った。

## 渋谷駅隣接の高級住宅も整備

この施設は「働・遊・住」の機能を兼ね備えて渋谷駅につながる「SHIBUYAサイド」エリアと、桜丘方面に広がる「SAKURAサイド」エリアから成る。オフィスの総面積は渋谷駅周辺の再開発の中で最大級の規模を誇る。商業施設は100店を超える。そのうち4割を体験型のテナントが占める。

注力したのは渋谷駅前の住機能だ。155戸の住宅に加え、海外のビジネスパーソンなどに対応した中長期滞在型のサービスアパートメントを導入。国際医療施設やインターナショナルスクールを併設した。

23年11月23日に開かれた内覧会で東急不動産の星野浩明社長はこう述べた。「渋谷サクラステージに多様で感性の高い人々が集まり、優れたカルチャーやコンテンツビジネスが

「渋谷サクラステージ」でひときわ目立つ、高さ約179mの「SHIBUYAタワー」。地下4階・地上39階建て。渋谷駅西口の歩行者デッキから撮影（写真：日経アーキテクチュア）

上は、SHIBUYAタワーの地下2階から地上3階をつなぐ縦軸動線「アーバンコア」。右は、SHIBUYAサイドとSAKURAサイドをつなぐ広場「にぎわいSTAGE」（写真：日経アーキテクチュア）

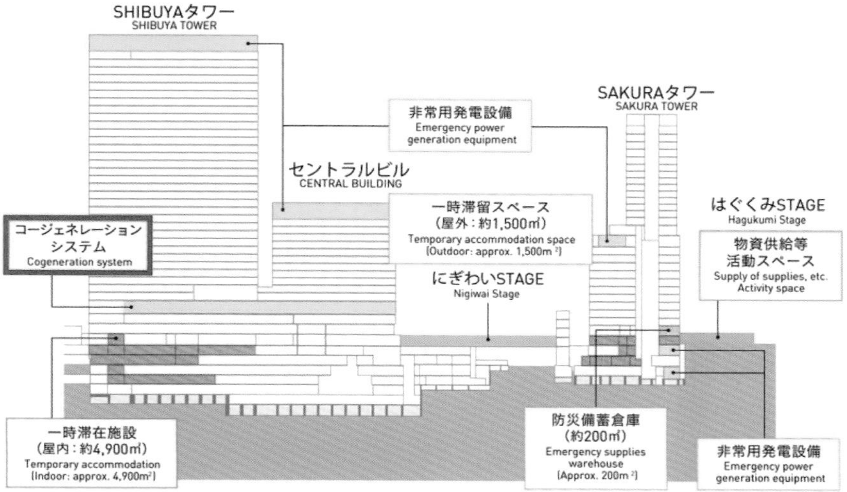


**SHIBUYAタワーの地下に設置する予定だったコージェネレーションシステムを、水害対策などを加味して地上6階に設置するプランに変更した（資料：東急不動産）**

**奥に見えるSHIBUYAタワーの西面（赤枠）は建物を分節しており、デザインも多様だ。一方、手前のセントラルビルは一般的な平面の外観で対照的（写真：日経クロステック）**

生まれる。そうしたにぎわいの好循環を加速していきたい」

### 変更実施設計でタワーのプラン修正

実は、施工者の鹿島・戸田建設JVは変更実施設計をしている。SHIBUYAタワーを設計した日建設計は当初、「M5」という階高が低い設備フロアを設けていた。このプランに見直しが入った。

変更実施設計ではM5の階高を上げ、地下に設置する予定だったコージェネレーションシステムなどの配置をM5に変更。M5を非常用エレベーターが着床する「6階」とした。そのため6階より上のフロアは1つずつ階数が増えた。

結果、SHIBUYAタワーは当初計画の38階建てから39階建てに変更になっている。ただし、延べ面積は変わらない。

さらに変更実施設計では、SHIBUYAタワーの高層部（オフィスフロア）をシンプルな空間につくり直している。構造を見直し、コアの向きをそろえた。

プラン変更の過程で、建物の西面（都市計画道路側）に表出する分節形状も変わった。もともと日建設計がSHIBUYAタワーの大きなボリュームを分節していた。変更実施設計でも高層部のボリュームを分節する手法は踏襲。巨大なSHIBUYAタワーの西面は分節により凹凸が多く、デザインも多様で、全体的にカクカクして見える。こうしてビルの西面の圧迫感を弱めている。

対照的に、隣のセントラルビルはSHIBUYAタワーより高層部のボリュームが小さいので、一般的なオフィスビルのように平らな外観とした。低層部は両棟共通だが、高層部のデザインは区別している。

# トレンド 令和にビットバレー再来か!? 渋谷サクラステージにIT企業やエンタメ系が集結

幹線道路や線路に囲まれ、駅を中心にして街が東西南北に分断されていた東京・渋谷。地名の通り、街は高低差がある谷地形でもあり、渋谷の移動は一苦労だ。

渋谷駅は谷の底に位置し、どの方向に進んでも上り坂が続く。坂道沿いには飲食店やアパレルショップ、娯楽施設などが軒を連ねている。

渋谷にオフィス街のイメージはあまりなかった。ところが、ネットバブルの2000年前後にベンチャーやIT企業が相次いで渋谷に拠点を構えるようになる。すると米国のシリコンバレーに対し、「ビットバレー」と呼ばれるようになった。

ビットバレーとは「ビター（渋い）」と「バレー（谷）」を掛け合わせた言葉だ。ビットにはコンピューターが扱うデータの単位であるビットの意味も込められている。

あれから20年以上の年月が流れ、ビットバレーという呼び名はほとんど聞かれなくなった。そんな中、ネットバブル崩壊後を勝ち抜いた数少ないベンチャーは大企業に成長。19年には駅周辺に完成した高層ビルにオフィスを構えるまでに拡大した。

渋谷駅の真上に立つ「渋谷スクランブルスクエア」にも拠点を構えたサイバーエージェントや、「渋谷フクラス」

**2023年11月30日に竣工した大型複合施設「Shibuya Sakura Stage（渋谷サクラステージ）」（写真：東急不動産）**

**渋谷サクラステージは、JR渋谷駅（写真左手）から西口歩道橋デッキで国道246号（手前の道路）の上空を抜けた目の前に立つ。歩道橋デッキの上は首都高速道路だ（写真：日経クロステック）**

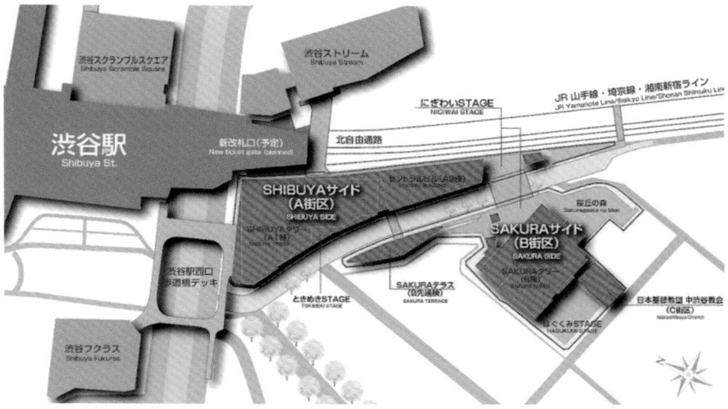


渋谷サクラステージは「SHIBUYAタワーとセントラルビル」「SAKURAタワーとSAKURAテラス」「日本基督教団中渋谷教会」の合計3棟で構成（資料：東急不動産）

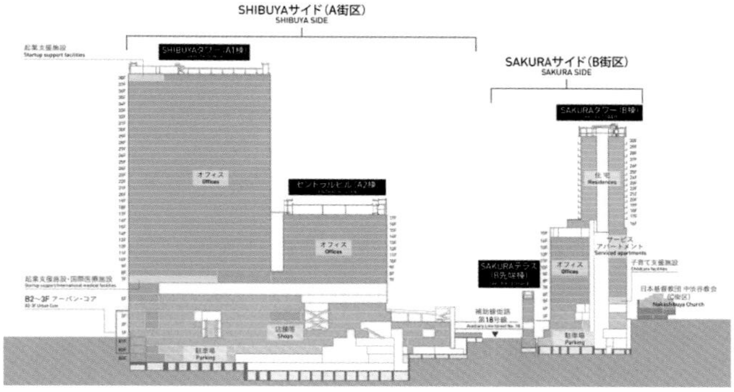


渋谷サクラステージにはオフィスや商業施設の他、サービスアパートメントや住宅などもある（資料：東急不動産）

にグループ第2本社を置くGMOインターネットグループが好例である。

そして24年に再び、ネットベンチャーが大挙して渋谷に集まる動きが見え始めている。しかも坂を上った不便な場所ではなく、渋谷駅至近の好立地に移転してくる会社が増える。

受け皿になるのが「Shibuya Sakura Stage（渋谷サクラステージ）」だ。渋谷駅周辺にまた1つ、ランドマークとなる超高層ビルが誕生した。

### 駅前オフィスの契約が好調

竣工時点のオフィス契約率は95％と好調だ。そのうち約80％がIT企業やゲームなどのエンターテインメント系企業が占める。

ビットバレーの再来のような現象とは、このことだ。東急不動産は現在のところ、狙い通りのテナント誘致に成功している。

しかも、そのうちの1社でも2社でも将来、大企業に成長すれば、テナントの大クライアントになる可能性がある。大手デベロッパーがこぞってスタートアップ支援に力を入れるのは、そのためでもある。渋谷サクラステージも同様に、起業支援施設が充実している。

渋谷サクラステージは再開発で整備した道路なども含む面積が約2万6000m$^2$ある。複雑な形の土地に、建物が点在している。全体像をつかみにくい。

建築基準法上は、渋谷駅に近い「SHIBUYAタワーとセントラルビル」、住宅やサービスアパートメントなどもできる恵比寿や代官山寄りの「SAKURAタワーとSAKURAテラス」、そして「日本基督教団中渋谷教会」の3棟から成る。

SHIBUYAタワーとセントラルビルが立つのがA街区で、「SHIBUYAサイド」と呼ばれている。一方、SAKURAタワーとSAKURAテラスがあるのはB街区で、こちらは「SAKURAサイド」だ。

似た建物名や街区名で混乱しやすいが、ほとんどの人はSHIBUYAサイドとSAKURAサイドの2カ所で事足りる。なお、日本基督教団中渋谷教会はC街区となる。

事業者は、渋谷を地盤とする東急不動産が組合員として参画する渋谷駅桜丘口地区市街地再開発組合。サクラステージの名称は、桜丘町の地名に由来する。テーマカラーは桜のピンク色で、随所に使われている。

渋谷サクラステージに入居する施設は今後、順次開業していく。低層部にできる商業施設の店舗は、24年7月25日にオープンし、街開きする。23年時点で店舗は開いていない。

先行して、渋谷サクラステージ内の通路と広場は利用できるようになった。訪れる際は、歩行者ネットワークが整備された2階と3階を意識して歩くと迷いにくい。恵比寿寄りにできた3階レベルの屋外広場「にぎわいSTAGE」は誰でも利用でき、昼も夜も楽しめる。

SHIBUYAタワーの2階エントランス付近。駅から歩道橋デッキを渡ると、2階の「桜丘広場」に着く（写真：日経クロステック）

SHIBUYAサイド（A街区）とSAKURAサイド（B街区）を2階レベルでつなぐ歩行者デッキ。真下を通るのが、新たに整備された都市計画道路（補助線街路第18号線）で恵比寿方面に続く（写真:日経クロステック）

恵比寿や代官山寄りに完成した3階レベルの屋外広場「にぎわいSTAGE」の夜景。フロウプラトウ（Flowplateaux）が広場の空間演出を担当。夜はライトアップでピンクに染まる（写真：東急不動産）

にぎわいSTAGEには街のシンボルとして、渋谷と桜丘に共通するイニシャル「S」をかたどった2階建ての建築物「しぶS（エス）」を設けた（写真：日経クロステック）

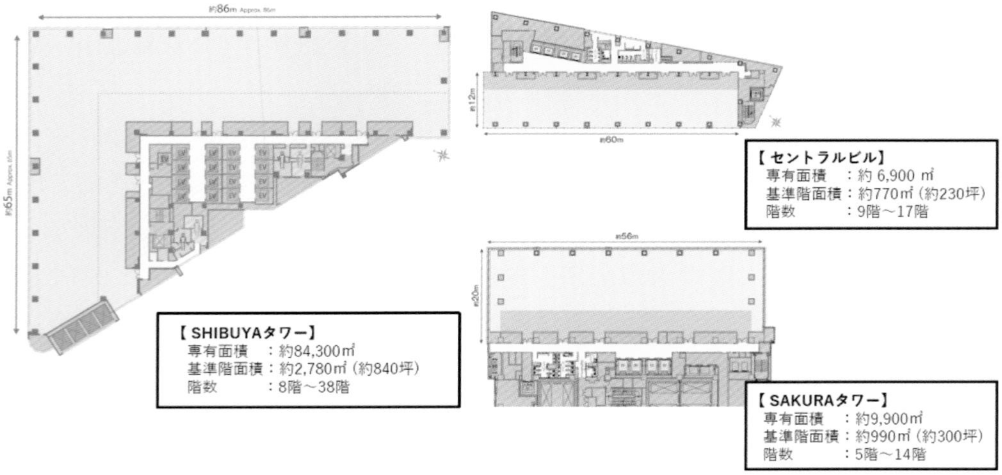


SHIBUYAタワー、セントラルビル、SAKURAタワーのオフィス基準階イメージ（資料：東急不動産）

SHIBUYAタワーと低層部が一体になっているセントラルビル。高さは約90m。手前は先述のにぎわいSTAGE（写真：日経クロステック）

高さが約127mあるSAKURAタワーは、建物右手のガラス張り部分がオフィスだ。左手の低層部がサービスアパートメント「ハイアット ハウス 東京 渋谷」で24年2月に開業。インテリアデザインはGARDEが手掛けた。高層部は東急不動産の高級マンション「ブランズ渋谷桜丘」で、16階にあるエントランスホールはオーストラリアを拠点とするKoichi Takada Architectsがデザイン監修した（写真：日経クロステック）

にぎわいSTAGEの線路側には街の新しいシンボルとして、渋谷と桜丘に共通するイニシャル「S」をかたどった高さ9.5mの派手な建築物「しぶS（エス）」を設けた。しぶSは歩行者ネットワークの一部としても機能しており、地上と3～4階レベルを縦方向に結ぶ階段室になっている。

渋谷駅に最も近い39階建てのSHIBUYAタワーの高層部（8～38階）をはじめ、17階建てのセントラルビルの高層部（9～17階）と30階建てのSAKURAタワーの高層部（5～14階）にそれぞれ、異なる広さと平面形状のオフィスフロアがある。

オフィスの賃貸面積は、3棟合計で約10万m²に上る。渋谷駅周辺の再開発では最大級のオフィス規模だ。23年12月からテナントの入居が始まった。

にぎわいSTAGE（写真中央）がセントラルビル（右手）とSAKURAタワー（左手）を3階レベルで接続する（写真：日経クロステック）

## インフラ 渋谷駅南口の新改札口に直結

渋谷サクラステージが真価を発揮するのは、2024年7月以降である。渋谷駅に「新南改札」ができ、渋谷サクラステージと3階レベルでほぼ直結するからだ。

交通の便の良さが、入居を決めたIT企業に評価されている。例えば、24年7月に渋谷サクラステージへ移転する予定である名刺管理サービス大手のSansanは、「成長戦略として、人材採用を強化している。将来的な増員に対応したフロア面積を移転で確保し、複数に分散している現在の拠点を集約する」と表明している。

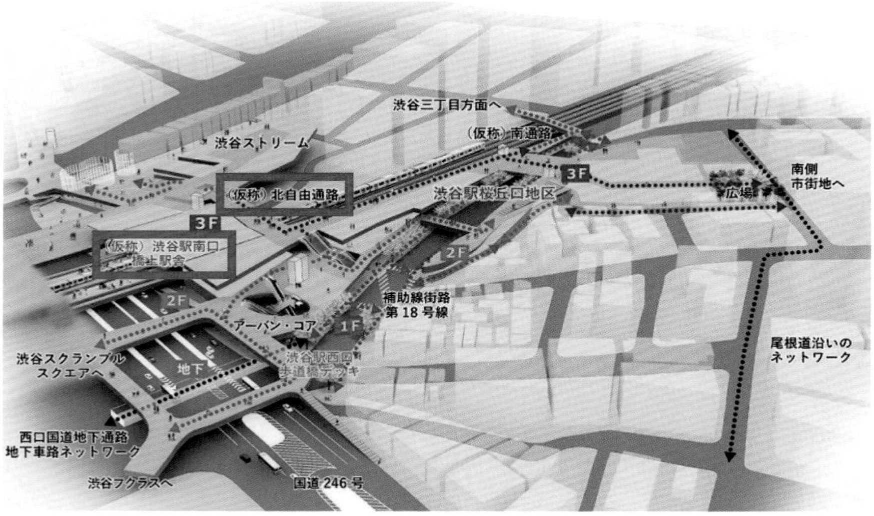


24年7月21日に渋谷駅に「新南改札」ができる。渋谷サクラステージと3階レベルで直結する（資料：東急不動産）

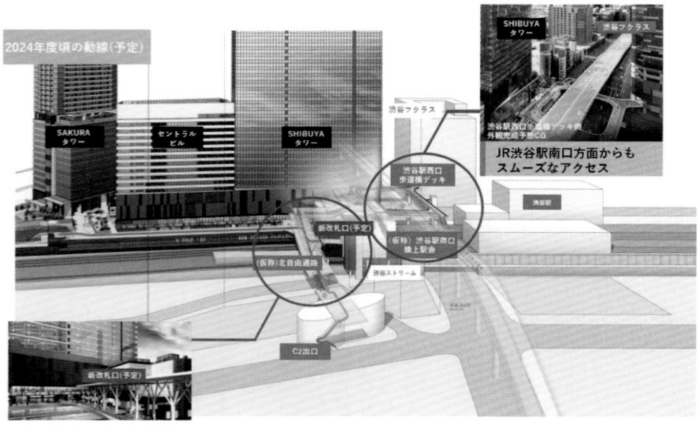


渋谷駅の新南改札と渋谷サクラステージをつなぐことになる「北自由通路（仮称）」は、駅周辺の歩行者ネットワークの要になる（資料：東急不動産）

Sansanと同じような目的で、複数のIT企業やスタートアップ企業が渋谷サクラステージへの移転を発表している。契約業務ソフトを開発するLegalOn Technologiesは24年5月ごろ、Webシステムを開発するアピリッツは同年9月にも移転してくる。東京エレクトロンデバイスやネット金融サービスを提供するブロードマインドは、24年10月ごろになりそうだ。

いずれも移転先は、渋谷サクラステージのSHIBUYAタワーなのが興味深い。駅直結オフィスの人気の高さがうかがえる。

SHIBUYAタワーへの入居を決めた企業が、オフィス移転を早々に発表しているのには訳がある。利便性の良さをアピールし、24年春以降の求人募集を有利に進めたいのだ。

新型コロナウイルス禍を経て在宅勤務やテレワークは浸透したが、会社に来なくていいわけではない。その点、渋谷駅直結のオフィスなら便利だ。街を訪れて刺激を受ける人も大勢いる。食事や飲み会、買い物にも困らない。

逆に、セントラルビルやSAKURAタワーのオフィスは駅から少し離れている。わずか数分だが歩くことになる。特にSAKURAタワーは線路から離れているので、静かな環境で働きたい企業向けといえる。

サービスアパートメントと住宅をSAKURAタワーに配置したのも、線路やイベントスペースから距離を

北自由通路は外装などが工事中だが、23年12月1日から通行できるようになった。向かい側の施設「渋谷ストリーム」（写真右手）と渋谷サクラステージ（左手）の間を山手線などの線路上空を通って行き来できる（写真：東急不動産）

通行可能になった北自由通路から、渋谷サクラステージの3階通路を見た様子（写真：日経クロステック）

置くためだ。居住空間に求められる防音性能を確保する必要があった。

もっとも、店舗が開業していない24年夏までの渋谷サクラステージは、便利な歩行者ネットワークの一部と考えるとよい。画期的な通路が既に1つある。

JR山手線などの線路を挟んで向かい側に立つ、18年に開業した複合施設「渋谷ストリーム」と渋谷サクラステージの間を結ぶ空中回廊だ。線路上空に新設された「北自由通路（仮称）」で、両施設を行き来できるようになった。23年12月1日から通行可能だ。この北自由通路が24年夏に渋谷駅の新南改札とつながる。

渋谷サクラステージは交通インフラだけでなく、通信環境も充実している。東急不動産とNTT、NTTドコモの3社は街づくりにおいて、

SAKURAサイドの先端部で、駅寄りに立つ「SAKURAテラス」（写真右手）。桜のデザインを取り入れた曲面の外観が特徴の建物で、中はテラスのような歩行者空間と商業施設になる。外装の桜模様が動いているように見える「キネティック・ファサード」を採用（写真：日経クロステック）

NTTグループが開発している次世代ネットワーク「APN IOWN 1.0」を世界で初めて、渋谷サクラステージに導入する。

APNとは、通信ネットワークの全区間で光波長を専有するオールフォトニクス・ネットワーク（All-Photonics Network）の略である。

「高速・大容量」「低遅延・ゆらぎゼロ」を標榜するAPN IOWN 1.0により、非圧縮での映像伝送による4K映像の投映やクリアな音声伝送が可能になるという。離れた場所にいる従業員や顧客と対面で話すレベルで遅延なくWeb会議をしたり、複数の拠点から同時に映像を編集できたりする。IT企業やエンタメ企業には打ってつけの通信サービスといえる。

▶▶ 渋谷アクシュ

完成予定
24年

# ヒカリエ隣に23階建て複合施設 駅東口に広がる新エリアの要に

渋谷二丁目17地区市街地再開発組合とその参加組合員である東急は2023年5月30日、渋谷駅東口エリアで計画する渋谷2丁目17地区第1種市街地再開発事業の複合施設名を「渋谷アクシュ（SHIBUYA AXSH）」に決定した。竣工は24年5月末、開業は同年7月8日だ。

渋谷アクシュは、地下4階・地上23階建てで、高さは約120m。地上1～4階が商業施設、5～23階がオフィスになる。地下は駐車場だ。

駅近のオフィスは、総賃貸面積が2万4950m²、基準階面積が約1325m²。23階には一部のテナントが利用できる屋上スペースを併設する。

環境性能としては、建物全体で21年にZEB Oriented（ネット・ゼロ・エネルギー・ビルディング・オリエンテッド）認証を取得済み。さらにオフィスフロアは、上位のZEB Ready認証も23年2月に取得した。渋谷エリアの超高層ビルでは、ZEB Ready認証取得の第1号案件になった。

場所は渋谷駅と直結している複合施設「渋谷ヒカリエ」の隣接地で、敷地面積が約3460m²、延べ面積が約4万4500m²。完成後には渋谷アクシュと渋谷ヒカリエが2階レベルで、歩行者デッキがつながる。

事業者である渋谷二丁目17地区市街地再開発組合は、塩野義製薬と南塚産業、NANZUKA、東宝、太陽生命保険、東急で構成する。設計者は、東急設計コンサルタント・三菱地所設計・パシフィックコンサルタンツによる渋谷二丁目17地区設計JV、施工者は竹中工務店だ。

渋谷アクシュは、渋谷駅から青山

「渋谷アクシュ」の完成イメージ（資料:渋谷二丁目17地区市街地再開発組合、東急）

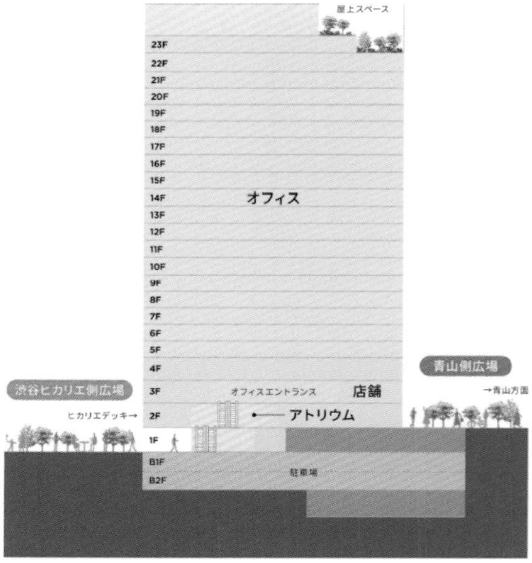


フロア構成。低層部に商業施設、高層部にオフィスを設ける（資料：渋谷二丁目17地区市街地再開発組合、東急）

渋谷アクシュと渋谷ヒカリエを歩行者デッキで結ぶ（資料：渋谷二丁目17地区市街地再開発組合、東急）

渋谷アクシュの低層部のイメージ。周辺の建物を歩行者デッキでつなぐための要となり、歩行者動線沿いに店舗を配置する（資料：渋谷二丁目17地区市街地再開発組合、東急）

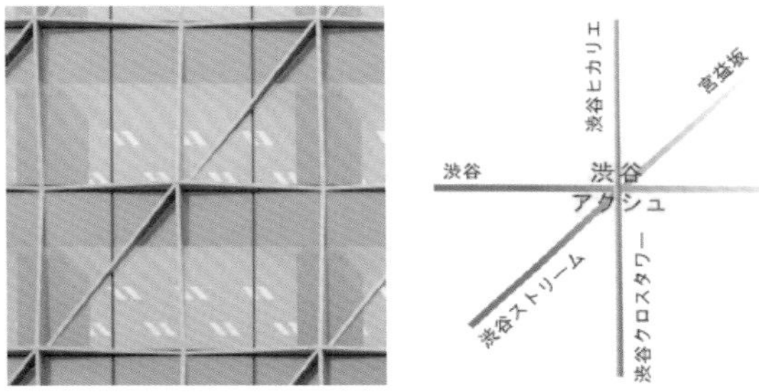


▲高層部ファサードのイメージ

ビルの外装デザインには、建物と周辺道路の結節点をイメージした模様を採用（資料：渋谷二丁目17地区市街地再開発組合、東急）

方面に続く渋谷駅東口エリアに位置する。坂道の中腹にあり、周囲を宮益坂や明治通り、青山通り（国道246号）に囲まれている。坂の高低差を解消する縦動線を整備し、隣接街区と接続する横の歩行者デッキも設ける。歩行者動線に沿って店舗や広場を配置し、回遊性を高める。

渋谷駅東口エリアは急な坂道が多く、人が集まれる空間は限られていた。そのため渋谷の他エリアに比べると、にぎわいが少なめだ。

建設中の渋谷アクシュで、外装デザインの一部を確認できる（写真：日経クロステック）

渋谷ヒカリエ側の広場「SHIBUスポット」（資料：渋谷二丁目17地区市街地再開発組合、東急）

青山側の広場「AOスポット」。NANZUKAがキュレーションするパブリックアートを展示する（資料：渋谷二丁目17地区市街地再開発組合、東急）

地上1～2階のアトリウム。吹き抜け周りに植栽を配置。DAISHIZENが担当（資料：渋谷二丁目17地区市街地再開発組合、東急）

3階のオフィスエントランス。植栽を多く配置する（資料：渋谷二丁目17地区市街地再開発組合、東急）

そこで渋谷ヒカリエから渋谷アクシュ、さらにはその先で再開発が計画されている「渋谷2丁目西地区」や既存の「渋谷クロスタワー」へのアクセスを容易にする。宮益坂に連なる路面店などとも行き来をしやすくし、その先の青山通りを抜けて青山方面にも人の流れを促す。

### アクシュの思いを外装デザインに

渋谷アクシュという名称には、「A（青山）」と「SH（渋谷）」をつなぐ「X（クロス）」という意味を込めた。街をつなぐことで、異なる人々や文化が「握手」する。

21年12月に着工しており、建物はほぼ完成している。高層部の外装（ファサード）には、渋谷アクシュを結節点とする周辺道路との交わりを表したデザインを採用しているのも確認できる。

渋谷駅東口エリアにおける歩行者動線の要になろうとしている渋谷アクシュは、複数の屋外広場や緑あふれる屋内空間づくりで人々を引き付ける。長く滞在してもらうための工夫だ。地上階には渋谷ヒカリエ側と青山側に広場を設ける。

地上1～2階のアトリウムや3階のオフィスエントランスには、植栽を多数配置して緑の空間を創出する。

**1**所在地 **2**発注者、事業者 **3**設計者 **4**施工者 **5**竣工時期 **6**オープン時期 **7**主構造 **8**階数 **9**延べ面積

▶ 渋谷マルイ 建て替え

完成予定 26年

# 本格的な木造商業施設に変身 設計リードデザイナーは英フォスター

丸井グループは2022年5月27日、東京都渋谷区にある商業施設「渋谷マルイ」を木造主体の商業施設として建て替え、26年に開業する予定だと発表した。設計のリードデザイナーに、英フォスター・アンド・パートナーズ（Foster + Partners）を起用。世界的に有名な建築設計事務所が日本で、環境に配慮した大規模木造に挑戦する。

渋谷マルイは、1971年に開業した渋谷を代表するファッションビルだ。約50年を経て、2022年8月に営業を終了した。その後、建物の解体および新築工事を進めている。

フォスター・アンド・パートナーズでシニアエグゼクティブパートナーを務めるデビッド・サマーフィールド氏は、「渋谷スクランブル交差点近くで、持続可能なプロジェクトに取り組めることをうれしく思う。木造は建築における二酸化炭素（$CO_2$）排出量を大幅に削減すると同時に、来訪者に温かくオープンな体験を提供できる」とコメントした。

建て替え後は、「将来世代の未来を共に創る」を象徴する店舗を目指す。出店テナントはサステナビリティーや環境負荷の軽減に意欲的な企業を集める。渋谷で新しい顧客体験を提供していくという。

### 構造の60%に木材を使用

新たな渋谷マルイは、地下2階・地上9階建て。売り場面積は約2800m²になる予定だ。構造の約60%に木材を使用する。木造の混構造になる。

鉄骨造で建て替えた場合と、木造主体で建て替えた場合とを比べると、新たな渋谷マルイは$CO_2$排出量を約2000t削減できる見込みだ。他にも、自然由来の建材やエネルギーを効果的に用いる。

建て替え後の「渋谷マルイ」の外観イメージ（資料：丸井グループ）

地上出入り口。木を感じられる空間を随所に設ける（資料：丸井グループ）

**1**東京都渋谷区神南1-22-6 **2**丸井 **3**Foster+Partners（リードデザイナー）、三菱地所設計（実施設計） **4**戸田建設・住友林業JV **5**26年2月 **6**26年 **7**SRC造、RC造（地下）、木造、S造（地上） **8**地下2階・地上9階 **9**6850.16m²

20年

東京メトロ銀座線渋谷駅

# M形アーチで魅せる無柱駅舎

## 渋谷の公道上空で電車を走らせながら新駅を築く

東京メトロ銀座線の渋谷駅が開業82年目にして生まれ変わり、2020年1月から運用を始めた。新しいプラットホームは、全て形が異なる45本のM形アーチが連なる無柱空間だ。

2.5m間隔で並ぶ45本のM形アーチが支える無柱空間。プラットホームの幅は最大12m。銀座線渋谷駅の1日の乗降客数は約22万5000人（2018年度）
（写真：全て吉田 誠）

2020年1月3日、東京メトロ銀座線の新しい渋谷駅の運用が始まった。幹線道路の明治通りと駅前広場の上空の新駅舎は長さ110m。全体がアルミパネルとガラスに包まれている。

銀座線の高架橋をつくり直し、7本あった橋脚を3本に集約。架け直した鋼製桁の上に新しい駅舎を建てた。JR山手線をまたぎ、東急百貨店東横店西館3階にあった旧駅舎から東に約130m移動した。

「1938年12月の開業以来、百貨店内に駅があったため大規模な改修ができなかった。渋谷駅周辺の再開発と連動した今回の移設によって、安全確保や混雑緩和、バリアフリー化、トイレの設置など、長年の課題を解消できる」。渋谷駅を整備した東京地下鉄鉄道本部工務部第二建築工事所長の三丸力氏はそう話す。

旧駅は、乗降ホームが分かれた相対式2面2線の構造。2つのホームを合わせても幅7mしかなく、混雑が常態化していた。新駅はホームの両側に線路がある島式1面2線となり、ホーム幅は12mに広がった。白く塗装されたM形の鋼製アーチが2.5m間隔で45本並ぶ無柱の大空間だ。

「東口駅前広場は空間ボリュームが小さい。普通の駅舎は四角い箱形で考えるが、跨道橋（こどう）も近接しているので、アーチ形状にしてボリュームを抑え、東口駅前広場に少しでも多く日が当たるようにした」。駅舎の設計を手掛けた内藤廣建築設計事務所代表の内藤廣氏は、そう説明する。

**長さ110mの地下鉄高架駅**
手前の明治通りと、整備中の東口駅前広場の上空に架かる高架駅。上屋の長さは110m。駅舎の右に見えるのは旧駅が入る東急百貨店東横店西館。2020年3月31日で閉店し、渋谷スクランブルスクエア第2期（中央棟）に建て替えられる

**公道上の構台から架設**
45本のアーチは、明治通り上空に設けた工事用の構台から夜間に架設した。写真は北東から見た現場。アーチの架設が終盤を迎えた2019年3月に撮影

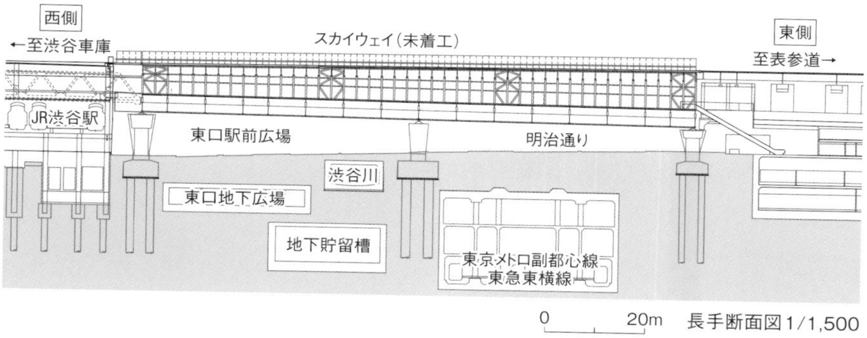

長手断面図1/1,500

## M形アーチで難題を克服

アーチの形状が一般的な円弧ではなくM形になったのは、駅舎を取り巻く様々な条件を合理的に解ける構造の在り方を追求した結果だ。

新駅舎は意外に複雑な形をしている。長さ110mの上屋の幅は、線路の線形の関係で、西から東に向けて25mから20mまですぼんでいく。

断面も変則的だ。西から東に向けて、線路は下り勾配、屋根は上り勾配なので、上屋は西側ほど平たくなり、東側ほど膨らむ。線路の勾配に屋根が合っていないのは、将来、屋根上に歩道が整備されるためだ。

旧駅があった東急百貨店東横店西館は、2027年度にも「渋谷スクランブルスクエア第2期（中央棟）」に建て替える。駅舎の屋根は、その中央棟と東側の渋谷ヒカリエ（12年完成）をつなぐ新しい歩行者動線となる。

「断面形状が連続的に変化していく屋根に歩道の荷重がかかるという条件が、アーチ形状を決めるカギになった」。構造設計を担当したKAP代表の岡村仁氏は、そう振り返る。

歩道のレベルや荷重、電車の建築限界などを踏まえて解析すると、円弧状のアーチを成立させるのは難しかった。「いろいろと検討した結果、円弧の頂部をへこませると、うまく力を処理できた」（岡村氏）。岡村氏が行き着いたM形アーチの案に、「頂部が張弦梁のような構造になり合理的だった。東京メトロのMにも通じて面白い」と、内藤氏も賛同した。

▶▶ 東急プラザ原宿「ハラカド」

24年

# 東急不動産が原宿の交差点に商業施設 ガラス張りの外装デザインは平田晃久氏

東急不動産は、同社と神六再開発が共に推進している「神宮前6丁目地区第1種市街地再開発事業」で、2024年4月17日に商業施設「東急プラザ原宿『ハラカド』」を開業する。神六再開発は東急不動産と東京地下鉄（東京メトロ）が共同出資している会社である。

ハラカドは敷地面積が約3085m²、延べ面積が約1万9940m²。75店舗が出店する。構造は鉄骨造、鉄筋コンクリート造。設計は日建設計、施工は清水建設、東急Re・デザイン、商環境デザインは乃村工芸社がそれぞれ担当している。

外装と屋上のデザインは平田晃久建築設計事務所、屋上のランドスケープデザインは「SOLSO（ソルソ）」ブランドで造園業を営むDAISHIZEN（ダイシゼン）、全体のデザインマネジメントは日建設計とマイオ建築研究所が手掛けた。

東急不動産は23年5月、報道陣にハラカドの外装および屋上と地下を公開した。外装は三角形や四角形など様々な形のガラスを組み合わせて凹凸を付け、街に強いインパクトを与えている。

よく見ると、角度を付けた凹凸部分とフラットな部分が混在している。凹凸部分には原宿の街並みや交差点を行き交う人々が映り込み、フラットな部分からは建物内部のにぎわいが透けて見える。

原宿の街に姿を現した開業間近な商業施設「東急プラザ原宿『ハラカド』」。交差点越しに「東急プラザ表参道原宿」（「オモカド」へ改称予定）と向かい合う。2024年3月時点（写真：2点とも北山 宏一）

ハラカドは地下3階・地上9階建てで、7階の屋上テラスが交差点に向かって下る階段状になっている。屋上には多様な草木を植えており、交差点からは背の高いシダなどがよく見える。植物の種類は「生命力を感じさせるものを中心に選定している」（東急不動産の担当者）という。

### 地下1階に老舗銭湯が入居

ハラカドにはユニークな施設が入居する。毎日ハラカドに通ってほしいとの思いから、地下1階に設ける銭湯だ。東京・高円寺にある老舗銭湯「小杉湯」がプロデュースする「小杉湯原宿」である。

ハラカドは原宿にある神宮前交差点の南西角に位置する。一方、同じ交差点の北東角には「東急プラザ表参道原宿」（12年竣工、設計は中村拓志&NAP建築設計事務所と竹中工務店）がある。こちらはハラカドの開業に合わせて、「東急プラザ表参道『オモカド』」に改称する。

▶▶ 原宿クエスト 建て替え

完成予定 25年

# デザインアーキテクトはOMA重松象平氏 表参道と奥原宿の二面性を建物で表現

NTT都市開発は2022年10月26日、JR原宿駅近くの商業施設「原宿クエスト」の新築工事に着手したと発表した。旧原宿クエストは21年10月に閉館しており、新施設は25年春に竣工予定だ。

デザインアーキテクトには、OMAの米ニューヨークオフィスで代表を務める重松象平氏を起用。設計はNTTファシリティーズ、施工は熊谷組が手掛ける。

新施設は地下2階・地上6階建てで、構造は鉄骨造、一部鉄骨鉄筋コンクリート造・鉄筋コンクリート造。低層棟と高層棟で構成する。敷地面積は約1960m²、延べ面積は約7800m²だ。施設には、物販や飲食などの店舗、オフィスなどが入る。

## 表と奥を「等価」に捉える

表参道側の外観は垂直性と透明性を意識したデザインとする。パサージュ（敷地内通路）を抜けた先には、「奥原宿」のスケールに合わせた小さな店舗や広場などを配置。施設に二面性を持たせる。

奥原宿とは、表参道や竹下通りなどの通りから一歩入った、路地が入り組んだエリアを指す。

重松氏は、「原宿クエストは表参道と奥原宿をつなげて一体化する初めての建築になる。真っすぐな並木道が続く表参道沿いには大型店が多く、奥原宿は細いストリート沿いに個性的な小型店がひしめき合う。この原宿の二面性を『等価』に捉えて接続したい」とコメントしている。

施設全体を表参道と奥原宿をつなぐ「道」のような施設にすることで、奥原宿まで来街者をいざなう。

ランドスケープデザインは、ランドスケープ・プラスが担当。近くに明治神宮の杜（もり）やケヤキ並木が広がるエリアでもあるため、特に明治神宮の植生を反映させながら植栽計画を検討する。

NTT都市開発は20年に、JR原宿駅前と竹下通りを結ぶ複合施設「WITH HARAJUKU（ウィズ原宿）」を開業した。原宿クエストはその近くで、原宿周辺の幹線道路側から街の内側に人を呼び込む。原宿全体を活性化する狙いは共通している。

表参道側から見た新しい「原宿クエスト」の外観イメージ（資料：NTT都市開発）

表参道と奥原宿をつなぐパサージュ（資料:NTT都市開発）

▶▶ 新秩父宮ラグビー場（仮称）

完成予定 27年

# 新スタジアムは屋根付きの全天候型 価格評価点で鹿島グループが圧倒

日本スポーツ振興センター（JSC）は2022年8月22日、東京・神宮外苑で実施する「新秩父宮ラグビー場（仮称）整備・運営等事業」の主体を選ぶ一般競争入札の結果を公表。入札した3グループのうち、鹿島を代表企業とし、三井不動産と東京建物、東京ドームで構成する「Scrum for 新秩父宮」（以下、鹿島グループ、新会社名は秩父宮ラグビー場）を選定した。落札額は約82億円。24年に着工、27年12月末の供用開始を目指す。

鹿島グループが提案した屋根付きの全天候型スタジアムは地下1階・地上7階建てで、延べ面積は約7万m²。収容人数はラグビー大会開催時に約1万5500人、イベント開催時は約2万500人の計画だ。

JSCの松坂浩史理事は記者会見で、「機能性や環境配慮などについての評価が高かった」と説明した。

新ラグビー場の1期工事終了時の外観イメージ（資料：秩父宮ラグビー場）

### 施設整備費は約489億円

新ラグビー場は、現在の明治神宮第二球場を解体して建設する（1期工事）。その後、明治神宮野球場を解体して、新スタジアムの外構などを整備する（2期工事）。1期工事は27年12月末、2期工事は34年5月末に完了する予定だ。

JSCは秩父宮ラグビー場の移転整備に向けて22年1月、BT（Build Transfer）方式と公共施設等運営権（コンセッション）方式のPFI（民間資金を活用した社会資本整備）を採用した公募を開始。運営期間は30年とした。BTコンセッション方式のPFIを採用したのは、国の施設では初めてだ。

鹿島グループの入札額は、施設整備費の489億2000万円と秩父宮記念スポーツ博物館の維持管理費の約4億2000万円の合計から、運営権対価である約411億6000万円を差し引いた約82億円。他のグループに価格評価点で圧倒的な差をつけた。

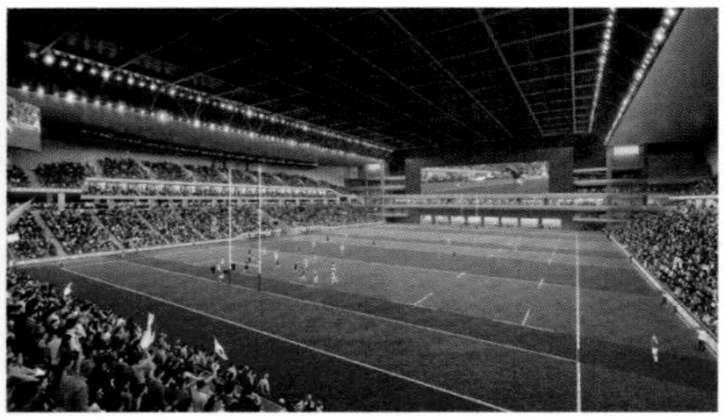

イベントにも使いやすい「全天候型」にする。鹿島グループの構成企業は、鹿島と三井不動産、東京建物、東京ドーム。その他、協力企業として松田平田設計や読売新聞東京本社、日本テレビ放送網、エイベックス・エンタテインメント、ニッポン放送、ソフトバンク、鹿島建物総合管理、ALSOK常駐警備、東京ドームファシリティーズ、東京不動産管理が参加（資料：2点ともScrum for 新秩父宮）

自由が丘1丁目29番地区第1種市街地再開発事業

完成予定 26年

# しゃれた自由が丘は復活するか ヒューリックや鹿島が駅前に15階建て

建物の老朽化があちこちで顕在化している東京都目黒区自由が丘が「しゃれた街並み」を取り戻そうと、駅前の再開発に乗り出している。そのリーディングプロジェクトとして新築工事が進むのが、「自由が丘1丁目29番地区第1種市街地再開発事業」である。

自由が丘駅前に中規模の複合施設を建設し、2026年7月の竣工を計画している。開業も26年中になると見られる。24年3月時点で、対象街区にあった既存建物の解体工事はほぼ完了した。新築の基礎工事が始まっている。

東京都が03年に制定した「東京のしゃれた街並みづくり推進条例」に基づく「街区再編まちづくり制度」を活用。既成市街地の再生を目指す。

自由が丘駅の駅前広場（手前）に面する「自由が丘1丁目29番地区第1種市街地再開発事業」の複合施設イメージ（資料：自由が丘一丁目29番地区市街地再開発組合、ヒューリック、鹿島）

東急電鉄自由が丘駅の駅前広場に面する北側の街区で、立地は抜群だ。事業者は自由が丘一丁目29番地区市街地再開発組合で、ヒューリックや鹿島が参加組合員に名を連ねる。総事業費は約344億円を見込む。

施設の設計は久米設計、施工は鹿島が手掛ける。構造は鉄筋コンクリート造。鹿島は「施設開業後も事業者の1社として地権者と共に関わり続ける」（鹿島開発事業本部事業部の丸茂嶺介課長）。

施設は地下3階・地上15階建てで、

自由が丘駅から見た駅前広場と今回の複合施設（右手）のイメージ。施設の大きさが際立っている（資料：自由が丘一丁目29番地区市街地再開発組合、ヒューリック、鹿島）

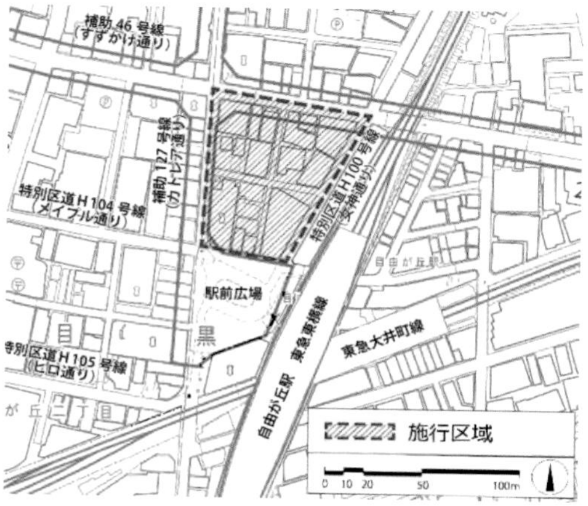


施設の位置図。東急東横線と東急大井町線が交わるターミナルである自由が丘駅の目の前という好立地（資料：自由が丘一丁目29番地区市街地再開発組合、ヒューリック、鹿島）

高さが約60m。都内のあちこちで進む大規模な再開発事業に比べると、小ぶりだ。

それでも小規模の建物が所狭しと並ぶ自由が丘の街で、駅前広場に面する約3900m²の敷地に15階建ての新築ビルが立つインパクトは大きい。駅前の風景が一変する。延べ面積は約4万6000m²で、店舗やオフィス、住宅、駐車場などで構成する。

自由が丘といえば、ファッションや雑貨、スイーツ、カフェなどの店舗が立ち並ぶ、女性やカップルに人気の街である。知名度は非常に高い。

だが昨今は近隣で大規模な再開発が幾つも進み、特に子育て世代は同じ東急沿線では二子玉川や武蔵小杉などに流れる傾向が強まっていた。

再開発では施設の低層部に店舗を誘致し、ショッピング街や飲食街として再生を図る。さらに高層部には約170戸の賃貸住宅を配置する。階下に数多くの店舗が集まり、自由が丘駅が目の前という便利なロケーションで暮らせる。

鹿島開発事業本部再開発コーディネート部の小島将担当部長は、「最近の再開発プロジェクトでは、大きな広場を設けるのが主流になっている。だがこの事業は駅前広場に面するので、自前の広場は最小限に抑える。代わりに店舗を充実させて、買い物客で駅前が商業的なにぎわいを維持できる方向性を模索した」と明かす。駅前広場では以前から、地元のお祭りやイベントが開催されている。

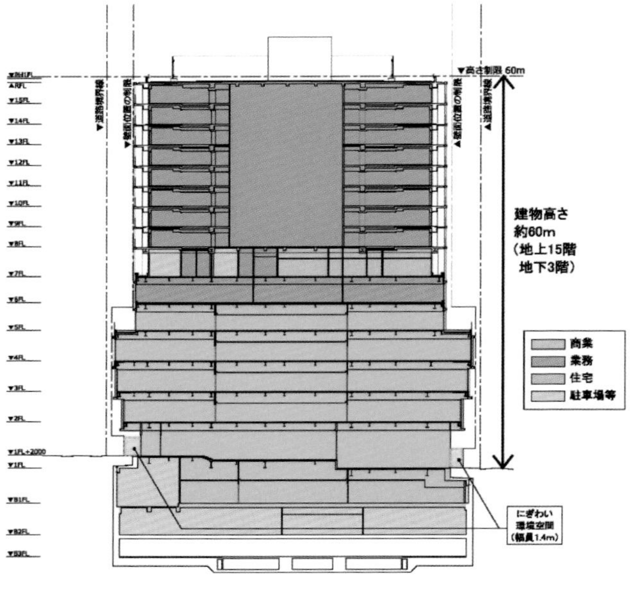


**施設の断面イメージ。低層部に店舗、中層部に1フロアだけオフィスを挟み、上層部が賃貸住宅になる（資料：自由が丘一丁目29番地区市街地再開発組合、ヒューリック、鹿島）**

## 道幅の狭さを再開発で解消

自由が丘は建物の老朽化だけでなく、道幅の狭さという長年の課題を抱えてきた。バスは狭い道路を通って、バスロータリーにもなっている駅前広場に乗り入れている。

バスが来ると道の大部分が塞がれてしまい、歩行者にとっては危険である。ベビーカーを使う家族連れなどが自由が丘を離れていく一因になっている。一方通行の道路も多い。街を南北に分断する踏切もある。

事業者は目黒区と連携し、今回の再開発を皮切りに道路の拡幅や車歩分離を進める。完成までの道のりは長いが、自由が丘駅周辺の再開発は今後、隣接する街区に広がっていきそうだ。

自由が丘1丁目29番地区第1種市街地再開発事業の特徴は、施設内の1階に南北と東西に抜けられる「貫通通路」を設けることだ。また、1階を周辺道路からセットバックし、敷地の周囲に歩行者通路や店舗軒先のにぎわい環境空間を整備する。

敷地の北側と西側にある道路は将来的に、拡幅される計画になっている。この事業では北側道路の拡幅に備えた開発をする。

周辺道路の無電柱化も先行して実施。少しでも歩きやすくすることで、歩行者の利便性や安全性を高める。

駅前はトラックの乗り入れにも不便で、路上駐車すると道幅を一層狭めることになっていた。そこで施設北側の地下に地域共同の「荷さばき場」を設け、地元に貢献する。

道幅が狭く、駐車場も限られるため、自由が丘は車でのアクセスには不向きだった。そこで、施設の地下には賃貸住宅の入居者だけでなく、一般の人も利用できる約150台分の駐車場を設ける。

23年10月には今回の街区の西方向、自由が丘2丁目にイオンモールが運営する商業施設「JIYUGAOKA de aone」が開業した。大手資本が入り、街に変化の兆しが見え始めている。

**公園** 代々木公園Park-PFI計画

完成予定 25年

# 渋谷と原宿を結ぶ通りに公園施設 東急不動産が「広域渋谷圏」を構築

東急不動産は東急と共に、渋谷駅から半径2.5km圏内を「広域渋谷圏(Greater SHIBUYA、グレーターシブヤ)」と定義している。東急グループにとって最重要エリアを指す。

両社は渋谷を中心に複数の大規模再開発を進めている。その第2フェーズといえる「Greater SHIBUYA 2.0」(以下、2.0)を展開中だ。第1フェーズは渋谷駅に比較的近いプロジェクトが主体だったが、2.0では面的にも質的にも大幅に拡大する。

東急不動産は広域渋谷圏で公園整

「代々木公園Park-PFI計画」のイメージ(資料:東急不動産)

■事業コンセプト

STAGES IN THE PARK
来園者が相互に感性を刺激し合う舞台を整備することで、自分らしく輝くことができる公園を創出

平面図

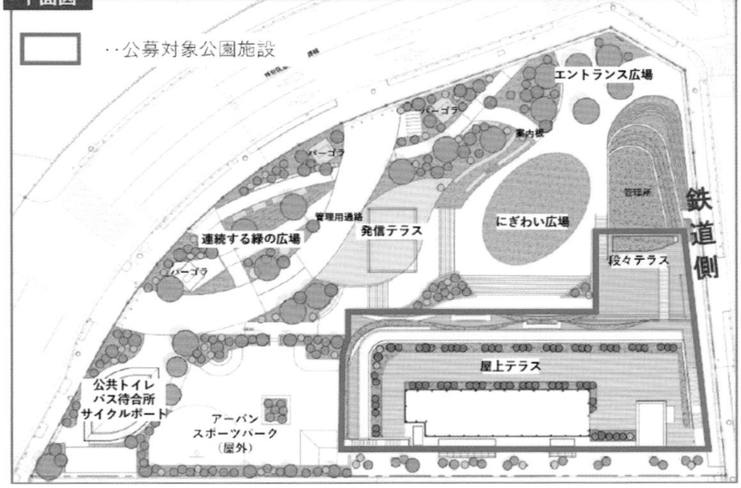


■公募対象公園施設　赤字:今回変更箇所

| 階層 | 公園施設種別(業種・業態) | 構造・階数 | 建築面積 |
|---|---|---|---|
| 1階 | 便益施設(フードホール、フード&ショップ等) | 鉄骨造(一部RC造)地下1階・地上3階建 | 約1,050㎡ |
| 2階 | 便益施設(カフェ、アーバンスポーツパーク&観覧スペース&ショップ、フード&ショップ、菜園等) | | |
| 3階 | 便益施設(多世代健康増進スタジオ、ランニングステーション、こども預かり・体験サービス) | | |
| 屋上 | 便益施設(BBQ) | | |

■特定公園施設

| 施設名称 | 面積 |
|---|---|
| アーバンスポーツパーク(屋外) | 約350㎡ |
| 広場(にぎわい広場) | 約330㎡ |
| 野外ステージ(発信テラス) | 約100㎡ |
| パーゴラ・野外卓 | 約10㎡×3基 |
| 管理所 | 約130㎡ |
| トイレ | 約50㎡ |

2023年3月に認定された施設の変更箇所(資料:東京都)

代々木公園の原宿駅側につくるメインエントランスのイメージ（資料：東急不動産）

東急グループは代々木公園に近い「渋谷区立北谷公園」で、渋谷区初のPark-PFI事業を展開中（写真：日経クロステック）

備・管理運営事業に乗り出している。同社を代表とする「代々木公園STAGES」は、東京都が実施する都市公園法に基づく公募設置管理制度（Park-PFI）において、2022年1月25日付で「代々木公園整備・管理運営事業」（以下、代々木公園Park-PFI計画）の認定計画提出者となった。同年3月31日には、都とこの事業に関する実施協定を締結している。

「渋谷サクラステージ」や「東急プラザ原宿『ハラカド』」、代官山町で開発した住宅主体の複合施設「フォレストゲート代官山」に「代々木公園Park-PFI計画」を加えた4つが、東急不動産にとって2.0の中核になる。渋谷駅を中心に北は原宿から南は代官山までの範囲を、この4つでカバーする。

4つのプロジェクトの中でも代々木公園Park-PFI計画は、渋谷と原宿を結ぶファイヤー通りの中間地点に位置する公園施設が対象である。面的な広がりは圧倒的に大きくなる。

25年2月の供用開始に向けて、渋谷区神南1丁目で公園施設の建設が進む。代々木公園STAGESの構成企業には東急不動産の他に、東急と石勝エクステリア、東急コミュニティーが名を連ねている。

そもそもPark-PFIとは、都市公園において飲食店や売店といった公園利用者の利便性向上につながる公園施設（公募対象公園施設）の設置と、施設から得られる収益で周辺の園路や広場などの公園施設（特定公園施設）の整備を一体的に行う民間事業者を公募で選定するものだ。都市公園法で定められた制度である。

### 公園施設の計画変更で1年先延ばし

対象となる敷地面積は約4200m²で、公募対象公園施設は地下1階・地上3階建て。構造は鉄骨造、一部鉄筋コンクリート造。延べ面積は約2500m²である。施設には店舗やスポーツ施設、学童支援施設などができる。

代々木公園Park-PFI計画は23年3月31日に、認定公募設置等計画の変更があった。代々木公園STAGESが公募対象公園施設の一部見直しを都に申請して認定された。工事の完了時期が、当初の24年3月から25年1月にスケジュール変更されたばかりだ。供用開始が25年2月になったのは、そのためである。

公募対象公園施設は屋内の階段が屋外になったり、屋根がなかったテラスに屋根が付いたりする。ショップや飲食店、子ども向けサービス施設の内容や配置も、一部変更になっている。管理所の位置や面積も変更された。これらに伴い、運営収入を再算定して収支計画を修正した。

東急グループは代々木公園に近い「渋谷区立北谷公園」で、同区で初めてとなるPark-PFI事業を手掛けている。そのノウハウを代々木公園Park-PFI計画に生かしていく。

広域渋谷圏を構成する代官山町の複合施設「Forestgate Daikanyama（フォレストゲート代官山）」。高級賃貸住宅や商業施設などから成るMAIN棟の基本設計は、隈研吾建築都市設計事務所。23年10月に開業（写真：東急不動産）

▶▶ 公園 都立明治公園

23~24年

# 都立公園初のPark-PFI開始 国立競技場南側の「前庭空間」

東京都立の公園で初めて公募設置管理制度（Park-PFI）を活用した「都立明治公園」が2023年10月31日に一部開園した。整備したのは、東京建物を代表とする団体「Tokyo Legacy Parks」だ。

24年1月には店舗などが開業し、グランドオープンを迎えた。都会の真ん中で自然と身近に触れ合える開放的な空間が誕生した。

Tokyo Legacy Parksを構成するのは、東京建物に加え、三井物産と日本工営都市空間、西武造園、読売広告社、日テレ アックスオンの6社。事業コンセプトを「世界に誇れる、東京という都市の“レガシー”となる公園を創り、責任を持って持続的に運営、希望と誇りと共に次世代へ継承」とする。

都が明治公園の指定管理者としてTokyo Legacy Parksを選定したのは、23年5月30日のこと。指定期間は23年10月31日から33年2月28日までの9年5カ月だ。

明治公園は1964年に開園したが、国立競技場の建設などを契機に再編することになった。公園の周囲には、国立競技場や東京体育館、明治神宮野球場などのスポーツ施設が集積している。Park-PFIの事業対象地は、国立競技場の南側に位置する1万6179$m^2$の「前庭空間」といえる場所だ。事業終了は2043年2月を予定している。

開園した「都立明治公園」
（写真：Tokyo Legacy Parks）

公園は国立競技場の目の前に位置する(写真:Tokyo Legacy Parks)

ステップガーデン（写真：Tokyo Legacy Parks）

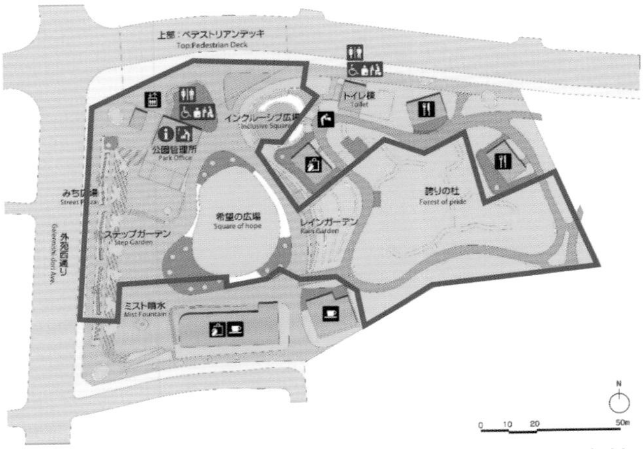



公園の配置図。青線は2023年10月31日に開園した範囲（資料：Tokyo Legacy Parks）

東京建物と東京建物リゾートが立ち上げた都市型スパ施設「TOTOPA都立明治公園店」も24年3月に開業した（写真：東京建物）

23年に開園した主なエリアは、「希望の広場」「みち広場」「インクルーシブ広場」と呼ばれる3つの広場と、植林地の「誇りの杜（もり）」だ。管理棟やトイレ棟といった特定公園施設の他、レインガーデンなども整備した。

## 国立競技場に隣接する広場

明治公園のシンボルとなる希望の広場は、約1000m$^2$にわたって国立競技場と同じ天然芝を採用している。広場を囲むように設置したベンチやデッキは客席としても使用可能で、多彩なイベントに対応できる。

外苑西通りに面したみち広場は渋谷川をモチーフに、せせらぎや草土手などを整備した。円形デザインのインクルーシブ広場には人工芝を敷き、取り外しできる遊具を設けた。

誇りの杜は敷地が約7500m$^2$と広大だ。杜の指南役として、東京農業大学の濱野周泰客員教授が参画。約60種・約700本の常緑樹や落葉樹を植栽した。

24年1月には、カフェやリラクゼーション施設、レストラン、アウトドアアクティビティーショップなどが開業した。店舗は5棟の建物に入居する。

東京建物の担当者は「開園直前の23年10月22日に、地元の方々と園内で植樹イベントを実施した。事業期間が終わった後まで視野に入れている。施設は分棟配置とし、撤去しても園内に大きな空白地が生まれないようにした。長く愛されるような公園にしたい」と意気込む。

公共トイレ THE TOKYO TOILET

20~23年

# 映画にもなった渋谷区の新名所 話題の公共トイレ全17カ所一覧

日本財団が東京都渋谷区にある合計17カ所の公共トイレを刷新する「THE TOKYO TOILET（ザ トウキョウ トイレット）」。その建て替えが2023年3月に完了した。著名な建築家らがデザインした個性的な公共トイレを全て紹介する。設計・施工は大和ハウス工業が手掛けた。23年12月には、これらのトイレで撮影した役所広司主演の映画「PERFECT DAYS」が公開された。

**（写真：特記以外は日経クロステック、図中敬称略、レイアウト資料：全て日本財団）**

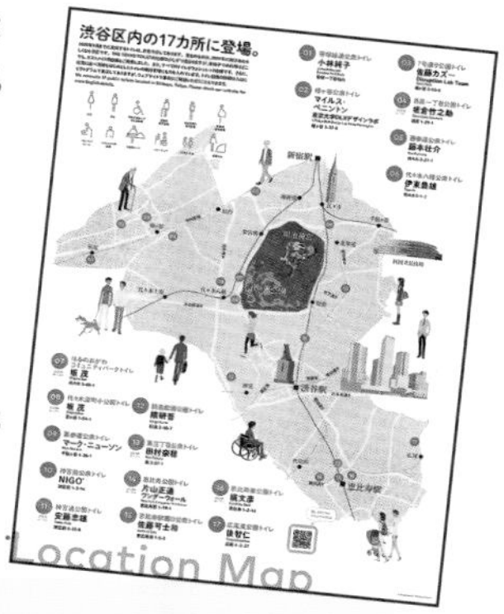


**渋谷区内で建て替えられた公共トイレ17カ所の位置（資料：日本財団）**

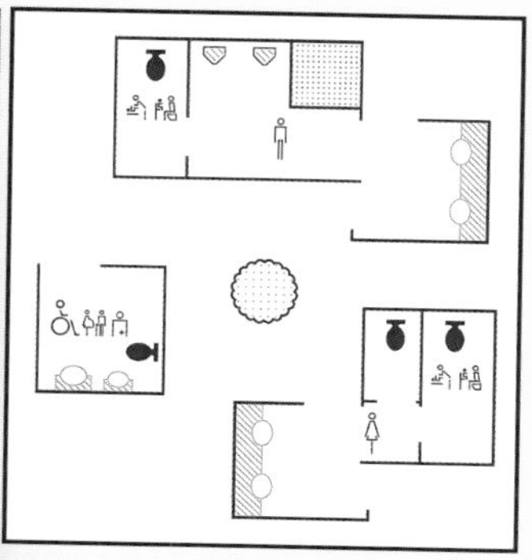

## 恵比寿東公園トイレ

休憩もできる公園内のパビリオンを目指した。分散配置したトイレを中庭でつなぎ、全体に薄い屋根を架けた。住宅のようなたたずまいをしており、ベンチもある。公園にある赤いタコの遊具とは対照的な、白い外観。通称「タコ公園」に出現した「イカのトイレ」として親しまれることが狙い。

**1** 槇 文彦 **2** 建築家 **3** 20年8月7日 **4** 恵比寿1丁目

（写真：永禮 賢、提供：日本財団）

## 神宮通公園トイレ

風通しがいい縦格子の外壁と、雨宿りできる大きな屋根庇が特徴。円筒形で、出入り口が正面と裏側の両方にある。格子の間から内部通路が見え、光が差し込むので人が隠れにくい。

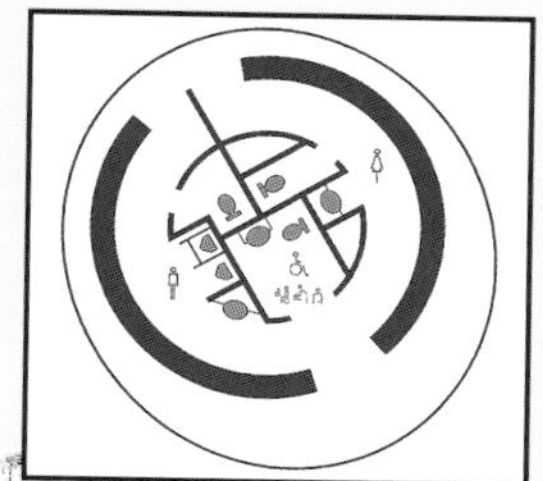

**1** 安藤 忠雄 **2** 建築家 **3** 20年9月7日 **4** 神宮前6丁目

（写真：永禮 賢、提供：日本財団）

## 代々木八幡公衆トイレ

地面からキノコが生えたような円柱形をした、独立の3棟構成。トイレ間の通路に行き止まりをなくし、安全性に配慮。外壁は丸いタイル張りで、地層のような模様を表現している。

**1** 伊東 豊雄 **2** 建築家 **3** 21年7月16日 **4** 代々木5丁目

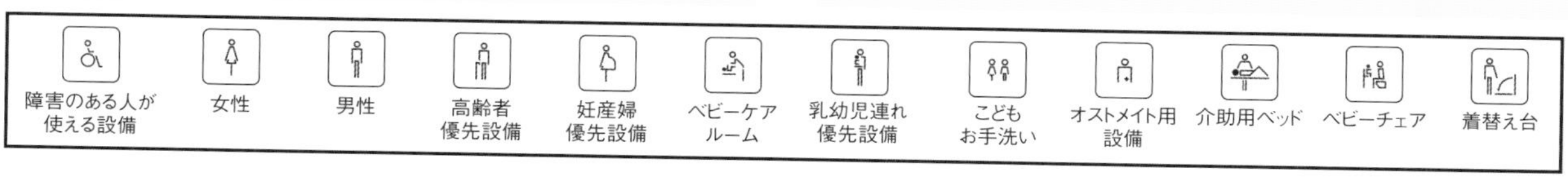

## 西原一丁目公園トイレ

小さいが、白と緑のコントラストで目立つ外観。夜は建物全体をライトアップし、防犯にも役立つ公園の照明のような存在。

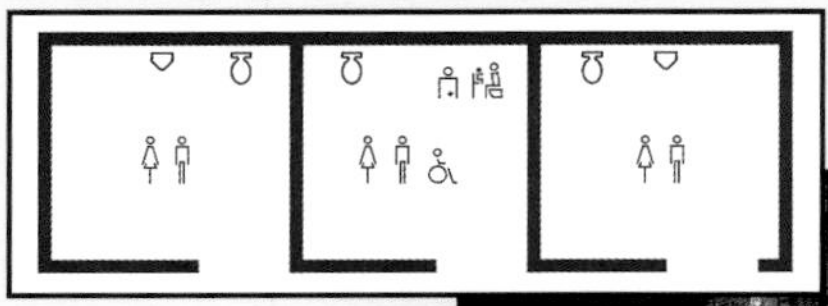

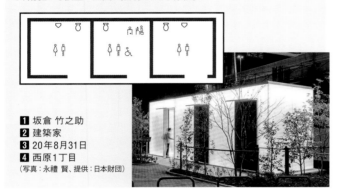

**1** 坂倉 竹之助
**2** 建築家
**3** 20年8月31日
**4** 西原1丁目
（写真：永禮 賢、提供：日本財団）

## 鍋島松濤公園トイレ

5つの個室（小屋）を分棟とし、車椅子利用者やオストメイト用など機能を明確にした。個室は耳付きの吉野杉の板ルーバーで覆った。森の中にある集落のようなイメージ。

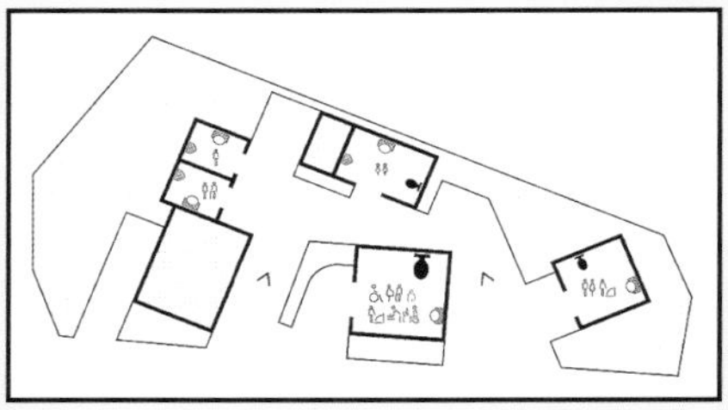

**1** 隈 研吾
**2** 建築家
**3** 21年6月24日
**4** 松濤2丁目

## 西参道公衆トイレ

トイレの手前に「公共の水場」として、複数の蛇口が並ぶ手洗い場を設けた。真っ白な器のような曲線形の外観で、街中に水をたたえる泉を出現させる試み。

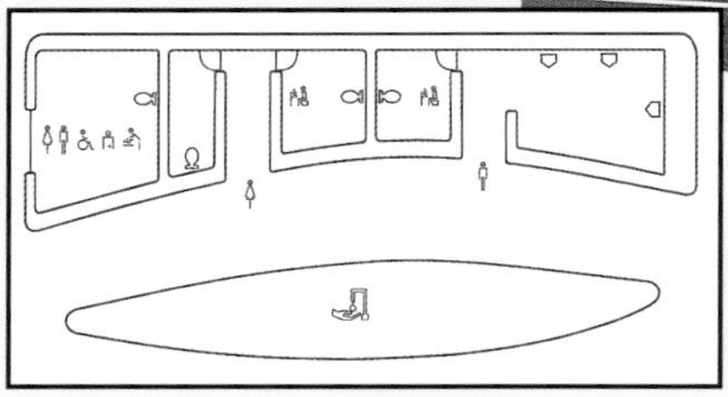

**1** 藤本 壮介
**2** 建築家
**3** 23年3月24日
**4** 代々木3丁目

## 笹塚緑道公衆トイレ

駅前立地だが、真上を電車が走る高架下の変形地に立つ。耐候性鋼板で外壁を覆って建物をさびから守り、長持ちさせる。

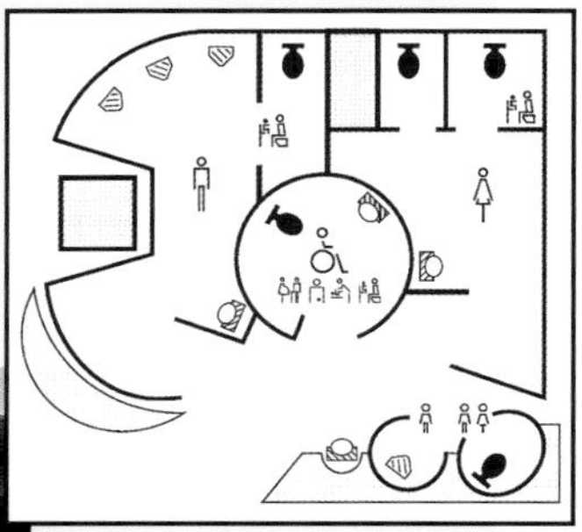

**1** 小林 純子
**2** 建築家、日本トイレ協会会長
**3** 23年3月10日
**4** 笹塚1丁目

## 東三丁目公衆トイレ

日本の贈り物文化の象徴「折形（おりがた）」を外観デザインに取り入れた。採用した赤色は、犯罪の抑止効果を期待できる警告カラー。

**1** 田村 奈穂　**2** デザイナー　**3** 20年8月7日　**4** 東3丁目
（写真：永禮 賢、提供：日本財団）

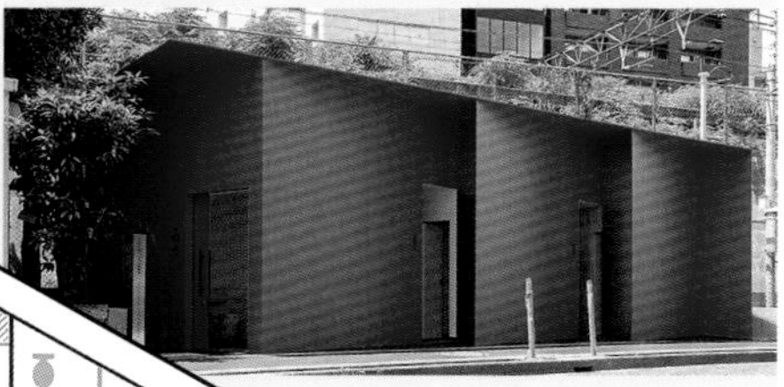

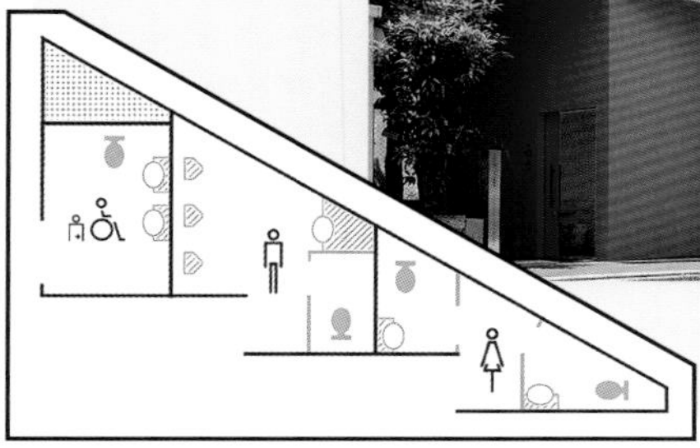

## 恵比寿駅西口公衆トイレ

人通りが多い駅前に、装飾を排した真っ白な箱のような建物を配置。地面から浮かせたルーバーで覆い、内部の気配を感じやすくした。

**1** 佐藤 可士和　**2** クリエーティブディレクター　**3** 21年7月15日
**4** 恵比寿南1丁目

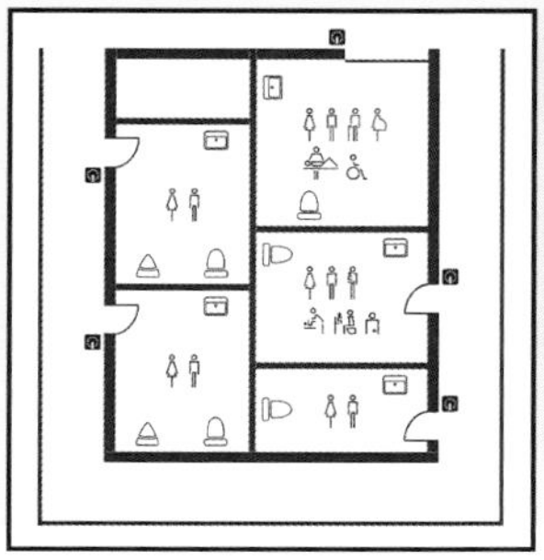

障害のある人が使える設備　女性　男性　高齢者優先設備　妊産婦優先設備　ベビーケアルーム　乳幼児連れ優先設備　こどもお手洗い　オストメイト用設備　介助用ベッド　ベビーチェア　着替え台

## 裏参道公衆トイレ

「Apple Watch」のデザイナーが、日本の伝統建築からの引用である銅製の「蓑甲（みのこ）屋根」を架けた建物。

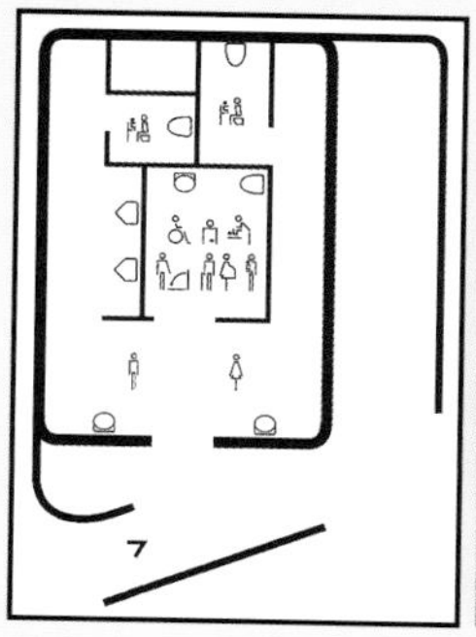

1 マーク・ニューソン　2 デザイナー
3 23年1月20日　4 千駄ケ谷4丁目

## 神宮前公衆トイレ

白壁にミントグリーンのドアや窓枠を設けたかわいらしい一軒家のような外観。入りやすさを重視している。

1 NIGO
2 デザイナー
3 21年5月31日
4 神宮前1丁目

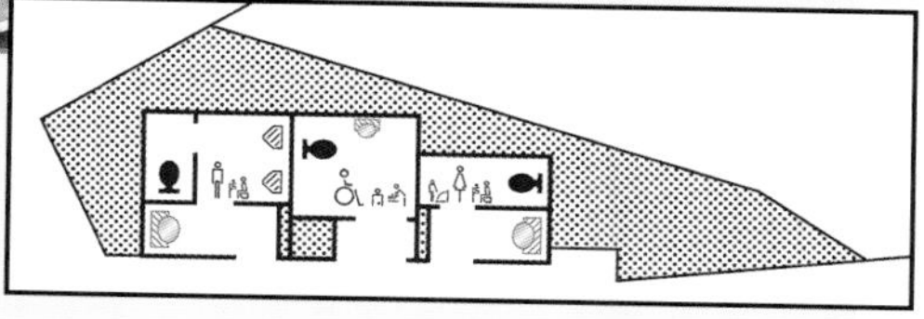

## 恵比寿公園トイレ

コンクリートの壁を15枚組み合わせた渦巻き状の形。公園にできた迷路の遊具のような存在を目指した。

1 片山 正通／ワンダーウォール
2 デザイナー
3 20年8月5日
4 恵比寿西1丁目
(写真：Kozo Takayama)

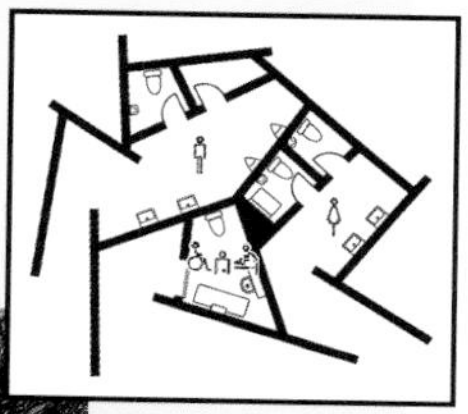

## 七号通り公園トイレ

手を使わずに利用できる、非接触のハンズフリーを追求。「水を流して」など、トイレ内の動作を音声で指示できる。

1 佐藤カズー／Disruption Lab Team
2 クリエーティブディレクター　3 21年8月12日
4 幡ケ谷2丁目（写真：永禮 賢、提供：日本財団）

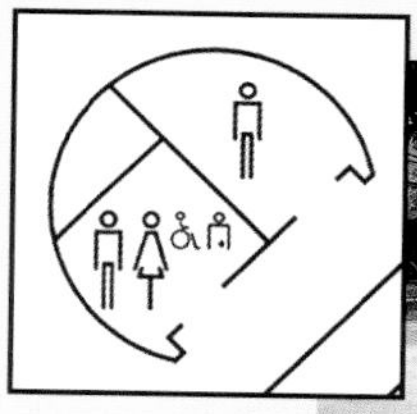

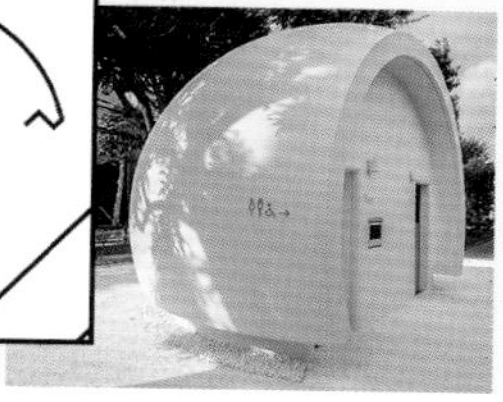

## 広尾東公園トイレ

正面はトイレそのもの、裏側は大型ディスプレーが点滅するパブリックアートのよう。建物の表裏で二面性を持たせた。

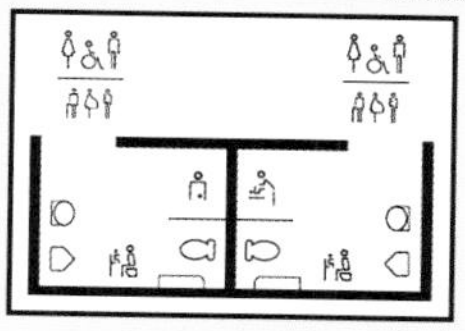

1 後 智仁
2 クリエーティブディレクター
3 22年7月22日
4 広尾4丁目

## 幡ケ谷公衆トイレ

住宅街の交差点に面した建物の中央部を、大きなパブリックスペースに充てた。目的に応じて、ベンチの配置を変えられる。

1 マイルス・ペニントン
2 東京大学DLXデザインラボ教授
3 23年2月22日
4 幡ケ谷3丁目

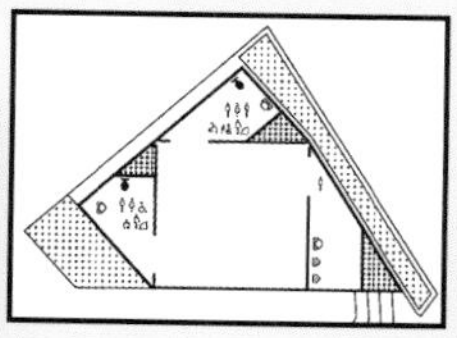

## はるのおがわコミュニティパークトイレ

内部が透けて見えるという驚きの外観で、世界的に有名になった「透明トイレ」。

1 坂 茂　2 建築家　3 20年8月5日
4 代々木5丁目

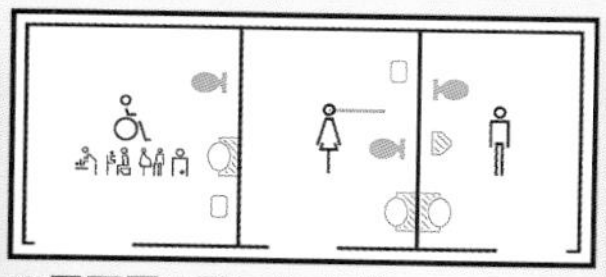

※平面図は両トイレ共通

## 代々木深町小公園トイレ

入る前に内部がきれいか、誰もいないかを外から確認できる。鍵をかけると、ガラス壁が不透明になる仕組み。

1 坂 茂　2 建築家　3 20年8月5日
4 富ケ谷1丁目

1 クリエーターの名前　2 肩書　3 供用開始日　4 場所

トラブル対応

# 話題の透明トイレが故障 冬は透明にしない運用で決着

坂茂氏がデザインした2つの「透明トイレ」。ガラス壁が不透明にならない不具合が2022年12月に発覚し、「目玉の機能」が半年以上利用できなくなった。原因は透明・不透明を生み出すガラス壁内の粒子が気温低下で固まってしまったことだ。

渋谷区と渋谷区観光協会、日本財団で構成するTHE TOKYO TOILET維持管理協議会は23年6月、年間の気温変化を踏まえて、ガラス壁の透明・不透明の運用を約半年単位で切り替えると発表した。

毎年5月中旬から10月中旬までは元の仕様に戻し、透明・不透明を鍵の開閉で切り替える。気温が下がる10月中旬から5月中旬までは、常時不透明で運用する、というものだ。

このトイレはガラスで覆われているので、個室に不審者が隠れていないかを外から確認できる。そして中に入って鍵をかけると不透明になり、内部が見えなくなる。

**寒いと不透明になるまで時間かかる**

20年8月に供用を開始したが、22年12月に鍵をかけてもガラスが不透明になるまで時間がかかるという不具合が見つかり、ネットで騒ぎになった。本来は瞬時に不透明になる仕様である。ガラス壁に通電させることで透明な状態を保ち、鍵をかけると通電が解除されて不透明になる。

ガラス壁内の粒子の働きで透明・不透明を生み出すテストを屋内でしていたときは、問題が見つからなかった。しかし、「直接外気に触れ、温度変化が激しい冬場の屋外環境で、粒子が気温低下など幾つかの条件下で固まってしまう」（日本財団）ことが判明。不透明になるまで時間がかかり、トイレの利用に支障を来した。

実は21年冬にも、同様の事象が確認されていた。維持管理協議会は粒子が固まらないよう、利用者がいないときは自動で通電と解除を繰り返す機器を設置。ガラス壁が透明と不透明を繰り返すようにしていた。

だが22年12月の騒ぎの中で、利用者から不安の声が上がった。そこで「常時、不透明な状態での運用」に切り替えた。

約半年が経過した23年6月に新ルールを発表したわけだ。

**鍵をかけるとガラス壁が不透明になる驚きのトイレ**
2022年12月にガラス壁が不透明になるまで時間がかかる不具合が発覚。23年6月までの約半年間、ずっと不透明なままの運用を強いられた（写真：日経クロステック）

第7章

# お台場 晴海 豊洲 有明

▶▶ TOYOTA ARENA TOKYO

完成予定 25年

# トヨタがお台場で挑む次世代アリーナ バスケ「Bリーグ」改革で建設ラッシュ

トヨタグループが発表した「TOYOTA ARENA TOKYO」の完成イメージ（資料：トヨタ自動車、トヨタ不動産、トヨタアルバルク東京）

お台場にあったトヨタ自動車のショールーム施設「MEGA WEB」の跡地で、TOYOTA ARENA TOKYOの建設が進む。2024年2月末時点（写真：日経クロステック）

アリーナ建設を発表する自治体や企業が相次いでいる。しかもエンターテインメント性を追求した施設が多い。アリーナの建設ラッシュを後押ししているのが、国内男子プロバスケットボールリーグ「B.LEAGUE（Bリーグ）」の構造改革である。クラブチームがどれだけ強く人気があっても、アリーナがないとトップリーグに所属できなくなる。

そんな中、トヨタ自動車がトヨタ不動産、トヨタアルバルク東京と共にアリーナ建設に乗り出した。施設名は「TOYOTA ARENA TOKYO（トヨタアリーナ東京）」。東京・お台場にあったトヨタのショールーム施設「MEGA WEB（メガウェブ）」の跡地に、1万人規模のアリーナを建設する。2025年秋の開業を予定している。

建物は地下1階・地上6階建てで、延べ面積は約3万7000m²。設計・施工は鹿島が手掛ける。24年2月末時点で、工事現場には円形の平面をしたアリーナの躯体が見え始めている。

トヨタグループはアリーナの重点テーマとして、「次世代スポーツエクスペリエンス」「未来型モビリティーサービス」「持続型ライフスタイルデザイン」を掲げる。パートナー企業と共にそれぞれの可能性を追求し、次世代アリーナを実現する。

トヨタグループのように、アリー

TOYOTA ARENA TOKYOは平面が円形をしたアリーナになる。トヨタ自動車のモビリティー技術などを観戦体験につなげる考えだ（資料：トヨタ自動車、トヨタ不動産、トヨタアルバルク東京）

TOYOTA ARENA TOKYOは、プロバスケットボールクラブ「アルバルク東京」の本拠地になる（資料：トヨタ自動車、トヨタ不動産、トヨタアルバルク東京）

ナ建設に参入する企業は増える一方だ。首都圏では例えば、三井不動産とMIXI（ミクシィ）が千葉県船橋市で「LaLa arena TOKYO-BAY（ららアリーナ 東京ベイ）」の建設を進めている。24年4月に竣工した。

TOYOTA ARENA TOKYOと同じく、収容人数は約1万人。地上4階建てで、延べ面積は約3万1000$m^2$。設計・施工は清水建設が担当している。トヨタ自動車やミクシィは、傘下にBリーグ所属のクラブを抱えている。東京ドームを傘下に収めた三井不動産はスポーツ施設の開発に力を入れており、築地では32年度に5万人のマルチスタジアムを計画中だ。

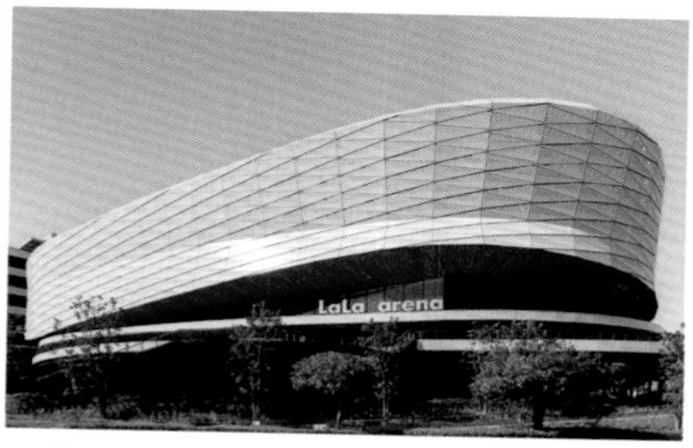


三井不動産とミクシィが千葉県船橋市に建設した「LaLa arena TOKYO-BAY」。プロバスケクラブ「千葉ジェッツふなばし」の本拠地として使用（写真:三井不動産、MIXI）

**24年** **IMMERSIVE FORT TOKYO**

## 没入体験に特化したエンタメ施設「ヴィーナスフォート」の建物利用

お台場の青海エリアにあった大型施設「パレットタウン」で、トヨタのMEGA WEBと並んで営業していた森ビルの商業施設「ヴィーナスフォート（VenusFort）」が生まれ変わった。2024年3月、没入体験に特化したエンターテインメント施設「IMMERSIVE FORT TOKYO（イマーシブ・フォート東京）」が開業した。向かい側では、TOYOTA ARENA TOKYOの建設が進んでいる。

22年3月に営業を終了したヴィーナスフォートは、MEGA WEBと同様に建物が解体されるはずだった。しかしヨーロッパの街並みを再現したような内装や空を模した天井などはそのままに、来場者参加型の没入体験施設に切り替える案が浮上。約2年を経て、イマーシブ・フォート東京になった。

仕掛け人は、テーマパーク再生で知られる刀（大阪市）の代表取締役CEO（最高経営責任者）、森岡毅氏だ。建物をそのまま使うことで建設費を抑え、内外装も可能な限り引き継いだうえで、館内に11種類のアトラクションと6つの店舗を設けた。

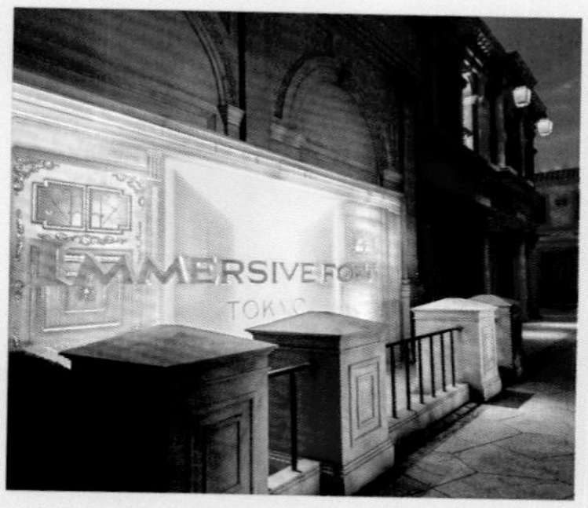

IMMERSIVE FORT TOKYOの入り口。内装はヴィーナスフォート時代のものを引き継いだ（写真：日経クロステック）

刀の代表取締役CEOである森岡毅氏（写真：刀）

「ザ・シャーロック -ベイカー街連続殺人事件-」「東京リベンジャーズ イマーシブ・エスケープ」「【推しの子】イマーシブ・ラリー」など、人気キャラクターの世界に没入できる体験を用意している。総面積は約3万$m^2$で、ヴィーナスフォートの2～3階部分に相当する。

完成予定
25年

## HARUMI FLAG SKY DUO

# 新築のタワー2棟が五輪選手村跡地に 湾岸“最前列”の50階建てタワマン

東京五輪の選手村跡地で開発されている住宅群「HARUMI FLAG（晴海フラッグ）」。住宅分譲街区の売り主10社は2023年6月、新たに建設する2つのタワー棟「HARUMI FLAG SKY DUO」の販売を開始した。住戸数は2棟合わせて1455戸。25年10月下旬の入居開始を予定している。

「HARUMI FLAG SKY DUO」のタワー2棟の建設が進む。2024年2月時点で既に手前に見える板状棟よりも高くなった（写真：日経クロステック）

五輪開催時に選手村として先行して建設された分譲向けの建物は板状棟17棟で、タワー棟はなかった。五輪終了後、晴海フラッグにある2つの街区に新たに1棟ずつ、地下1階・地上50階建て、高さ約180mの超高層マンションを建てている。

タワー棟は鉄筋コンクリート造で、免震と制振のハイブリッド構造とする。外装デザインは光井純アンドアソシエーツ建築設計事務所が手掛ける。同社は晴海フラッグ全体のデザインを統括する「マスターアーキテクト」も担当している。

湾岸エリアには他にもタワーマンションが立ち並ぶ。売り主10社は晴海フラッグが湾岸の突端部に位置することから「東京の最前列」と表現し、差異化を図る。

「両棟の地上48階には入居者が使える展望ラウンジを設け、眺望を共有できるようにする。48階をラウンジにすると頂部付近の夜間照明をコントロールしやすくなり、シンボル性を高められる利点もある」。三井不動産レジデンシャル都市開発三部事業室の高木洋一郎室長は語る。

晴海フラッグを貫く大通りを挟んで並ぶ2つの街区に、タワー棟がそれぞれ建つ。2棟は一対で左右対称の外観デザイン（資料：三井不動産レジデンシャル、三菱地所レジデンス、野村不動産、住友不動産、住友商事、東急不動産、東京建物、NTT都市開発、日鉄興和不動産、大和ハウス工業の売り主10社）

東京五輪開催時に、晴海フラッグの眺望の良さは選手の間で話題になった。売り主10社は、この立地を「東京の最前列」と表現している（資料：売り主10社）

▶▶ HARUMI FLAG 分譲板状棟

24年

# ついに晴海フラッグで入居開始 中村拓志氏デザインの「竹」外装

HARUMI FLAG（晴海フラッグ）の分譲街区に立つ板状棟で、2024年1月から入居が始まった。それに先立ち、売り主10社は23年12月、板状棟の住戸や共用施設、そして板状棟に囲まれた中庭などを「竣工披露会」として報道陣に初公開した。

五輪後に販売を再開した板状棟はコロナ禍の沈滞ムードを吹き飛ばすかのように大人気となった。販売のたびに対象住戸全てに申し込みがあり、抽選倍率が跳ね上がる。

中には100倍を超える住戸があり、売り主10社も想像していなかった勢いで瞬く間に契約が決まっていった。新築中のタワー棟「SKY DUO（スカイ デュオ）」の販売も過熱している。

以下、初公開された晴海フラッグで目に留まったものに絞って紹介する。確認できたのは広大な敷地のほんの一部に過ぎず、「晴海フラッグの全貌が明らかになった」とは言えない状況だった。対岸に浜松町や芝浦の街並みが見える北側の街区「SUN VILLAGE」は、披露会の内覧ツアーに含まれていない。

回れたのは、南側の海に面する街区「SEA VILLAGE」の中でも西寄りに立つA棟と、広い中庭を囲むよ

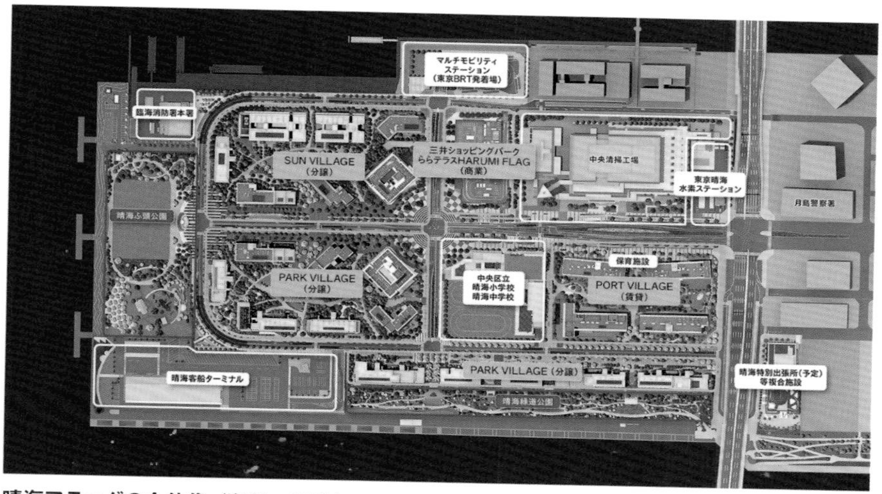


晴海フラッグの全体像（資料：売り主10社）

竹のような外装ルーバーを配置した「PARK VILLAGE」のD棟。地上14階建てで、住戸バルコニーのガラス手すりの外側に縦ルーバーを立てている（写真:日経クロステック）

**晴海フラッグの中庭から見上げたD棟（写真：日経クロステック）**

うに板状棟6棟（A～F棟）が立ち、タワー棟（T棟）の1つが建設中である「PARK VILLAGE」である。この範囲で内覧した感想を述べる。

目を引いたのは、竹のような外装ルーバーをランダムに配置した「PARK VILLAGEのD棟」である。3つの分譲街区に合計17ある板状棟の外装デザインは、様々な建築設計事務所やデザイン会社が担当している。見た目は建物によって大きく異なり、好みが分かれる。

そんな中、建築家の中村拓志氏が主宰するNAP建築設計事務所が採用した、竹のような縦ルーバーが最も気になった。

竹をモチーフにして建物全体をまとめ、ルーバーだけでなく、エントランス回りやアプローチ、1階の共用施設、そして中庭との接点に至るまで統一感を持たせている。敷地になじ

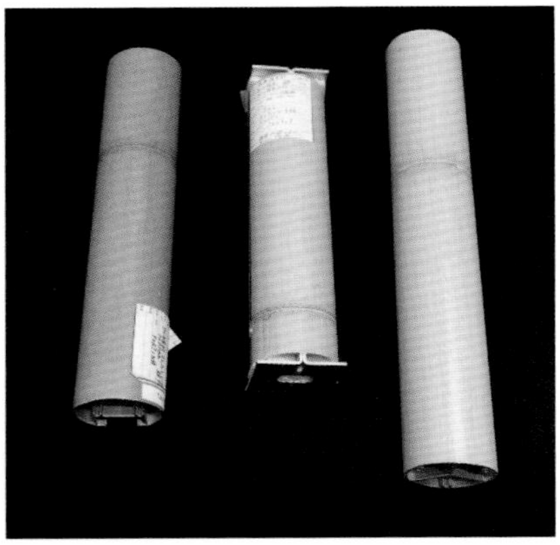

**竹のような縦ルーバーは、本物の竹ではない。竹柄のプリントをアルミパイプに張り付けている。写真は試作品（写真：木村 輝）**

んでいると感じた。

縦ルーバーは竹のように見えるが、本物の竹ではない。NAPが作成した竹柄をプリントし、アルミパイプに張ったものだ。パイプの太さや色合いは複数用意している。

配置の間隔には粗密がある。特に隣戸との隔て板がある所や、柱やといが通る場所は縦ルーバーを密に並べて隠した。

そのため、ほとんどの縦ルーバーを住戸のバルコニーにあるガラス手すりの外側に設置している。隔て板などを隠せば、「外から見たときに住戸の境目が分からなくなり、建物がまとまって見える。隣の建物と見合う面も同じように、視線を遮るためルーバーを密とした」。中村氏はそう説明する。

道路から見上げたとき、縦ルーバーを留める金物が見えないようにしている。外装の最前列にある細い竹だけが、すっと立っているように感じる。かつて東京湾で盛んだった竹

**住戸間の隔て板や柱などをファサードで隠し、建物を1つのまとまりに見せている（写真：北山 宏一）**

柱を使った海苔（のり）の養殖の原風景をイメージしたという。

### エントランスや外構、足湯に統一感

NAPがファサードを担当したのは、PARK VILLAGEのD棟とSUN VILLAGEのD棟である。2つのD棟は晴海フラッグの中で、勝どきなどの街に最も近い場所に立つ。建設中のSKY DUOと共に、晴海フラッグを訪れる人が最初に目にする分譲マンションだ。

外から常に見られる位置にあるため、「建物を統一感を持って1つにまとめて見せたい」という中村氏の狙いがあった。その思いが披露会で見て取れた。同時に、「住戸が見られている」と感じる外からの視線を竹のルーバーで緩やかに遮る。こうして入居者には外の目を気にせず、奥行きが

D棟のエントランス（写真：日経クロステック）

玄関前のアプローチ（写真：日経クロステック）

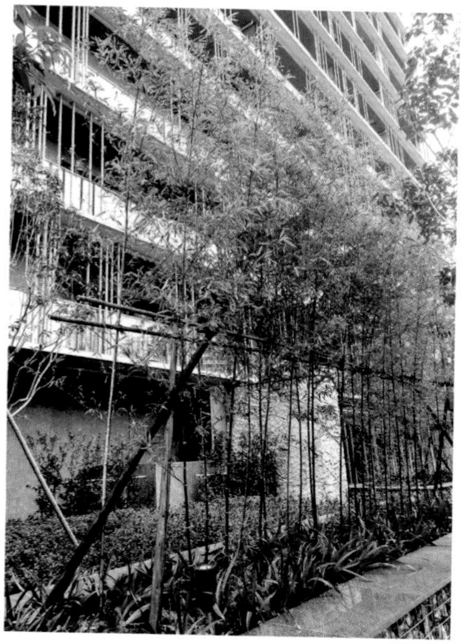
本物の竹を植えた外構近くから見上げたD棟（写真：日経クロステック）

広いバルコニーを十分に活用してもらいたいと考えた。

バルコニーに近づいてみると柱のタイルが縦張りになっており、ガラス手すりにはうっすらと縦模様が入っているのが分かる。いずれも竹をモチーフにしたもので、縦ルーバーと重なると竹が増幅されて見える。心憎い演出だ。

縦ルーバーをガラス手すりの外側に配置できるのは、バルコニーのスラブがガラス手すりよりも外にはみ出ているから。はみ出た部分は、庇の役割を果たしている。

中村氏はD棟のバルコニーを日本家屋の特徴である縁側と庇に見立てた。内外を緩やかに仕切るため、竹ルーバーを考案したともいえる。

ルーバーの工夫に加え、五輪後に実施した外構工事では建物の足元に本物の竹を植えた。だから建物と外構に統一感が生まれた。

PARK VILLAGEのD棟1階にある共用施設の「足湯」がある庭や、エントランス回りの共用部デザインにも竹のモチーフを感じる。そして本物の竹を交ぜた植栽が中庭のランドスケープへと続いていく。

足湯で使うお湯は、D棟に設置された「純水素型燃料電池装置」で発電する際に生じる熱エネルギーで沸かした水を使う。世界最先端の電力インフラがさりげなく導入されている。マンションの脇に「小さな発電所」があるようなものだ。

他の板状棟を担当した建築家やデザイナーもまた、中村氏と同じような発想で外装をデザインしただろう。それでもNAPの外装デザインは明快だった。披露会で共用部や共用施設、外構、中庭までセットで建物を間近で見てようやく、D棟の全体像を理解できた。

中庭を歩いて改めて感じたのは、3方を海に囲まれた晴海フラッグに住みながら、海が見えない住戸で暮らす人が大勢いるということだ。

オーシャンビューではなく、中庭ビューの住戸も数多い。目の前に隣の板状棟が立つ住戸もある。SKY DUOができると建物の見合いは一層激しくなる。それならば、自宅から目にする他の建物はデザインの均整が取れていたほうが気分は良い。

住戸内部の写真と間取り図を1つだけ載せておく。SEA VILLAGEのA棟5階にある505号室しか、メディアに公開されなかった。

505号室は、LDKに面する広いバルコニーから望むオーシャンビューが最大の売り物だ。バルコニーの手すりは海をイメージした波形のカーブを描いている。

D棟1階にある共用施設の足湯。竹のような庇が見える（写真：日経クロステック）

PARK VILLAGEはD棟に「純水素型燃料電池装置」が設置されている（写真：日経クロステック）

D棟に設置されたパナソニック製の純水素型燃料電池装置。共用部などに電力を供給するほか、発電時の熱エネルギーでお湯を沸かして足湯で使う（写真:日経クロステック）

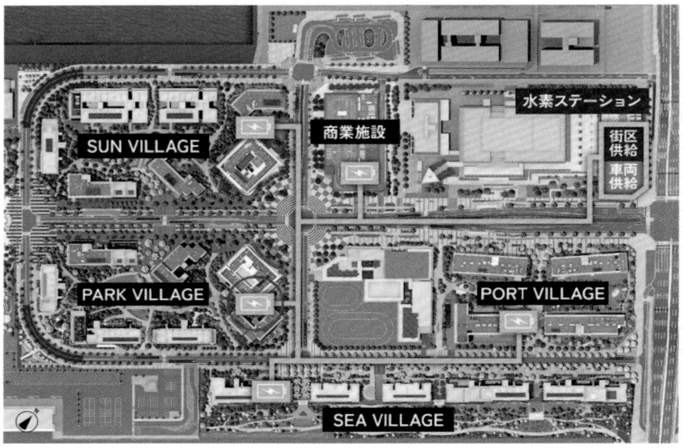


晴海フラッグに隣接する場所で開発されている「水素ステーション」から、パイプラインで水素ガスが各街区に供給される。赤丸がPARK VILLAGEのD棟（資料：売り主10社）

PARK VILLAGEの広い中庭。中庭ビューの住戸も多い（写真：日経クロステック）

SEA VILLAGEのA棟5階にある505号室。専有面積は102.48m²で、間取りは3LDK。目の前に海が広がるオーシャンビューのLDKと広いバルコニーが特徴（写真：日経クロステック）

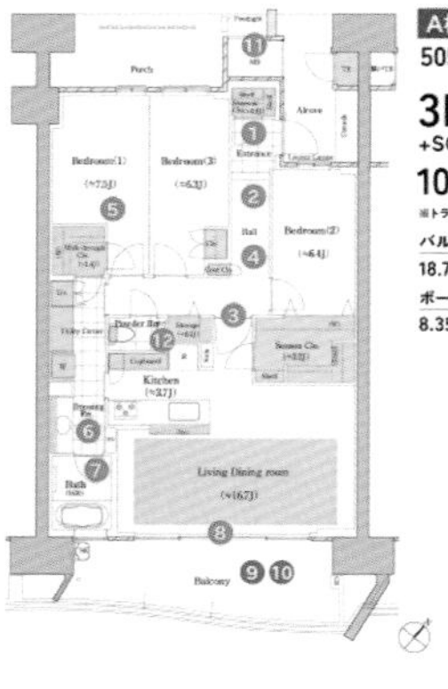


**A棟**

505号室 4A102A

**3LDK**

+SC+WTC+SIC+UC+S+TR

102.48m²（約31.00坪）

※トランクルーム面積0.80m²含む

バルコニー面積

18.70m²（約5.65坪）5F

ポーチ面積

8.35m²（約2.52坪）

**後からは変更できない空間構成へのこだわり**

「ゆとりある、新たな東京の住空間」を目指したHARUMI FLAGの中でも圧倒的な存在感を示すSEA VILLAGEの間取り。我々の理念が最も表現されたプランニングです。

**CHECK POINT**

1. 玄関扉幅有効約850mm
2. 廊下幅有効約1,000mm
3. LD建具幅約980mm
4. 玄関・廊下フルフラット設計
5. 居室天井高約2,500mm
6. 天井高約2,300mmを確保した洗面室※
7. 天井高約2,200mmを確保した浴室
8. 高さ約2,100mmのハイサッシュと4連サッシ
9. バルコニー奥行き約2,000mm
10. 3方向が海に囲まれた開放的な眺望
11. 全戸にエネファームを設置
12. 全戸に蓄電池を設置

※SEA VILLAGEは約2,250mm

A棟5階の505号室の間取りと特徴（資料：売り主10社）

▶▶ HARUMI FLAG 賃貸棟

24年

# 賃貸街区の契約開始で新生活開始 目玉は大浴場や保育園など共用施設

HARUMI FLAG（晴海フラッグ）の賃貸街区「PORT VILLAGE」で2023年10月から住宅の賃貸契約が始まった。

入居は24年1月から。分譲街区の最速入居の人たちとほぼ同時に、晴海フラッグに人が住み始めた。

PORT VILLAGEの敷地は約2万6300m$^2$で、A～Dの4棟で構成する。一般賃貸住宅の総戸数は1258戸に上る。他に東急不動産のグループ会社が運営するシニア向け住宅や、京王電鉄グループが手掛けるシェアハウスも用意。合計で1487戸を供給する。賃貸物件だけでも巨大な住宅プロジェクトである。

4棟とも鉄筋コンクリート造で、地下1階・地上15～17階建ての板状棟だ。階数は住棟によって異なる。設計は日建ハウジングシステムと東急建設、施工は東急建設が手掛けた。賃貸街区の4棟は日建ハウジングシステムが外装デザインも担当した。

晴海フラッグにある他の3つの街区は、販売が進んでいる分譲住宅のエリアだ。こちらは総戸数が4145戸。分譲と賃貸を合わせると、約1万2000人が暮らす街が誕生する。

分譲住宅は抽選倍率が跳ね上がり、購入できない人が続出する人気になっている。抽選に外れた人が賃貸住宅を借りることも考えられる。

賃貸住宅は分譲販売とは異なり、契約は原則、早い者勝ち。事業主10社の物件ページからエントリーすれば情報を入手できるほか、賃貸住宅は複数の不動産仲介会社を通して契約できる。312台分ある賃貸街区の駐車場も、契約は先着順になる。

23年10月にはメディア向けの賃貸街区内覧会が開かれた。訪れた報道

晴海フラッグの賃貸街区「PORT VILLAGE」の北角（写真：日経クロステック）

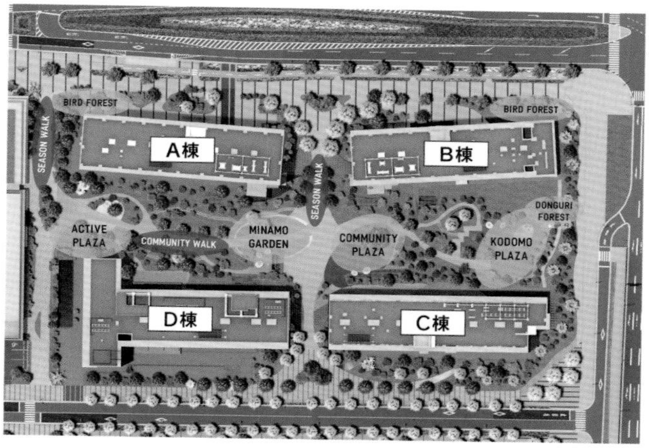


賃貸街区はA～Dの4棟で構成する（資料：事業主10社）

賃貸街区の南側に位置するC棟とD棟。外装デザインを縦方向に分割して軽やかに見せている（写真：日経クロステック）

内覧した1DKの住戸例。部屋中央の可動式間仕切りを開けた状態（写真：日経クロステック）

同じ1DKの住戸例。中央の間仕切りを半分閉めた状態。部屋を分割できる（写真：日経クロステック）

内覧した1LDKの住戸例。可動式の間仕切りでLDKと寝室を分割できる（写真：日経クロステック）

陣の多くが、PORT VILLAGEの広さや住棟の豪華さに声を上げていた。

間取りは1R／1DKから、1LDK～3LDK、さらにはメゾネットのペントハウスまで幅広く用意している。中でも、「夫婦世帯や乳幼児がいる家族世帯に向く1LDKが714戸と大多数を占める構成とした」（三井不動産レジデンシャル）。次いで2LDKが248戸と続く。

家賃は様々だが、手が届かない高額物件ばかりではない。23年10月時点で「三井の賃貸」に登録されていた物件を見てみると、B棟2階にある北向きで28.71m²の1Rは、賃料が月額10万7000円（管理費・共益費が別途1万5000円）である。契約時の敷金は1カ月分で、礼金はなしだ。契約期間は24カ月。

最も戸数が多い1LDKでは、D棟11階にある北西向きで43.94m²の住戸が賃料15万9000円（管理費・共益費が別途1万5000円）。あとは同じく敷金が1カ月分で、礼金はなし。契約期間は24カ月。

選手村のレガシーとはいえ、内装を新しくした「新築」の賃貸マンションとして、中央区の家賃相場と比較してみる必要がある。少なくとも、これだけの賃貸戸数が中央区にできる機会は多くない。

### 驚いたのは大きな保育施設

内覧会で目を引いたのは、共用施設の充実ぶりだ。賃貸街区には入居者専用の大浴場がある。大きなお風呂に入りたい人や銭湯に通っている人は、大浴場の利用料が家賃と管理費・共益費に含まれていると考えれば、割安に感じるかもしれない。

分譲街区に共用の大浴場はない。賃貸街区の入居者だけが使えるという意味で、分譲街区との大きな差異化要因になっている。事業主10社や仲介会社は、「大浴場を賃貸街区の大きな特徴の1つとしてアピールしていきたい」（三井不動産レジデンシャル）という。

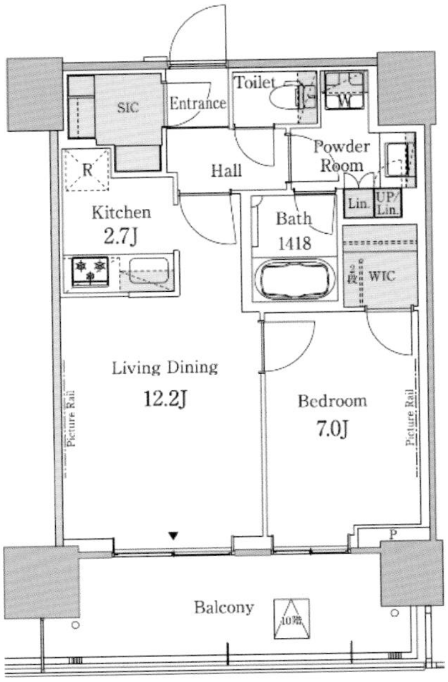


1LDKの住戸間取り図の例。専有面積は50.73m²、バルコニー面積は約12m²。バルコニーの奥行きは約2mある。バルコニー側の柱を部屋の中に入れず、凹凸が少ない居住空間にしている（資料：事業主10社）

在宅勤務やテレワークに便利なワークスペースも見逃せない。住戸はプライベートな生活空間と割り切って、仕事は共用のワークスペースを使う。家賃が割安な狭い住戸でも暮らしていける人は大勢いるだろう。

賃貸街区で注目したいのは、保育施設があることだ。乳幼児がいる共働き世帯にとって、街区内に保育施設があるのは心強い。保育施設狙い

A棟地下1階にある約350m²の大浴場。賃貸街区の入居者専用だ（写真：日経クロステック）

入居者が使えるワークスペース。C棟1階にあり、分譲街区の住人も利用できる（写真：日経クロステック）

保育施設の園庭が街区中央にある中庭空間の一部になる（写真：日経クロステック）

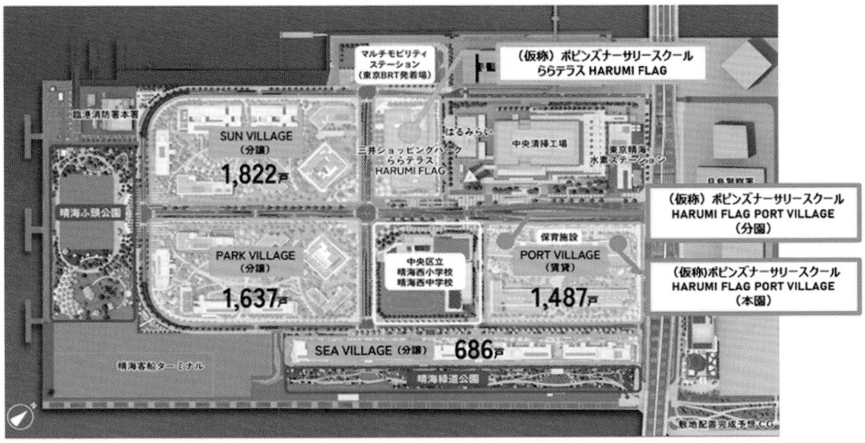


B棟の1階東側とA棟の1階西側に保育施設ができる（資料：ポピンズエデュケア）

で賃貸街区への引っ越しを検討する世帯もいるかもしれない。

運営するのは、保育サービスを手掛けるポピンズグループのポピンズエデュケア。24年4月に、晴海フラッグ内に中央区の認可保育所を2つ開設する予定だ。そのうちの1つが賃貸街区にできる「ポピンズナーサリースクールHARUMI FLAG PORT VILLAGE（仮称）」である。B棟1階が本園、A棟1階が分園になる。

ポピンズナーサリースクールHARUMI FLAG PORT VILLAGEの入園対象は、0歳児から未就学児まで。保育定員は204人。0～4歳児は本園、5歳児は分園で過ごす。

本園の広さは約1000m²、分園は270m²、園庭が560m²。なお、この保育施設は賃貸街区に住んでいなくても、中央区民なら応募できる。

### 晴海フラッグの長短所が浮き彫りに

大浴場やワークスペースの他にも、会議室やパーティールーム、フィットネスルームなどがある。エントランスホールや廊下も広い。ホテル住まいのような生活ができそうだ。

選手村のレガシーであることを感じられるのは、共用廊下の幅の広さや住戸玄関の大きさである。パラリンピックを想定した、車椅子でも生活しやすい広さを確保できているのは晴海フラッグの強みである。

賃貸街区の西隣には新しい小・中学校ができる。子どもの通学にも賃貸街区は便利である。

一方、デメリットは交通の便の悪さだ。賃貸街区を歩いて感じたのは、想像以上に敷地が広いこと。中庭空間は約7000m²ある。ぜいたくな悩みかもしれないが、街区内の移動だけでそれなりの距離がある。

最寄り駅の都営地下鉄大江戸線勝どき駅まで徒歩14～16分とされている。賃貸街区は晴海フラッグの中では最も勝どき駅寄りにあるが、それでも実際に駅まで歩いてみると遠く感じる。分譲街区に住む人は、駅がもっと遠い。

真冬に東京湾から吹き付ける海風はかなり冷たいと予想される。まだまだ建設途中の新しいエリアなので、屋根があるところは限られる。寒さや雨・雪・風の対策は必須だ。逆に、夏に猛暑が続くと、これまた徒歩移動がつらくなる。

日常の買い物もしばらくは大変だ。

広々とした新築の保育施設。定員は約200人（写真：日経クロステック）

晴海フラッグ内に、三井不動産が開発した商業施設「三井ショッピングパーク ららテラス HARUMI FLAG」が24年3月に開業した。入居者は何度も通うことになるだろう。

ただし、晴海フラッグの中では比較的ららテラスに近い賃貸街区からでも、ちょっと遠い。それくらい、約18ヘクタールもある晴海フラッグは敷地が広いということを頭に入れておくべきである。生活には自転車が欠かせない。

パラリンピックの選手村仕様のため共用廊下の幅が広く、住戸の玄関ドアも大きい（写真：日経クロステック）

2024年3月に開業した商業施設「三井ショッピングパーク ららテラス HARUMI FLAG」。賃貸街区の西側に位置する（写真：三井不動産）

**27年以降** **THE TOYOMI TOWER MARINE & SKY**
**（ザ 豊海タワー マリン&スカイ）**

## 晴海フラッグ対岸に54階建てのタワマン計画 総戸数2046戸、約189mでSKY DUO超え

完成イメージ
（資料：主要6社）

HARUMI FLAG（晴海フラッグ）の最寄り駅である、都営地下鉄大江戸線の勝どき駅から徒歩10分の場所に、地下1階・54階建てのタワーマンションができる予定である。「THE TOYOMI TOWER MARINE & SKY（ザ 豊海タワー マリン&スカイ）」だ。THE TOYOMI TOWERは東京湾の運河を挟んで、晴海フラッグと向かい合う位置に立つ（販売時期は未定）。

「豊海地区第1種市街地再開発事業」と呼ばれるプロジェクトで、こちらも三井不動産レジデンシャルや東急不動産、東京建物、野村不動産、三菱地所レジデンス、そして清水建設の主要6社が豊海地区市街地再開発組合に名を連ねている。設計・施工は清水建設が手掛ける。プロジェクトアーキテクツは、ホシノアーキテクツが担当する。

THE TOYOMI TOWERは東ウイングと西ウイングに分かれるが、低層部は共通だ。高さは約189m。約180mのHARUMI FLAG SKY DUOをわずかに上回る。総戸数は2046戸と、2棟で1455戸のSKY DUOより約500戸も多い。SKY DUOは住戸数を絞り、3LDKの間取りを最も多く用意している。

▶▶ 豊洲 千客万来

24年

# 豊洲市場場外で堪能する食と温泉 日本最大級の木造耐火商業施設

東京・築地から豊洲に移転した豊洲市場に隣接する大型集客施設「豊洲 千客万来（せんきゃくばんらい）」が2024年2月1日にようやく開業した。事業者は万葉倶楽部（神奈川県小田原市）。

最大の売り物は、江戸の街並みを模した木造の飲食街で楽しめる寿司やうなぎ、海鮮、ラーメン、もんじゃ焼きなどの食事だ。誰でも利用可能な無料の展望足湯などを備えた大きな温浴施設もあり、宿泊もできる。

本来であれば、千客万来施設は東京五輪開催前の19年に完成しているはずだった。しかし、東京都のプラン変更や新型コロナウイルス禍と東京五輪の1年延期が重なり、4年以上も開業が遅れた。

それでも依然として、東京の「食」の新名所になることを期待されている。飲食街は年間200万人、温浴施設は同60万人の来場を見込む。

場所は豊洲市場の隣に位置する。最寄り駅は東京臨海新交通臨海線（ゆりかもめ）の「市場前駅」。ペデストリアンデッキで、施設2階とつながっている。東京BRTの停留所「豊洲市場前」も近い。環二通り沿いなので、都心から車や路面バスでのアクセスも便利だ。1階には大型バス27台分の駐車スペースがあり、団体客の受け入れ態勢も整っている。

敷地面積は約1万$m^2$で、南北に細長い形状をしている。施設は低層で横長な「食楽棟」と高層の「温浴棟」で構成する。食楽棟「豊洲場外 江戸前市場」は地下1階・地上3階建てで、延べ面積は約1万4700$m^2$。約70店が豊洲市場の場外に誕生した。

一方、温浴棟「東京豊洲 万葉倶楽部」は地下1階・地上9階建てで、同面積は1万9100$m^2$。神奈川県の箱根や湯河原の温泉から毎日運んでくる源泉の湯を使った展望風呂や大浴場、露天風呂のほか、サウナや岩盤浴、マッサージ室、食堂などを備える。入館料（税込み）は大人3850円。

ホテルとしては、客室数71室を備える。露天風呂付きの客室もある。なお、無料の展望足湯は温浴棟の8階にある。

江戸の街並みに似せた豊洲場外 江戸前市場は、建築的にもユニークだ。施設の構造は鉄骨造、鉄骨鉄筋コンクリート造、木造の混構造で、来場者の多くが通ることになる食楽棟2～3階を木造にした。木造耐火商業施設としては日本最大規模になる。

**豊洲市場に隣接する場外の大型集客施設「豊洲 千客万来」。写真は施設2階から豊洲市場の建物の1つを見た様子（写真：日経クロステック）**

**江戸の街並みを模した豊洲 千客万来の飲食街。細長い低層建物の2階中央部に、屋外のメインストリートを配置した（写真：日経クロステック）**

**東京湾を一望できる無料の展望足湯「千客万来足湯庭園」。毎日、神奈川県の湯河原温泉から源泉の湯を運ぶ（写真：日経クロステック）**

豊洲 千客万来は環二通り沿いに立つ。右に見える向かいの建物はオフィスビル「メブクス豊洲」とホテル「ラビスタ東京ベイ」から成る街区「ミチノテラス豊洲」。2022年4月に街開きをした（写真：日経クロステック）

上空から見た食楽棟2階の「街並み」（写真：万葉倶楽部）

食楽棟のシンボルである「時の鐘」。周りの建物の屋根には一部、本物の瓦を使っている（写真：日経クロステック）

施設は食楽棟と温浴棟で構成（資料:万葉倶楽部）

環二通りに面する食楽棟1階の「豊洲江戸前通り」。歩道から気軽に立ち寄れる（写真:日経クロステック）

2階の屋内にある「目利き横丁」。小さな間口の店舗に珍しい食べ物が並ぶ（写真：日経クロステック）

食楽棟のメインストリート「豊洲目抜き大通り」。有名な飲食店などが軒を連ね、のれんを出す（写真：日経クロステック）

3階にある寿司中心の広いフードコート「よりどり町屋」（写真：日経クロステック）

2～3階の木造の柱と梁には、東京の「多摩産材」を利用したシェルター（山形市）の木質耐火部材「COOL WOOD（1時間耐火仕様）」を採用している。さらに屋根の一部に瓦を使うなど、商業施設としてかなり振り切ったつくりをしている。食のテーマパークに近く、インバウンドに人気が出そうだ。

施設の設計は万葉倶楽部と五洋建設、シェルター、施工は食楽棟を石井工務店（静岡県熱海市）、温浴棟を五洋建設がそれぞれ手掛けた。

食楽棟には大きく4つのエリアがある。近隣住民や市場関係者、22年に街開きをした向かいの街区「ミチノテラス豊洲」のオフィスワーカーなどが日常的に立ち寄ることを想定した1階の「豊洲江戸前通り」。仲卸が目利きした旬の食材や珍味を食べ歩きできる2階の「目利き横丁」。施設中央のメインストリートで、寿司やうなぎの名店や地元江東区の人気店が並ぶ、同じく2階の「豊洲目抜き大通り」。そして3階にある寿司と海鮮中心のフードコート「よりどり町屋」である。

### 小田原駅直結「ミナカ」の成功を生かす

万葉倶楽部は豊洲 千客万来を含め、全国11カ所で24時間営業の温浴施設「万葉の湯」を展開している。中でも今回の豊洲は、旗艦店の位置付けになる。社運を懸けた大事業だ。開業までの約7年間には様々な課題に直面した。

東京都から16年に事業者に選ばれたものの、設計期間中に都の計画変更があり、東京五輪前の建設ラッシュにはコストが上昇。さらにコロナ禍と五輪延期、そして直近の資材高。想定外の事案に翻弄され続けた。

同社の高橋眞己取締役副社長は、「プロジェクトの中断や規模の縮小で設計の見直しを繰り返し、19年夏に

温浴棟の最上部に設けた入館者専用の「展望足湯庭園」（写真：万葉倶楽部）

温浴棟「東京豊洲 万葉倶楽部」のエントランスホール。食楽棟と一続きになっている（写真：日経クロステック）

万葉倶楽部で豊洲 千客万来の開発を指揮した高橋眞己取締役副社長（写真：日経クロステック）

予定していた竣工が23年9月に約4年もずれ込んだ」と振り返る。それでも最終的な計画よりは、1カ月前倒しで竣工にこぎ着けた。

東京都も江東区も「築地のにぎわいを豊洲で再び」とばかりに、豊洲 千客万来に大きな期待を寄せる。万葉倶楽部に失敗は許されない。

万葉倶楽部は同社最大の成功例とも言える、小田原駅直結の大型複合施設「ミナカ小田原」で得た知見をフル活用する。箱根に近く温泉好きが集まる小田原市の玄関口となるターミナル駅の隣で、万葉倶楽部は20年にミナカを開業した。

ミナカは低層の施設の一部が木造で瓦屋根を使い、小田原城下の宿場町を模した食中心の商業施設である。連結する高層ビルには誰でも入れる展望足湯を設け、人気となった。

豊洲 千客万来の食楽棟はミナカによく似ている。もともとの計画ではミナカよりも先に千客万来が竣工するはずだったが、時期は大きく逆転。ミナカの成功体験を豊洲 千客万来に持ち込むことになった。「木質耐火部材の採用といった建築面でも、豊洲 千客万来はミナカで経験済みの事柄が多かった」（高橋副社長）

ミナカで集客の目玉となっている高層ビル上層部の足湯も、豊洲 千客万来で再現している。一般開放する「千客万来足湯庭園」からは、東京湾と湾岸エリアに立ち並ぶタワーマンションを一望できる。ミナカの実績に照らせば、無料の展望足湯は入場待ちになるほどの人気になってもおかしくない。

この足湯とは別に、温浴施設に入館する日帰り客や宿泊客だけが利用できる、360度パノラマビューの「展望足湯庭園」を最上部に整備した。見晴らしは抜群だ。

東京湾を挟んで足湯の真正面に見えるのは、五輪選手村跡地に立つ「HARUMI FLAG（晴海フラッグ）」の街並みである。ホテルのロビーや大浴場などからも晴海フラッグがよく見える。

晴海フラッグは24年1月に入居が始まったばかりだ。これから人口がどんどん増えていく。晴海フラッグで暮らす人たちは、豊洲 千客万来のお得意様になるかもしれない。

**21〜22年　ミチノテラス豊洲**

## 清水建設が600億円を投じた新街区 オフィスとホテルの間に「都市型道の駅」

清水建設が豊洲で開発した新街区「ミチノテラス豊洲」は、豊洲 千客万来の向かい側に位置する。オフィス棟「メブクス豊洲（MEBKS TOYOSU）」とホテル棟「ラビスタ東京ベイ」（運営は共立メンテナンス）で構成する。投資額は約600億円。

両棟の間には、バスターミナルを中核とする都市型道の駅「豊洲MiCHiの駅」を設けた。東京BRTやタクシーの乗り場がある。

オフィス棟の専有部は、1フロアが約6600m²と都内有数の広さがある。延べ面積は約8万8000m²。大きなロビーには最上階まで貫通した吹き抜け（アトリウム）があり、トップライトからの光がロビーまで届く。豊洲 千客万来の開業で、オフィスやホテルの需要増が期待される。

新街区「ミチノテラス豊洲」は、オフィス棟「メブクス豊洲（MEBKS TOYOSU）」（左）とホテル棟「ラビスタ東京ベイ」（右）で構成。両棟の奥に豊洲 千客万来がある（写真：日経クロステック）

メブクス豊洲の屋上からロビーまで続く、崖のような吹き抜け（写真：日経クロステック）

**完成予定 24年**

**有明アーバンスポーツパーク整備運営事業**

# 豊洲のランニングスタジアムを移設 スケボー施設など五輪レガシーと融合

2024年10月に東京湾岸エリアで全面開業を予定している「有明アーバンスポーツパーク整備運営事業」の工事が急ピッチで進んでいる。有明アーバンスポーツパークは東京五輪で使用された競技施設のレガシーを継承しつつ、新たなスポーツ施設を盛り込んだ大型スポーツ拠点をつくる計画だ。

有明アーバンスポーツパーク整備運営事業は民間資金活用公共施設整備促進法（PFI法）に基づく特定事業である。23年3月には、東京建物を代表企業とし、TSP太陽と日テレアックスオンが構成企業として参画するコンソーシアムが東京都から事業候補者に選ばれた。その後コンソーシアムは同年6月に都と正式契約し、

「有明アーバンスポーツパーク整備運営事業」の計画地。2024年2月末時点（写真：日経クロステック）

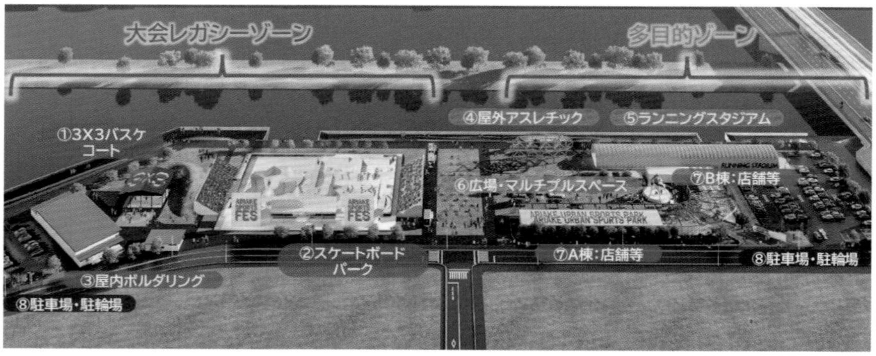


施設配置図。東京五輪の「大会レガシーゾーン」と「多目的ゾーン」で構成する。大会レガシーゾーンは東京都が整備し、事業者が一部改修する計画（資料：東京建物、TSP太陽、日テレアックスオン）

スケートボード施設のイメージ（資料：東京建物、TSP太陽、日テレアックスオン）

メインエントランスのイメージ（資料：東京建物、TSP太陽、日テレアックスオン）

屋根の膜材を取り外した「新豊洲Brilliaランニングスタジアム」（写真：日経クロステック）

構造体だけになったランニングスタジアム（写真：日経クロステック）

有明の計画地では組み立て作業が同時進行している（写真：日経クロステック）

Tokyo Sports Wellness Villageを設立している。

有明アーバンスポーツパークの敷地面積は約3万1200m$^2$。スケートボード施設や屋内ボルダリング棟、3×3バスケットボールコート、屋根付きランニング施設、店舗、屋外アスレチック施設などで構成する。事業者の運営期間は、24年10月から10年間を予定している。

有明アーバンスポーツパークを構成する施設のうち、五輪のレガシーではないが注目を集めているものがある。16年に同じ江東区の湾岸エリアにオープンした「新豊洲Brilliaランニングスタジアム」の再利用施設だ。屋根付きランニング施設になる。サステナビリティーが重視される昨今、こうした大型施設の移設はモデルケースになり得る。

障害者スポーツのトレーニング拠点の整備などを目的として建設されたトンネル形のランニングスタジアムが、有明アーバンスポーツパークの多目的ゾーンに移設されることになった。長さが108mあるランニン

専用の荷台を取り付けたトラックに解体した構造体をユニット単位で載せて運ぶ。これなら組み直す手間を大幅に削減できる（写真：東京建物、太陽工業）

有明に運ばれた湾曲集成材をひし形にユニット化した構造体（写真：日経クロステック）

グスタジアムは、23年11月30日に営業を終了している。TSP太陽と同じ太陽グループの太陽工業が24年1月から、新豊洲Brilliaランニングスタジアムの解体と移設の作業をほぼ同時に進めている。移設作業は同年7月ごろの完了を予定している。

有明アーバンスポーツパークの計画地と新豊洲Brilliaランニングスタジアムは、湾岸エリアでは隣同士の街区である有明と豊洲にそれぞれ位置する。車で5分ほどの距離で非常に近い。

24年2月までに、ランニングスタジアムを覆っていた屋根の膜材は取り外しを終えた。アーチ状の骨組みを解体し、すぐさま有明の現場にトラックで運んで組み立て直すスピード移設の真っ最中だ。

### 解体と移設に配慮したジョイント

24年2月末には、施設全体の約5分の1に相当するアーチ状の骨組みが既に解体を終えていた。続いて移設先の有明に行ってみると、アーチの組み立てが始まっている。非常に効率よく、解体と移設が進んでいることが見て取れる。

太陽工業東京本社建設技術本部東日本工事2課の西岡達矢主任は、「大きな動物の肋骨のように見える骨組み1つひとつが1ユニットになっている。解体はユニット単位で実施し、専用の荷台を取り付けたトラックに載せて、有明まで運ぶ。組み立て作業はスムーズだ」と話す。

新豊洲Brilliaランニングスタジアムは16年の開設直後から、建築関係者の間で関心を集めていた。解体と移設に配慮したジョイントディテールをあらかじめ備えていたからだ。期限付き建築物の木造普及に貢献するため、ユニット化した国産カラマツの集成材でアーチ形状の骨組みを構成している。

屋根下地に、湾曲集成材をひし形にユニット化した構造体を採用。屋根には透明で軽いETFE（熱可塑性フッ素樹脂）フィルム膜を使った。16年当時、日本で初めてETFEフィルムを大規模に使った建築物として業界で話題になった。

設計したのは、E.P.A環境変換装置建築研究所とKAP、そして太陽工業の3社である。

移設後には、ランニングスタジアムの全長が約90mと、これまでより10m以上短くなる。「利用する骨組みのユニット数を減らすだけで対応できるので可変性も高い」（西岡主任）

膜材を用いたテント構造物を世界中で施工してきた実績がある太陽工業の知恵が生かされている。膜材は16年からずっと風雨にさらされてきたが、「丈夫なのでそのまま移設先で利用できる」（同）という。建材を無駄にしていない。

完成予定 30年代半ば

▶▶ インフラ 東京メトロ有楽町線・南北線 延伸

# 豊洲と住吉、白金高輪と品川を結ぶ 総建設費は合計で約4000億円

東京地下鉄（東京メトロ）は有楽町線を豊洲から住吉（いずれも東京都江東区）へ、南北線を白金高輪から品川（いずれも東京都港区）へ、それぞれ延伸する計画だ。総建設費は合計で約4000億円を見込む。どちらも2030年代半ばの開業を目指す。

豊洲―住吉間は延長約5.2kmで、22年1月時点の総建設費は2690億円。東京臨海新交通臨海線「ゆりかもめ」に接続する豊洲から、東京メトロ東西線に連絡する東陽町を経て、東京メトロ半蔵門線と都営地下鉄新宿線が分岐する住吉に至る。途中に「枝川（仮称）」と「千石（仮称）」の2つの新駅を計画している。

## 南北線で新幹線発着の品川へ

一方、白金高輪―品川間は延長約2.5kmで、同時点の総建設費は1310億円。都営三田線との乗換駅である白金高輪と、東海道新幹線などが発着する品川を結ぶ。品川にはリニア中央新幹線の駅を建設する計画がある。

東京メトロは同社として初めて着手する新線建設を、国などの補助事業として進める考えだ。

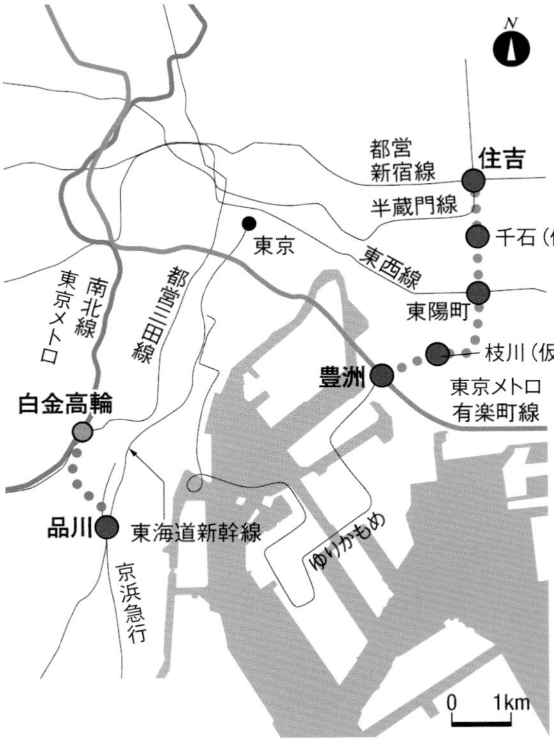


都内の地下鉄ネットワークが南東と南西で延伸する（資料：東京メトロの資料を基に日経クロステックが作成）

東京メトロ有楽町線の豊洲駅。湾岸エリアの主要駅の1つ（写真：日経クロステック）

インフラ　都心部・臨海地域地下鉄 計画案

完成予定 40年

# 東京駅と晴海・豊洲・有明を結ぶ地下鉄6.1km区間に7つの駅を新設

東京都が都心部と臨海地域を結ぶ地下鉄の事業計画案を公表した。東京駅から有明の東京ビッグサイト付近までの約6.1kmの区間に7つの駅を新設。タワーマンションや商業施設の建設が進む湾岸の交通需要に対応する。2040年までの開業を目指す。

22年11月25日、小池百合子都知事が記者会見で「都心部・臨海地域地下鉄」の計画案を明らかにした。

地下鉄のルートは、JR東京駅と東京メトロ日本橋駅の近くに設置する新駅の「東京」（以降も仮称）を起点とする。東京メトロ銀座駅付近の「新銀座」を経由。晴海通りや環状2号に沿って「新築地」「勝どき」「晴海」「豊洲市場」を通る。そしてりんかい線国際展示場駅とゆりかもめ有明駅の近くに設ける「有明・東京ビッグサイト」に至る。

都は22年3月に公表した「東京ベイeSGまちづくり戦略2022」で、築地と有明を結ぶ直線上に街づくりの骨格となる交通軸を設ける構想を描いた。特に晴海エリアは鉄道の空白地帯で、東京五輪選手村跡地の新街区「HARUMI FLAG（晴海フラッグ）」周辺は交通の利便性が低い。

小池都知事は「ベイエリアの鉄道網を充実させることで、東京を持続可能な都市に変えていく」と意気込みを語る。

概算の事業費は4200億～5100億円。都は開業後30年以内の黒字化を見込んでいる。

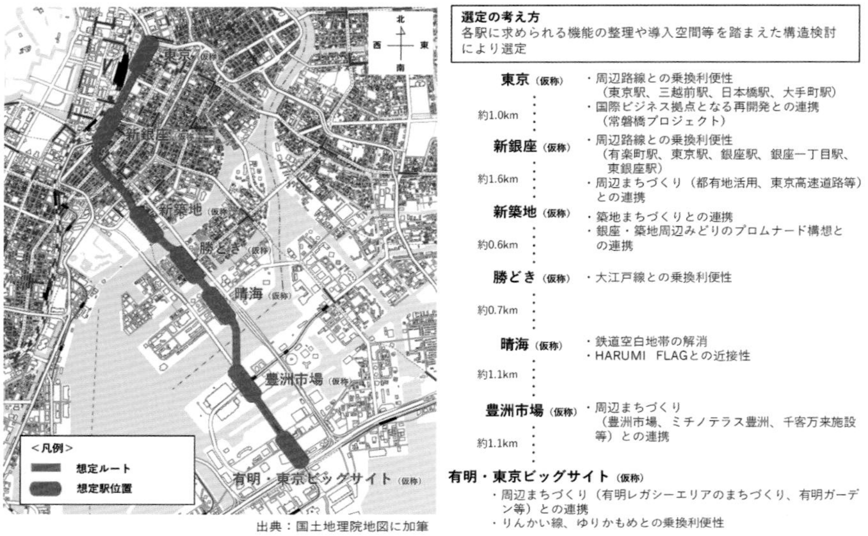


東京都が2022年11月25日に公表した「都心部・臨海地域地下鉄」の計画案（資料：東京都）

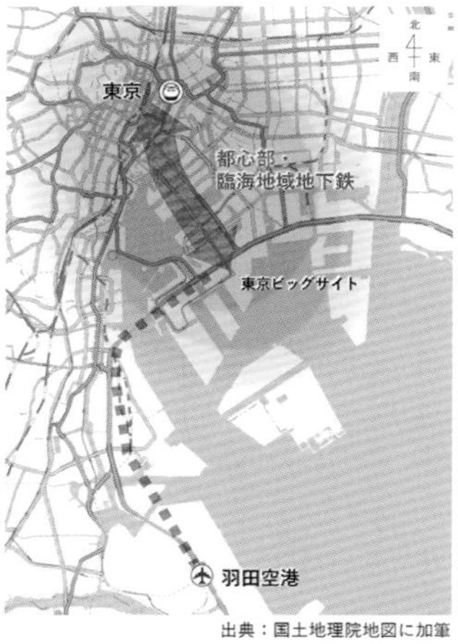


東京都が計画する都心部・臨海地域地下鉄は、東京駅への延伸計画があるつくばエクスプレスやJR東日本が計画する「羽田空港アクセス線（仮称）」との接続も検討する（資料：東京都）

第8章

# 横浜
# 川崎

みなとみらい大通り沿いの街区は建物で埋まった（写真：北山 宏一）

# みなとみらい完成へ ホテルや音楽、研究施設が集積

わずか20年ほど前までは原っぱが広がっていた「横浜みなとみらい21地区」。その後、次々と空地が埋まり、新しい街区が誕生。各街区の敷地面積は大きく、建物を高くし過ぎなくても十分な延べ面積を確保できている。それでも巨大な施設が目立つ。

みなとみらいは超高層の連なりが描く空のスカイラインを街全体で定めている。また、オフィスビルや企業の研究施設を数多く誘致しながら、建物の低層部には「にぎわい施設」をつくることを義務づけた。街区をまたいでデッキをつなげる計画があり、建物はあらかじめ接続口を用意している。

2024年3月末に竣工した大型複合施設「横浜シンフォステージ（YOKOHAMA SYMPHOSTAGE）」（写真：北山 宏一）

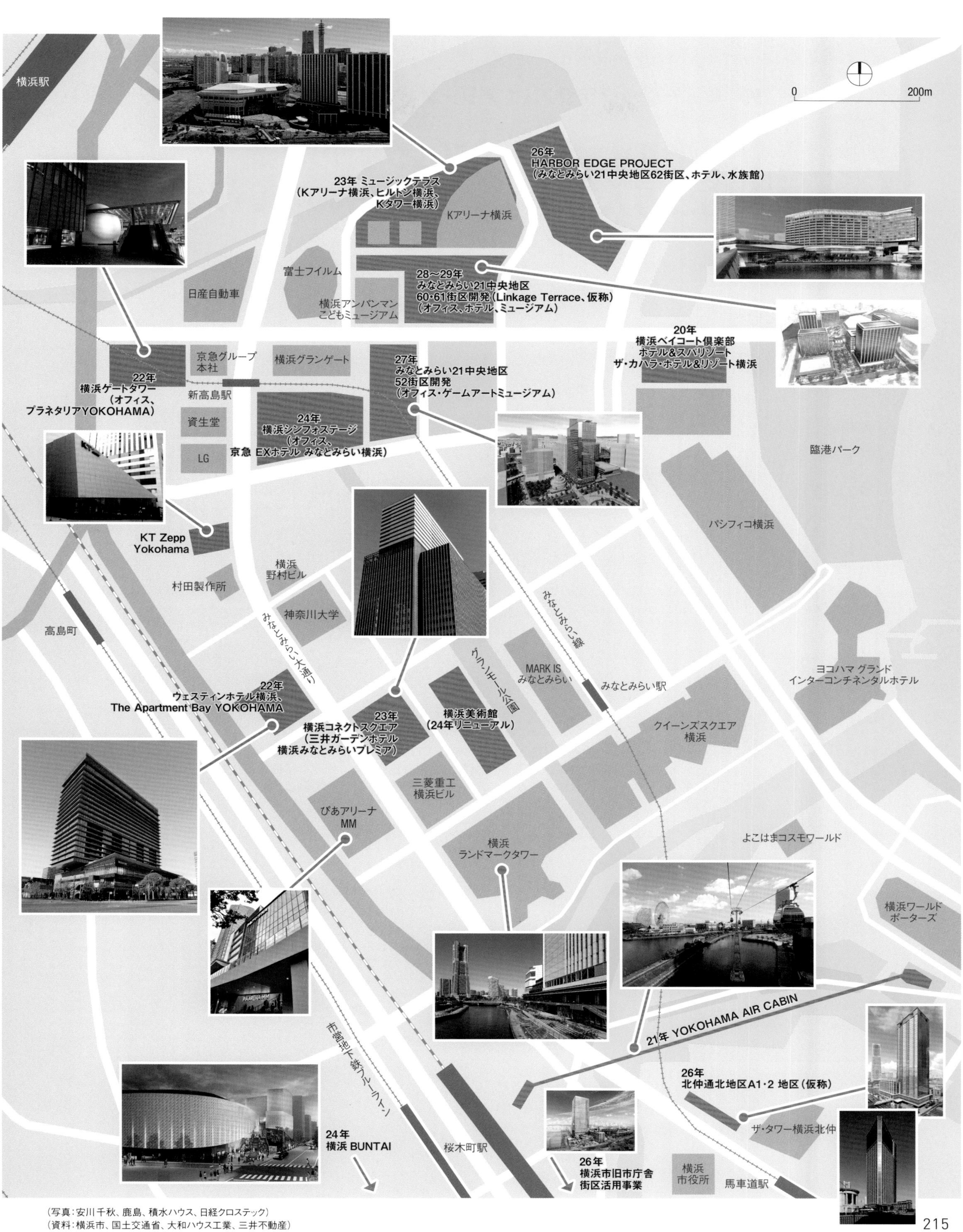
横浜駅
0
200m
26年
HARBOR EDGE PROJECT
（みなとみらい21中央地区62街区、ホテル、水族館）
23年 ミュージックテラス
（Kアリーナ横浜、ヒルトン横浜、
Kタワー横浜）
Kアリーナ横浜
富士フイルム
日産自動車
28～29年
みなとみらい21中央地区
60・61街区開発（Linkage Terrace、仮称）
（オフィス、ホテル、ミュージアム）
横浜アンパンマン
こどもミュージアム
20年
横浜ベイコート倶楽部
ホテル&スパリゾート
ザ・カハラ・ホテル&リゾート横浜
京急グループ
本社
横浜グランゲート
27年
みなとみらい21中央地区
52街区開発
（オフィス・ゲームアートミュージアム）
22年
横浜ゲートタワー
（オフィス、
プラネタリアYOKOHAMA）
新高島駅
資生堂
LG
24年
横浜シンフォステージ
（オフィス、
京急 EXホテル みなとみらい横浜）
臨港パーク
KT Zepp
Yokohama
パシフィコ横浜
横浜
野村ビル
村田製作所
神奈川大学
みなとみらい線
高島町
みなとみらい大通り
グランモール公園
MARK IS
みなとみらい
みなとみらい駅
ヨコハマ グランド
インターコンチネンタルホテル
22年
ウェスティンホテル横浜、
The Apartment Bay YOKOHAMA
23年
横浜コネクトスクエア
（三井ガーデンホテル
横浜みなとみらいプレミア）
横浜美術館
（24年リニューアル）
クイーンズスクエア
横浜
三菱重工
横浜ビル
ぴあアリーナ
MM
横浜
ランドマークタワー
よこはまコスモワールド
横浜ワールド
ポーターズ
21年 YOKOHAMA AIR CABIN
市営地下鉄ブルーライン
26年
北仲通北地区A1・2 地区（仮称）
ザ・タワー横浜北仲
24年
横浜 BUNTAI
桜木町駅
26年
横浜市旧市庁舎
街区活用事業
横浜
市役所
馬車道駅

（写真：安川千秋、鹿島、積水ハウス、日経クロステック）
（資料：横浜市、国土交通省、大和ハウス工業、三井不動産）

### ミュージックテラス（Kアリーナ横浜・ヒルトン横浜・Kタワー横浜）

23年

# 扇形の巨大ライブ会場が開業 約2万人収容、見切れ席のない大空間

横浜みなとみらい21地区で、巨大な扇形のライブ会場「Kアリーナ横浜」が2023年9月に開業した。複合施設「ミュージックテラス」の一部で、音楽専用では世界最大級の約2万2000人を収容する。

23年9月29日、徐々に日が暮れていく中、ペデストリアンデッキに続々と人が集まり始めた。この日、みなとみらいの一角にオープンしたKアリーナ横浜への入場を待つ観客たちだ。こけら落とし公演となったのは、横浜出身の2人組バンド「ゆず」による2日間のライブである。

Kアリーナ横浜はJR横浜駅の南側、駅付近とは帷子（かたびら）川を挟んだ対岸に立地している。ミュージックテラスの一部に当たり、ペデストリアンデッキに接続する形で超高層のホテ

2023年9月29日、開業当日のKアリーナ横浜。間接照明でライブ前の雰囲気を盛り上げた。デッキと1階を結ぶ階段は建築基準法上の避難階段とし、手すりを設置した（写真：安川 千秋）

複合施設「ミュージックテラス」の全景。左側の白い建物が「Kアリーナ横浜」。写真手前を走る貨物線、JR高島線上へ跨線橋が建設され、完成後はみなとみらい大橋との距離が縮まる。開業直後は人混みで、JR横浜駅まで戻るのに1時間以上かかる事態となった（写真：安川 千秋）

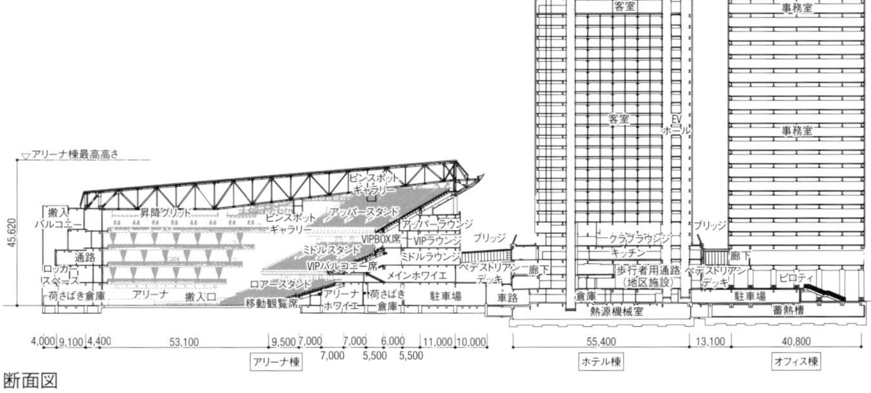


断面図

ル棟とオフィス棟も併設している。

これらは都市再生特別措置法に基づき、国土交通省が民間都市再生事業計画として認定した再開発プロジェクトだ。発注者は不動産会社のケン・コーポレーション、土地取得費用を含めた総事業費は約1000億円だ。

Kアリーナ横浜とオフィスは同社グループ会社が運営する。ホテルはケン・コーポレーションと米ヒルトンがフランチャイズチェーン（FC）契約を締結。「ヒルトン横浜」として、23年9月24日に開業した。

設計に携わったのは、ケン・コーポレーション企画部理事で総合クリエイターの野沢誠氏の他、梓設計、国建、鹿島だ。施工は全体を鹿島が担当し、Kアリーナ横浜の特殊設備工事をソニーマーケティングが担当した。

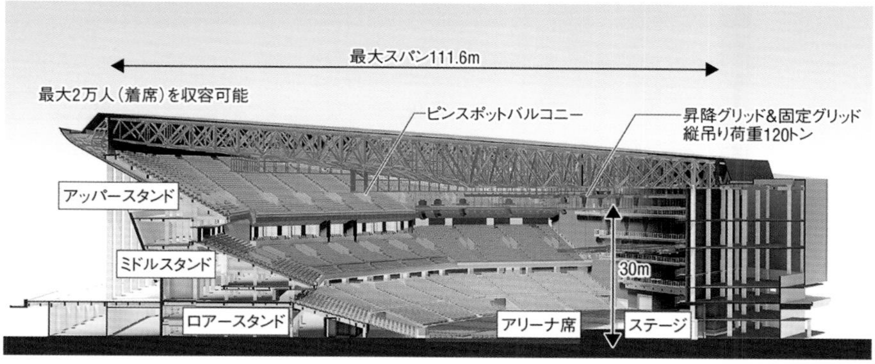


**Kアリーナ横浜の概要。ステージ前のアリーナ席を立ち席にすると、最大2万2000人を収容できる（資料：梓設計）**

**スタンド席へ向かう階段の踊り場。内部は天井仕上げがなく、ライブハウスのような雰囲気（写真：安川 千秋）**

## 狙いはライブハウスの雰囲気

Kアリーナ横浜は、アリーナ席と3層のスタンド席を備えた、巨大なライブ会場施設だ。鉄骨（S）造、一部鉄骨鉄筋コンクリート（SRC）造の地上9階建てで、最高高さは約45m。延べ面積は約5万4000m$^2$で、ステージ最前面のアリーナ部分を立ち席とした場合、最大約2万2000人、着席の場合で約2万人を収容する。

事業企画段階で扇形の形状を提案したのは、設計者の1者、梓設計だ。「この地を『世界のミュージックパーク』にするという発注者の強い意気込みに応え、外観形状は出航しようとする船舶をイメージした」と、同社専務執行役員の永廣正邦プリンシパルアーキテクトは語る。

内部は天井仕上げがなく、武骨ともいえる雰囲気だ。総合クリエイターの野沢氏は、「『ライブハウス』として、ラフな色気のある雰囲気を目指した」と説明する。ケン・コーポレーションのグループ会社は東京・渋谷でライブホールを4店運営している。そのノウハウを生かし、徹底的に無駄を省いた一方、階段にアートなど印象的な大型美術を配置した。

エントランスから階段を上り、スタンド席に入ると、最大スパン約112mの巨大な空間が広がる。

ケン・コーポレーション企画部課長で、施設を運営するKアリーナマネジメントの鳥山彬弘エリアマネジメント部長は、「扇状に広がる大空間は楕円状のスタジアムに比べて、観客席とステージの距離が短い。他にはないライブ鑑賞体験を提供できる」と話す。

**スタンド席から見た内部空間。屋根はS造の平行弦トラス架構で、最大スパンは約112mに及ぶ。柱はなく、どの席からもステージへ視線が通る（写真：安川 千秋）**

**通路の壁に配置した大量のコインロッカー。一時保管の顧客ニーズを満たしつつ、施設側の収益性も高まる（写真：安川 千秋）**

**建物側面に位置するVIPルームの内観。プライベート空間でイベントを鑑賞するニーズに応え、多様な鑑賞体験を実現した（写真：安川 千秋）**

会場内には柱がなく、どの席からもステージを見ることができる。スタンドの座席は千鳥状に配置し、着席状態での見通しも高めた。

鑑賞体験を高める工夫も凝らしている。通路には約6000個のコインロッカーを配置した。観客は荷物を預けてライブを楽しめる。

スタンド席背面に位置する通路にはラウンジを設けて、飲食物を提供する。一般席とは別にステージを見られる、VIP向けのボックス席やラウンジも配置した。

1万～2万人を集める音楽イベントは、アーティストの全国ツアーなどで「アリーナツアー」と呼ばれる。この規模の観客動員数を見込むイベント会場はスポーツイベントも可能なように、観客席を楕円状に配置する場合が多い。主催者が用意する舞台装置は、そうした会場を想定して設計されている。

「扇形は主催者から選ばれないのではないか」という懸念もあった。だが不安は払拭されつつあると、鳥山部長は見る。

**搬入出を含めて1日で完了可能に**

平面計画の特徴である2階のペデストリアンデッキは、1階の物流動線の上に位置する。バックヤードを充実させたのには重要な意図がある。

「音楽ライブは大量の舞台装置や音響装置を搬入・設置し、公演後は速やかに搬出しなければならない。かつては深夜の突貫作業が常態化していたが、新型コロナウイルス禍にスタッフの離職が加速。深刻な人手不足が起こっていると聞いている」（鳥山部長）

Kアリーナ横浜は大型トラックによる機材搬入や、フォークリフトを使ったステージ裏までの輸送ができる。これにより、搬入出を含めた“ワンデーコンサート”を可能にした。主催者は最小の人手でライブを実施でき、施設利用料も減らせる。

施設側は入れ替え期間が減り、稼働率を高められる。ケン・コーポレーションは点検日などを除いた実稼働日ベースで80％の稼働率、年間150日程度のイベント開催を目指す。

## キッチンカーもデッキに上がれる

ペデストリアンデッキには常設の店舗ブースを設置したほか、野外イベントも行える面積を確保した。キッチンカーがデッキへ上がれるように、十分な積載荷重を見込んだ。

施設全体の避難計画には避難安全検証法の国土交通大臣認定ルートを用いた。避難階は1階と設定し、前面道路とペデストリアンデッキを結ぶ屋外階段も避難階段の1つと見なして、建築基準法を満たす手すりを設置した。

**ステージ裏の荷さばき倉庫スペース。フォークリフトによる運搬作業を可能とし、イベント主催者の作業負荷軽減を図った（写真：安川 千秋）**

**ミュージックテラス**
（Kアリーナ横浜・ヒルトン横浜・Kタワー横浜）

■**所在地**：横浜市西区みなとみらい6-2-12、13、14 ■**主用途**：観覧場・ホテル・事務所 ■**地域・地区**：商業地域、防火地域、MM21地区まちづくり協議地区、みなとみらい21中央地区地区計画 ■**建蔽率**：84.58％（許容100％）■**容積率**：324％（許容600％）■**前面道路**：東西北16m ■**駐車台数**：373台 ■**敷地面積**：3万1793.97m² ■**建築面積**：2万6892.64m² ■**延べ面積**：11万8384.78m²（うち容積率不算入部分1万5668.18m²）■**構造**：鉄骨造、一部鉄筋コンクリート造・鉄骨鉄筋コンクリート造 ■**階数**：地上28階 ■**耐火性能**：耐火建築物 ■**各階面積**：1階2万7484.24m²、2階7255.98m²、3階8338.84m²、4階3356.94m²、5階7943.69m²、6階9516.12m²、7階6660.12m²、8階5878.37m²、9階2432.08m²、10～13階2203.33m²、14階2236.29m²、15階2191.86m²、16～23階2353.11m²、24～28階987.83m² ■**基礎・杭**：既成杭、場所打ち杭 ■**高さ**：最高高さ99.2m、軒高94.77m、階高3.4m（ホテル）、4.25m（オフィス）、天井高2.7m（ホテル客室）、2.8m（オフィス）■**発注者**：ケン・コーポレーション ■**総合クリエイター**：野沢誠 ■**設計者**：梓設計、国建、鹿島 ■**監理者**：梓設計、国建 ■**施工者**：鹿島、ソニーマーケティング ■**運営者**：Kアリーナマネジメント ■**設計期間**：2017年10月～20年8月 ■**施工期間**：2020年8月～23年7月 ■**開業日**：2023年9月

**28～29年**

## Linkage Terrace（みなとみらい21中央地区60・61街区）

# Kアリーナ横浜とつながる隣地整備 みなとみらい最後の開発街区が決定

「みなとみらい21中央地区60・61街区」の事業予定者が決定した。ケン・コーポレーションを代表企業とし、SMFLみらいパートナーズと鹿島、学校法人岩崎学園を構成企業とするグループだ。施設名は「Linkage Terrace（仮称）」。

東棟と西棟にオフィスやホテル、ミュージアム、商業施設、専門学校が入居する。計画地はケン・コーポレーションが2023年に開発した新街区のミュージックテラス（Music Terrace）に隣接し、相乗効果を狙う。ここにも新しいホテルができる。

敷地面積は2万3131.72m²、延べ面積は東棟が12万9325m²、西棟が2万5835m²。東棟は地下1階・地上27階建てで、高さが約100m。西棟は地下1階・地上13階建てで、同64.25m。26年3月に着工予定で、竣工は東棟が29年2月、西棟が28年8月を計画している。

**「みなとみらい21中央地区60・61街区」に開発予定の施設イメージ。東棟と西棟で構成（資料：横浜市財政局ファシリティマネジメント推進課、港湾局港湾管財課、都市整備局みなとみらい・東神奈川臨海部推進課）**

▶▶ 横浜コネクトスクエア、横浜シンフォステージなど

完成予定
22〜
26年

# 三井や京急、星野の国内勢にヒルトンも みなとみらい周辺でホテル開業ラッシュ

2023年5月に「横浜コネクトスクエア」の高層部で開業したホテル「三井ガーデンホテル横浜みなとみらいプレミア」。地上20階に設けたスカイプールが売り物（資料：三井不動産、三井不動産ホテルマネジメント）

横浜コネクトスクエアの外観。写真は22年10月時点で、ビルの外観がほぼ完成したときの様子。上部の白い外装部分がホテル（写真：鹿島・フジタ・馬淵建設・大洋建設JV）

横浜みなとみらい21地区とその周辺で2022年以降、ホテルの新規開業が続いている。国内勢と外資系のホテルがみなとみらいで激突する。24年以降もさらに増える見通しだ。

三井不動産と三井不動産ホテルマネジメントは23年5月、ホテル「三井ガーデンホテル横浜みなとみらいプレミア」を開業した。三井ガーデンホテルズが神奈川県に出店するのは初めてだ。プレミアの名の通り、三井ガーデンホテルズの中では客室の面積が広め。客室数は364室。

注目は入居先である。23年7月にグランドオープンした超高層ビル「横浜コネクトスクエア」の高層部に、三井ガーデンホテルができた。

横浜コネクトスクエアは地下1階・地上28階建てで、高さは145.8m。延べ面積は約12万1700m²。事業者はパナソニックホームズと鹿島、ケネディクスが出資する合同会社KRF48。設計は鹿島、施工は鹿島・フジタ・馬淵建設・大洋建設JVが手掛けた。みなとみらいでは建設会社の中で鹿島の存在が際立っている。

みなとみらい大通りを挟んで斜め向かいには、22年6月に開業した地上23階建てのホテル「ウェスティンホテル横浜」が立つ。客室数は373室と、三井ガーデンホテルと同規模だ。事業者は積水ハウス、設計者は日本設計、施工者は竹中工務店。ホテル運営は米マリオット・インターナショナルが担っている。

横浜といえば、海のイメージが強

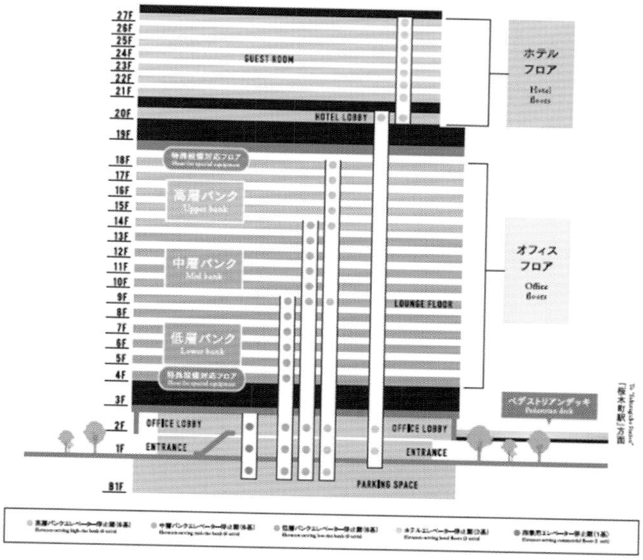


横浜コネクトスクエアの断面図（資料：パナソニックホームズ、鹿島、ケネディクス）

22年6月に開業した外資系ホテル「ウェスティンホテル横浜」。みなとみらい大通りを挟んで、三井ガーデンホテルの斜め向かいに位置する（写真：日経クロステック）

いが、どちらのホテルも海沿いではない。海から少し内陸に入った場所にある。みなとみらいに出現した、巨大なビジネス街のほぼ真ん中に位置している。

横浜コネクトスクエアは、基準階床面積が約4150m²というエリア最大級のオフィスフロアを備える。4～18階がオフィスで、その上の20～27階にホテルがある。ロビーがある20階にはスカイプールを設けた。

三井ガーデンとウェスティンは、みなとみらいに進出した企業で働くビジネスパーソンがターゲットになる。横浜を訪れる観光客だけを狙ったホテルではない。

横浜市は研究開発施設や外資系企業、大学などを、みなとみらいに積極的に誘致している。羽田空港に近く、グローバル企業には特に人気があるエリアだ。大通り沿いだけでも、日産自動車や富士フイルム、ソニー、京浜急行電鉄、資生堂、LG Japan Lab（横浜市）、村田製作所、野村総合研究所などが進出済みである。

## 巨大オフィスとホテルがセット

ウェスティンが三井ガーデンを迎え撃つ格好だが、大通り周辺は今後もホテルの開業ラッシュが続く。大通りの北側では、24年3月末に大型複合施設「横浜シンフォステージ（YOKOHAMA SYMPHOSTAGE）」が竣工した。地下1階・地上30階建てのウエストタワーと、地下1階・地上16階建てのイーストタワーの2棟から成る。みなとみらい最大級の施設である。両棟を合わせた延べ面積は、約18万3100m²に達する。

事業者は大林組、京浜急行電鉄、日鉄興和不動産、ヤマハ、みなとみらい53EAST合同会社で、設計・施工は大林組だ。

横浜シンフォステージもオフィス中心の超高層ビルだが、ウエストタワーの高層部には「京急 EXホテル みなとみらい横浜」が入居する。客室数は150室とウェスティンや三井ガーデンの半分以下だ。京急EXの競合は斜め向かいにある「横浜 東急REIホテル」と見るべきかもしれない。

さらに北側では23年9月、世界最

大級の音楽ライブ施設「Kアリーナ横浜」が開業。その隣に立つ、地下1階・地上26階建てのホテル棟に「ヒルトン横浜」が誕生した。ヒルトンブランドのホテルは横浜初進出だ。客室数は339室。ヒルトン横浜の隣にはオフィス棟「Kタワー横浜」がある。

アリーナとホテル、オフィスの3つの施設から成る新街区は、ライブ施設にちなんで「ミュージックテラス」と名付けられた。事業者はケン・コーポレーション。設計者は梓設計と国建、鹿島で、施工者は鹿島である。

Kアリーナに近い海沿いの62街区には26年にも、水族館とともにカナダのフォーシーズンズ・ホテルズ・アンド・リゾーツの進出が計画されている。みなとみらいの高級ホテルといえば、桜木町側の「ヨコハマ グ

大型複合施設「横浜シンフォステージ（YOKOHAMA SYMPHOSTAGE）」。イーストタワーとウエストタワーの2棟で構成する。24年3月末に竣工（写真：北山 宏一）

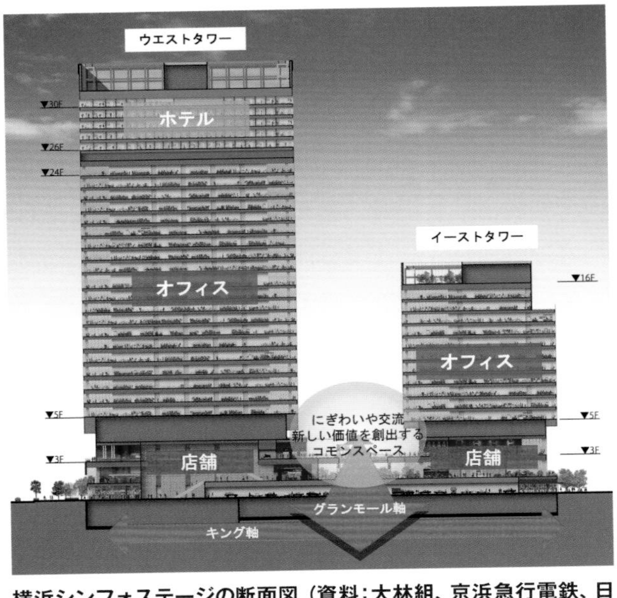


横浜シンフォステージの断面図（資料：大林組、京浜急行電鉄、日鉄興和不動産、ヤマハ、みなとみらい53EAST合同会社）

横浜シンフォステージのウエストタワー高層部に「京急 EXホテル みなとみらい横浜」が入居する。24年6月の開業予定。大浴場と露天風呂を備える（資料：京浜急行電鉄）

音楽ライブ施設「Kアリーナ横浜」の隣に立つホテル棟で、外資系ホテル「ヒルトン横浜」が23年9月に開業（資料：ヒルトン横浜）

JR関内駅前の「旧市庁舎行政棟」を一部保存するホテル「OMO7（おもせぶん）横浜 by 星野リゾート（仮称）」の完成イメージ（資料：星野リゾート）

「横浜市旧市庁舎街区活用事業」の完成イメージ。前方右側に見えるのがホテル棟だ（資料：三井不動産、鹿島、京浜急行電鉄、第一生命保険、竹中工務店、ディー・エヌ・エー、東急、星野リゾート）

関内に近い日本大通り駅直結の滞在型ホテル「シタディーンハーバーフロント横浜」は23年6月に開業。すぐ近くに同じく外資系のホテル「ハイアット リージェンシー 横浜」がある（資料：NTT都市開発、大成建設）

ランド インターコンチネンタル ホテル」「横浜ベイホテル東急」「横浜ロイヤルパークホテル」が定番だった。近年、「インターコンチネンタル横浜Pier 8」「ザ・カハラ・ホテル＆リゾート 横浜」が加わった。

さらにウェスティンや三井ガーデン、京急 EX、フォーシーズンズが続く。みなとみらいは高級ホテルの激戦地に様変わりする。

**関内駅前に星野リゾートが進出**

みなとみらい大通りの南側にも目を向けよう。ウェスティンや三井ガーデンの最寄りである桜木町駅は、みなとみらい観光の玄関口だ。21年にはロープウエー「YOKOHAMA AIR CABIN」が開業している。

桜木町駅周辺にはビジネスホテルが林立しているが、このエリアに27年、「コンラッド横浜」が進出する。また、隣の関内駅前には26年春にもホテル「OMO7（おもせぶん）横浜 by 星野リゾート（仮称）」が誕生。「旧市庁舎行政棟」を一部保存するホテルで、客室数は約280室を予定する。地上8階建ての旧市庁舎行政棟は、建築家の村野藤吾の設計で知られる。

みなとみらいで働く人も遊ぶ人も、横浜中華街や横浜スタジアムまで足を伸ばそうと思えば、桜木町から関内の駅前ホテルが視野に入る。

関内に近い日本大通り駅には、駅直結のホテル「シタディーンハーバーフロント横浜」が23年6月に開業済みだ。客室数は242室。シタディーンはシンガポールのアスコットが展開するホテルブランドで、サービスアパートメントに位置付けられる。

完成予定
27年

▶▶ みなとみらい21中央地区52街区開発

# 世界初のゲームアートミュージアム 1年遅れで「キング軸」沿いに着工

横浜みなとみらい21地区で世界初のゲームアートミュージアムなどを整備する、「みなとみらい21中央地区52街区開発事業」を2024年2月に着工した。事業者は、DKみなとみらい52街区特定目的会社と光優（横浜市）。DKみなとみらい52街区特定目的会社は大和ハウス工業と光優が設立した。設計は久米設計、施工はフジタ・大和ハウス工業JVが手掛ける。

注目は、世界初のゲームアートに特化したミュージアムだ。ゲームアートとは、「メインビジュアルや映像、キャラクターデザイン、インタラクティブデザイン、サウンドなど、さまざまな要素を含む複合芸術だ」。そう語るのは、光優で専務取締役を務める襟川芽衣氏だ。

光優はゲーム会社であるコーエーテクモホールディングスの親会社、光優ホールディングス（横浜市）のグループ企業に当たる。

襟川専務は、ミュージアムの詳細は検討中だが、「最先端のCG技術を用い、体験型のエンターテインメントにしていきたい。世界中のゲームファンが集う場所になることを目指す」と意気込む。

52街区は国有地と市有地にまたがる約1万1000$m^2$の敷地。施設全体の地下に地域熱供給プラント、地上には29階建ての複合施設と3階建てのゲームアートミュージアム棟を設ける計画だ。

施設の地上2階部分にペデストリアンデッキを架け、みなとみらいの「キング軸」と呼ばれる、東西方向につなぐ。デッキを囲むようにゲームアートミュージアムとオフィス棟の低層部に、商業エリアやイノベーションプラットフォームなどを配置。27年7月の開業を予定する。

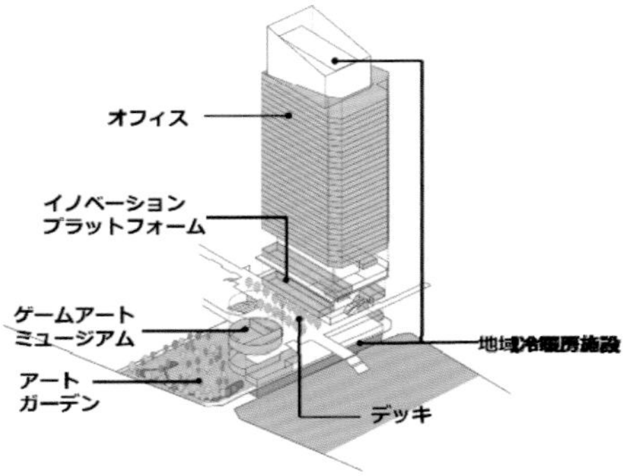


完成イメージ（上）と断面イメージ（右）。中央の巻き貝のような建物がゲームアートミュージアム（資料：大和ハウス工業、光優）

手前が「みなとみらい21中央地区52街区開発事業」の工事現場。横浜シンフォステージ（右奥）の隣の街区だ（写真：北山 宏一）

▶▶ 川崎新！アリーナシティ・プロジェクト

完成予定 28年

# DeNAと京急が川崎駅近くに1.5万人アリーナ 外装デザインはフランスのモロークスノキ

「川崎新！アリーナシティ・プロジェクト」で新設する、アリーナを含めた複合エンターテインメント施設の配置イメージ（資料：DeNAと京浜急行電鉄の発表資料より参照）

ディー・エヌ・エー（DeNA）と京浜急行電鉄（以下、京急電鉄）が川崎市で推進している民間プロジェクト「川崎新！アリーナシティ・プロジェクト」。新設するアリーナを含む複合エンターテインメント施設の設計者やデザイナーが決まった。2023年11月21日に両社が発表した。

基本設計は久米設計、アリーナのボウルデザインはアメリカのオーバーランド・パートナーズ（OVERLAND PARTNERS）、外装デザインはフランスのモロークスノキ建築設計（MOREAU KUSUNOKI）がそれぞれ手掛ける。

「各分野で実績が豊富な日米欧の最強チームを結成できた。川崎市の新しいシンボルになれるように設計チームの力を借りたい」と、DeNAスポーツ・スマートシティ事業本部川崎拠点開発室室長兼DeNA川崎ブレイブサンダース取締役会長の元沢伸夫氏は語る。

施設はDeNAと京急電鉄が共同出資して建設する。運営はDeNAが出資する新会社が担う方向で検討している。基本設計を受け、24年春にも施設のパースを公開する予定。25年に着工し、28年10月の開業を目指す。

久米設計は「東京有明アリーナ」など国内事例が豊富だ。数多くのスタジアムやボウル施設の設計を手掛けてきたオーバーランド・パートナーズは、アリーナの形状や座席配置、VIPルームの位置といったボウルデザインを手掛ける。また、スポーツ施設の顧客体験価値を高める仕掛けを用意する。同社は1987年に米テキサス州で誕生し、現在は東京オフィスも構えている。

外装デザインは、仏パリを拠点とするモロークスノキ建築設計を起用する。DeNAは国内外の建築設計事務所を対象にコンペを実施し、モロークスノキ建築設計を選定した。

同社はニコラ・モロー氏と楠寛子氏が2011年に立ち上げた設計事務所だ。フィンランドで計画されている美術館「グッゲンハイム・ヘルシンキ」の国際コンペで最優秀賞を獲得するなど注目度が高い。現在は世界中でプロジェクトが進行中である。

アリーナは、DeNA傘下のプロバスケットボールクラブ「川崎ブレイブサンダース」の本拠地になる。28年10月に開幕するシーズンからアリーナを使用する予定である。

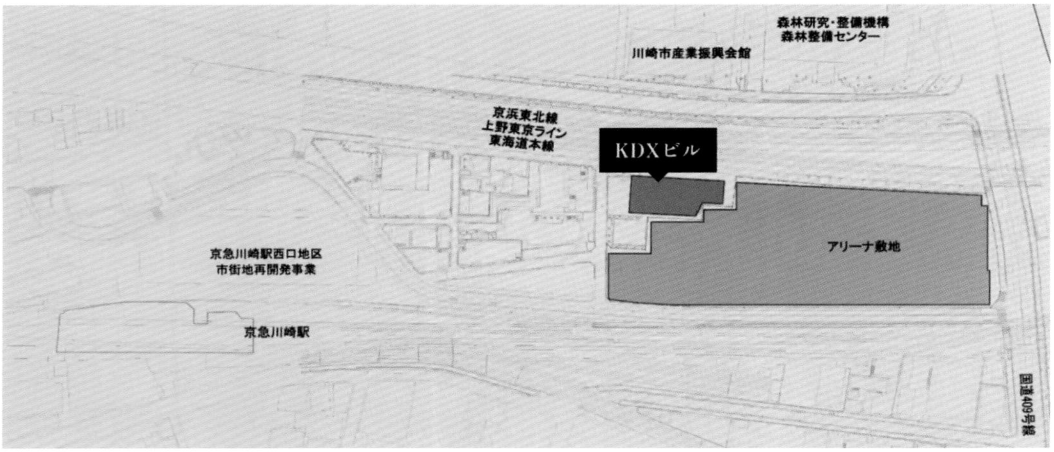


当初の建設予定地の隣に立つ「KDXビル」の土地と建物を新たに取得し、施設を拡張する（資料：DeNAと京急電鉄の発表資料より参照）

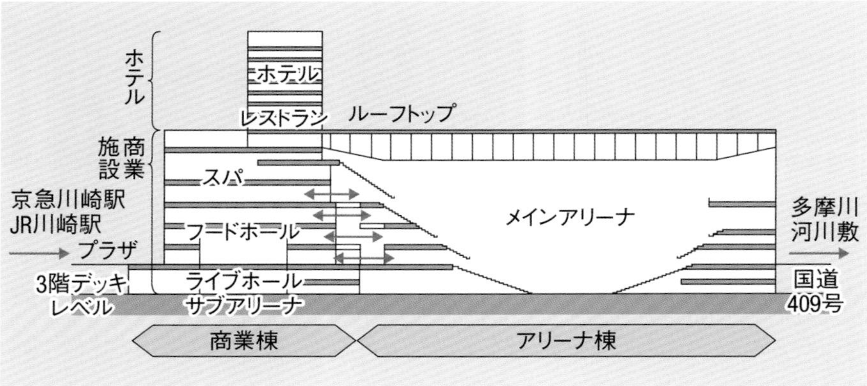


アリーナを含めた複合エンターテインメント施設の断面イメージ（資料：DeNA、京急電鉄の資料を基に日経アーキテクチュアが作成）

DeNAは23年3月に川崎市の京急川崎駅近くに、約1万人収容の新アリーナを含む複合エンターテインメント施設を開業すると発表していた。そして新たに、複合エンターテインメント施設の建設予定地に隣接する敷地も取得したことを明らかにした。現在、「KDX川崎駅前本町ビル（KDXビル）」が立つ土地である。

追加取得により敷地を広げられるだけでなく、「建設予定地を長方形の整形地にできる」（DeNAの元沢氏）。敷地面積は当初発表されていた約1万1670m²に今回の約1970m²が加わる。合計で約1万3640m²に拡張する。

**駅や空港に近い立地の良さが強み**

アリーナの最大想定収容人数も、当初の約1万人から約1万5000人に拡大する。川崎ブレイブサンダースがホームアリーナとして使用する際の最大収容可能人数は、1万2000人規模になる見通しだ。

最大で約1万5000人収容のアリーナになると、「首都圏で音楽ライブや格闘技大会などが開かれる主要施設と肩を並べられる。大規模イベントの誘致が可能になるだろう」（DeNAの元沢氏）。

音楽ライブの開催で比較すると、横浜アリーナやさいたまスーパーアリーナ、代々木第一体育館、日本武道館などの収容人数に匹敵する。しかも今回のアリーナは「年間200日稼働を想定しており、業界でもかなりの高水準を目指している」（DeNAの元沢氏）。

元沢氏は「バスケットボールの試合だけでなく、各種イベントにアリーナを使ってもらえるよう興行主などと話し合いを進めている。当初計画の1万人よりも1万5000人規模のほうが施設の利用ニーズが高いと感じている」と明かす。

DeNAは18年から川崎ブレイブサンダースを運営している。売り上げが過去5年間で約7倍に伸びるなど、成長が著しい。バスケットボールは特に子どもたちに人気が高く、

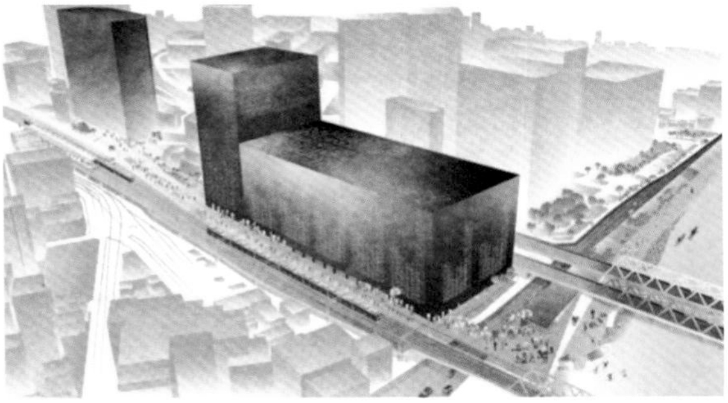

アリーナと商業棟のイメージ。3階の広場「プラザ」が正面玄関となり、メイン動線を設ける。一番左の黒い建物イメージは京急電鉄の再開発ビル（資料：DeNA、京急電鉄）

「バスケットボールのスクール加入者が2000人を超えた。ポテンシャルは大きい」（DeNAの元沢氏）。

川崎新！アリーナシティ・プロジェクトは、プロバスケットボール「B.LEAGUE」の試合開催時に約1万2000人を収容できるアリーナになるだけではない。宿泊や飲食、商業などを備えた集客施設になる。

新アリーナの最大の強みは、「立地の良さと考えている」（DeNAの元沢氏）。近接する京急川崎駅およびJR川崎駅は、1日に約60万人が行き来する日本有数のビッグターミナルだ。

京急川崎駅は品川駅から電車で最短10分、羽田空港からは同13分と便利である。東京や横浜から訪れやすく、飛行機の国際線ターミナルも近いので世界中から人を呼び込める。

当初の建設予定地は、自動車教習所「KANTOモータースクール川崎校」がある場所だ。JRと京急電鉄の線路に挟まれた細長い敷地形状をしている。北側には多摩川の河口が広がる。DeNAと京急電鉄は敷地所有者と土地の賃貸借契約を締結した。

プロジェクトでは多摩川側にメインアリーナ、京急川崎駅側に17階建ての商業棟を建設する。メインアリーナと商業棟の正面玄関に相当する広場「プラザ」を地上3階に設け、3階レベルをメイン動線とする。

4～6階もメインアリーナと接続し、プラザを中心にイベントや試合などの興行時の待合スペースやイベント広場として活用する。

1～2階にはサブアリーナ兼ライブホールを設ける。バスケットボール試合開催時の練習場として使うだけでなく、最大2000人規模の音楽ライブもできるスペースにする。

3～8階には温浴施設やフードホールを設け、10～17階がレストラン併設のホテルになる。屋上にも出られるようにする。

### 京急の近接オフィス開発と連携

京急川崎駅に隣接する西口エリアでは、京急電鉄が指定開発行為者を務める「京急川崎駅西口地区第1種市街地再開発事業」も進んでいる。30年度の竣工予定とだいぶ先だが、こちらはオフィス主体のビルになる計画だ。

2つの再開発プロジェクトは施設を接続して連携。川崎市の活性化に貢献する。

京急電鉄生活事業創造本部まちづくり推進部の小松麻依氏は、「京急川崎駅の西口地区は再開発が進んでいなかったエリアだ。アリーナ建設に大きな期待を寄せている。2つのプロジェクトを別々に進めるよりも、アリーナとの一体開発で連携すれば大きな相乗効果を見込める」と話す。

JRと京急の線路に挟まれた細長い敷地に施設を建てる。施設の手前は多摩川（資料：DeNA、京急電鉄）

▶▶ **インフラ** **相鉄・東急直通線「新横浜線」**

23年

# 相鉄と東急の直通でアクセス向上 新横浜駅発の東海道新幹線も登場

神奈川県を走る相模鉄道と東急電鉄の直通線（相鉄・東急直通線「新横浜線」）が、2023年3月18日に開業した。相鉄・東急直通線は相鉄本線の西谷駅と東急東横線・目黒線の日吉駅の間を結び、相鉄と東急が相互直通運転を行う。直通線の開業で、東急線内には新横浜駅と新綱島駅の2つの駅が新設された。

相鉄の営業区間は西谷駅から新横浜駅までの6.3kmで、名称は「相鉄新横浜線」になる。一方、東急の営業区間は日吉駅から新横浜駅までの5.8kmで、こちらは「東急新横浜線」だ。

相鉄新横浜線のうち、西谷駅と隣の羽沢横浜国大駅の間の2.1kmは、19年11月の「相鉄・JR直通線」開業時に営業運転を開始している。今回は羽沢横浜国大駅から、東急の日吉駅まで新路線をつなげた。

これにより、JR東海の東海道新幹線が停車するJR新横浜駅へのアクセスが非常に便利になった。これまで相鉄や東急の各路線からJR新横浜駅へ向かうには、横浜駅や菊名駅などで乗り換える必要があった。

JR東海も新横浜線の開業に合わせて、JR新横浜駅発の下り「のぞみ号」を新設した。土曜日と月曜日を中心に運転する。

名古屋・京都・新大阪までの到着時間は、従来の新横浜午前6時発「ひかり533号」よりも7～8分、品川午前6時発「のぞみ99号」より9～10分ほど早くなる。

直通線の開業効果は、新幹線の利便性向上にとどまらない。横浜市西部や神奈川県県央部から都心への速

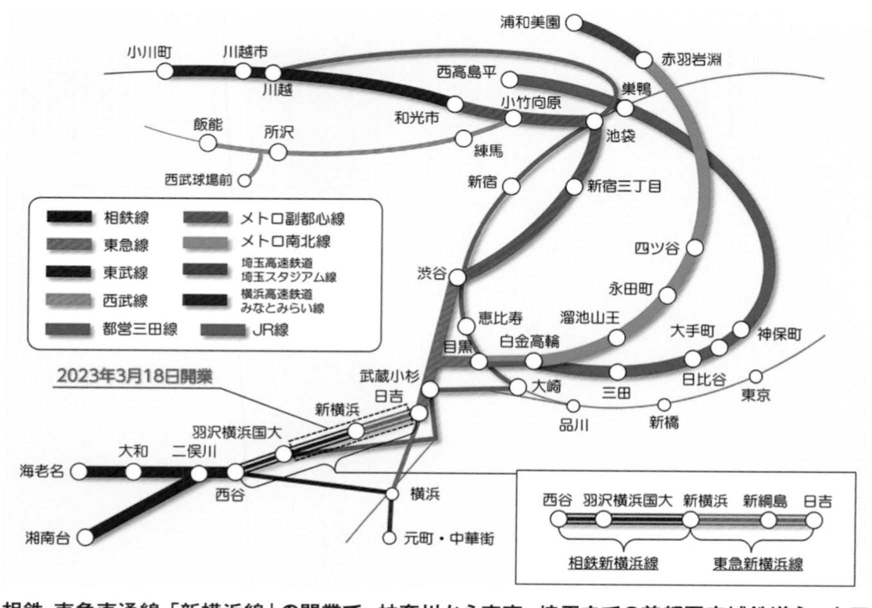


相鉄・東急直通線「新横浜線」の開業で、神奈川から東京、埼玉までの首都圏広域鉄道ネットワークが形成された（資料：相模鉄道）

開業直前の新横浜駅。新幹線との連絡が格段に便利になった。写真は2022年11月の様子（写真：鉄道建設・運輸施設整備支援機構）

新綱島駅の様子。22年11月撮影（写真：鉄道建設・運輸施設整備支援機構）

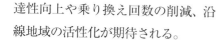

線路が敷設された新横浜トンネル。22年11月撮影（写真:鉄道建設・運輸施設整備支援機構）

相鉄・東急直通線の綱島トンネルを掘削するシールドマシン。20年10月撮影（写真：鉄道建設・運輸施設整備支援機構）

達性向上や乗り換え回数の削減、沿線地域の活性化が期待される。

### 神奈川と東京、埼玉を行き来

相鉄線から都心へは相鉄・JR直通線の利用で、新宿や渋谷方面まで乗り換えなしで行ける。さらに相鉄新横浜線が開業したことで東急線を経由し、東京メトロ南北線や副都心線、都営三田線、埼玉高速鉄道埼玉スタジアム線、東武東上線とも直通運転が実現した。

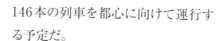

地下から地上に顔を出す日吉駅の接続部。22年11月撮影（写真:鉄道建設・運輸施設整備支援機構）

乗り換えなしで行ける駅の数が飛躍的に増え、神奈川・東京・埼玉の7社局14路線を結ぶ広域ネットワークが形成された。

相鉄線から東急線方面に直通する列車は、平日ダイヤで100本。種別は相鉄が特急と各駅停車、東急が急行と各駅停車となり、種別変更は新横浜駅で行う。西谷駅と新横浜駅には全ての列車が停車する。海老名駅から新宿方面を結ぶ相鉄・JR直通線の46本を合わせて、1日当たり合計146本の列車を都心に向けて運行する予定だ。

朝の通勤・通学時間帯の一部列車を除き、相鉄本線からは東急目黒線方面に乗り入れ、都営三田線や東京メトロ南北線、埼玉高速鉄道埼玉スタジアム線（朝夕のみ）に直通する。相鉄いずみ野線からは東急東横線方面に乗り入れ、東京メトロ副都心線と東武東上線に直通する。

相鉄・東急直通線は相鉄・JR直通線とともに、神奈川東部方面線として2000年運輸政策審議会答申第18号に基づいて計画された。鉄道建設・運輸施設整備支援機構が鉄道施設を建設・保有し、相鉄および東急が営業する上下分離方式を採用している。

20年6月には、新横浜駅付近で地下トンネル工事中に2度の陥没事故が起こっている。事業費は当初、約1957億円を見込んでいた。ところが工法の変更や建設費の上昇などで、最終的には約2900億円へと1000億円近くも膨らんでいる。

# 著　者　一　覧

## 1 麻布台・虎ノ門・六本木・赤坂

p10　菅原 由依子、小山 航、星野 拓美＝いずれも NXT ／ NA（NA2024 年 1 月 11 日号特集「麻布台ヒルズ徹底解剖」）
p32　川又 英紀＝ NXT（NXT24 年 2 月 8 日記事「麻布台ヒルズでチームラボボーダレス開業、都心立地でお台場超えなるか」）
p36　川又 英紀（NXT23 年 8 月 24 日記事「麻布台ヒルズの 330m タワー最上部にアマン住宅、別棟に世界初のジャヌ」）
p40　立野井 一恵＝ライター、菅原 由依子（NA24 年 1 月 11 日号フォーカス建築「虎ノ門ヒルズ ステーションタワー、都市軸が貫通する摩天楼」）
p52　川又 英紀（NXT23 年 10 月 11 日記事「虎ノ門ヒルズの新名所 TOKYO NODE、メモラブルな無限プールや大空間の新作公演」）
p56　坂本 曜平＝ NXT ／ NCR（NXT24 年 1 月 24 日記事「虎ノ門の新歩行者デッキ、造形美と安全性と管理のしやすさを実現」）
p59　星野 拓美（NXT23 年 2 月 24 日記事「六本木ヒルズの隣地に 200m 超高層、野村不動産などが約 804 億円の再開発」）
p60　守山 久子＝ライター（NA24 年 1 月 25 日号特集「プロジェクト予報 2024」）
p62　川又 英紀（NXT21 年 11 月 24 日記事「ハリポタ上演など赤坂をエンタメ集積地に、三菱地所と TBS、東京メトロが駅街開発」）
p64　中東 壮史＝ NXT ／ NA（NA24 年 1 月 25 日号ニュース「木造混構造で国内最大級の賃貸ビル、木に包まれた約 21m × 約 18m の無柱空間を実現」）
p65　菅原 由依子（NA21 年 8 月 26 日号ニュース「“用途未定”のコンクリートキューブ、内藤廣氏設計の紀尾井清堂」）

## 2 東京駅周辺・日本橋・八重洲・京橋

p68　森岡 麗＝ NXT（NA22 年 1 月 27 日号特集「プロジェクト予報 2022」）
p68　守山 久子＝ライター（NA24 年 1 月 25 日号特集「プロジェクト予報 2024」）
p68　中東 壮史（NXT23 年 5 月 10 日号記事「住友不動産が八重洲二丁目南地区に 230m 超高層、パラスポーツ新拠点」）
p72　中東 壮史（NA23 年 10 月 26 日号ニュース「高さ日本一のトーチタワー着工、2028 年 3 月の完成を目指す」）
p74　森岡 麗（NXT22 年 11 月 15 日記事「トーチタワーに日本初進出の超高級ホテル、地上 300m の眺望と“唯一無二の体験”」）
p75　川又 英紀（NXT24 年 1 月 16 日記事「三井不動産が国内最大の木造混構造賃貸オフィスビル、竹中工務店が耐火技術を初適用」）
p78　中川 美帆＝ライター（NXT22 年 6 月 30 日記事「首都高地下化で見え始めた青空、地下鉄 1 両分の重さの橋桁一括撤去が進む」）
p82　立野井 一恵＝ライター（NA23 年 6 月 8 日号フォーカス建築「東京ミッドタウン八重洲、八重洲に複合開発の集大成」）
p82　川又 英紀（NA23 年 6 月 8 日号フォーカス建築「YANMAR TOKYO、東京駅前に新ヤンマービル」）
p90　川又 英紀（NXT23 年 4 月 11 日記事「ブルガリホテルが東京駅前開業、ドーチェスターなど超高級ホテルの頂上対決一覧」）
p93　星野 拓美（NA23 年 2 月 9 日号ニュース「180m 超高層と空中回廊を連携、東京建物が東京・京橋で再開発」）
p94　川又 英紀（NXT22 年 11 月 17 日記事「戸田建設の新社屋と隣のアーティゾン美術館でアート街区、1 ～ 6 階と広場を立体連携」）
p96　川又 英紀（NXT21 年 6 月 17 日記事「第一生命と清水建設が木造ハイブリッド構造の 12 階建て賃貸ビル新築へ、25 年以降竣工」）

## 3 丸の内・内幸町・銀座

p98　橋本 剛志＝日本経済新聞（NA22 年 8 月 25 日号ニュース「東京海上の新本店は 20 階建て高層木造、東京・丸の内で 2024 年着工」）
p98　川又 英紀（NA21 年 10 月 28 日号ニュース「東京海上日動の新ビルにレンゾ・ピアノ氏、前川國男設計の本館は 2022 年に解体へ」）
p100　森岡 麗（NXT22 年 10 月 17 日記事「帝劇ビルと国際ビルが 2025 年に閉館、一体的に建て替えへ」）
p102　川又 英紀（NA22 年 4 月 14 日号ニュース「内幸町 1 丁目街区の詳細を公表、都内最大級となる大規模再開発」）
p104　菅原 由依子（NA21 年 11 月 25 日号ニュース「帝国ホテルの新本館デザインに田根剛氏、2036 年度完成を目指す」）
p105　山本 恵久＝旧 NA 編集委員（NA21 年 10 月 28 日号ニュース「役割終える建てないソニーパーク、公園の性格は継承」）
p106　川又 英紀（NXT23 年 2 月 8 日記事「林昌二設計の銀座の三愛ドリームセンターがついに解体、新ビル設計は小堀哲夫氏」）
p108　川又 英紀（NA21 年 6 月 24 日号フォーカス建築「LOUIS VUITTON GINZA NAMIKI、青やオレンジに輝く水の柱」）
p113　橋本 剛志＝日本経済新聞（NA22 年 8 月 25 日号有名建築その後「中銀カプセルタワービル、メタボリズムの新たな船出」）

## 4 品川・高輪・三田・田町・浜松町

p120　川又 英紀（NA22 年 1 月 27 日号特集「プロジェクト予報 2022」）
p124　川又 英紀（NXT22 年 4 月 27 日記事「JR 東の高輪ゲートウェイシティ、文化創造棟は隈研吾氏がらせんの外装デザイン」）
p127　川又 英紀（NXT23 年 6 月 12 日記事「JR 東が高輪築堤跡を 27 年度記事、150 年前の史跡が新街区のランドスケープに」）
p127　小山 航（NXT23 年 5 月 22 日記事「JR 東が進める品川開発の名称を TAKANAWA GATEWAY CITY に決定、KDDI と共創も」）
p129　川又 英紀（NXT22 年 5 月 27 日記事「野村不がツインタワー建てる芝浦にグループの本社移転、フェアモントホテルも初進出」）
p132　川又 英紀（NXT22 年 10 月 27 日記事「港区最大敷地面積の分譲マンション、23 年 2 月に販売開始」）

## 5 新宿・中野

p138　川又 英紀（NXT23 年 8 月 7 日記事「京王電鉄が新宿駅西南口開発と駅改良に 3000 億円、28 年度に第 1 弾の 225m ビル」）
p140　川又 英紀（NXT22 年 2 月 17 日記事「260m 超高層の新宿駅西口再開発で小田急と東急不がタッグ、両社で 2000 億円投資」）
p142　長井 美暁＝ライター（NA23 年 5 月 25 日号フォーカス建築「東急歌舞伎町タワー、歌舞伎町に輝くエンタメビル」）
p150　川又 英紀（NXT23 年 9 月 11 日記事「JR 中野駅の橋上駅舎と南北通路が 26 年誕生、サンプラザ閉館後の中野大改造の要」）
p152　川又 英紀（NA23 年 1 月 26 日号ニュース「中野サンプラザ跡地に 60 階建て、野村不動産などが最新の完成イメージ公開」）

## 6 渋谷・代々木・原宿・青山

p155　川又 英紀（NXT22年8月1日記事「東急百貨店本店跡地にスノヘッタの165mビル、渋谷道玄坂で新たなホテル競争」）
p158　川又 英紀（NXT24年1月15日記事「渋谷が高級ホテル急増で泊まる街に、東急陣営とインディゴやトランクが激突」）
p164　奥山 晃平＝NXT／NA（NA23年12月28日号ニュース「渋谷サクラステージが開業　渋谷再開発群のラストピース、働・遊・住をつなぐ」）
p166　川又 英紀（NXT23年12月25日記事「令和にビットバレー再来か、駅直結の渋谷サクラステージにIT企業やエンタメ系集積」）
p172　川又 英紀（NXT23年6月7日記事「ヒカリエ隣に23階建ての渋谷アクシュが24年度開業、駅東口エリアの要に」）
p175　川又 英紀（NXT22年6月1日記事「渋谷マルイが本格的木造商業施設に挑戦、設計リードは英フォスター事務所」）
p176　松浦 隆幸＝ライター（NA20年2月13日号フォーカス建築「東京メトロ銀座線渋谷駅、M形アーチで魅せる無柱駅舎」）
p180　川又 英紀（NA23年6月22日号ニュース「東急不が新施設ハラカドの現場公開、外装は平田晃久氏デザイン」）
p181　川又 英紀（NA22年11月24日号ニュース「原宿クエストにOMA重松氏、表参道と奥原宿の二面性を表現」）
p182　坂本 曜平（NA22年9月22日号ニュース「新秩父宮ラグビー場の整備に鹿島グループ、新スタジアムは屋根付き」）
p183　川又 英紀（NXT24年2月7日記事「しゃれた自由が丘の復活なるか、駅前にヒューリックや鹿島が参加の15階建て施設」）
p185　川又 英紀（NXT23年6月9日記事「代々木公園Park-PFI計画、25年2月に供用開始で東急不が広域渋谷圏を構築」）
p185　川又 英紀（NXT21年3月5日記事「渋谷区初のPark-PFI北谷公園が4月1日開園、指定管理者に東急や日建設計など」）
p185　川又 英紀（NXT23年10月25日記事「代官山駅前に隈研吾氏設計の高級賃貸、緑豊かな木箱のような建物と小道のカフェ」）
p187　奥山 晃平（NXT23年11月8日記事「都立公園初のPark-PFI都立明治公園が一部開園、東京建物や三井物産などが管理」）
p189　川又 英紀（NA23年7月27日号特集「激論！トイレ問題」）

## 7 お台場・晴海・豊洲・有明

p194　坂本 曜平（NA22年12月8日号特集「熱狂のスタジアム・アリーナ」）
p196　川又 英紀（NA23年2月9日号ニュース「ハルミフラッグタワー棟の詳細明らかに、湾岸"最前列"に50階建てが2棟出現」）
p197　川又 英紀（NXT23年12月15日記事「晴海フラッグ板状棟が初公開、中村拓志氏デザインの竹外装が建物内外と調和」）
p201　川又 英紀（NXT23年10月30日記事「晴海フラッグ賃貸街区の契約開始で24年1月生活スタート、注目は大浴場など共用施設」）
p205　川又 英紀（NXT24年2月1日記事「豊洲千客万来が24年2月1日開業、市場場外の飲食棟は日本最大級の木造耐火建築」）
p205　川又 英紀（NXT21年11月17日記事「"都市型道の駅"に接続するメブクス豊洲で入居開始、街開きは22年4月」）
p208　川又 英紀（NXT24年3月8日記事「豊洲のランニング施設解体・移設を同時進行、秋開業の有明アーバンスポーツパーク」）
p211　安藤 剛＝NXT／NCR（NXT22年2月4日記事「東京メトロの有楽町線・南北線延伸へ、建設費4000億円」）
p212　橋本 剛志＝日本経済新聞（NXT22年12月1日記事「東京駅と晴海・豊洲を結ぶ地下鉄計画を公表、2040年までに開業」）

## 8 横浜・川崎

p216　池谷 和浩＝ライター（NA23年11月9日号フォーカス建築「Kアリーナ横浜、扇形の巨大ライブ会場が開業」）
p220　川又 英紀（NXT22年11月4日記事「三井や京急、星野の国内勢にヒルトンも、みなとみらい周辺でホテル建設ラッシュ」）
p224　森山 敦子＝NXT（NA22年7月28日号ニュース「世界初のゲームアートミュージアム、横浜・みなとみらいのキング軸沿いに26年開業」）
p225　川又 英紀（NXT23年11月27日記事「DeNAと京急が川崎駅至近に1.5万人アリーナ、外装デザインは仏モロークスノキ」）
p228　田口 由大＝ライター（NXT23年2月27日記事「新横浜駅発の新幹線登場、23年3月18日に相鉄・東急直通線の新横浜線が開業」）

＊上記の初出記事を加筆・再編集して本書を構成した。執筆者名の後ろは本書発行時点の所属。上記以外の記事は川又英紀が書き下ろした。
＊NXTはネット媒体「日経クロステック（https://xtech.nikkei.com/）」、NAは建築雑誌「日経アーキテクチュア」、NCRは土木雑誌「日経コンストラクション」を示す。

# 東京大改造2030
## 都心の景色を変える100の巨大プロジェクト

2024年4月22日　第1版第1刷発行
2024年8月27日　第1版第3刷発行

編者　日経クロステック
日経アーキテクチュア
日経コンストラクション
発行者　浅野 祐一
編集スタッフ　川又 英紀
発行　株式会社日経BP
発売　株式会社日経BPマーケティング
〒105-8308 東京都港区虎ノ門4-3-12
制作　松川 直也（株式会社日経BPコンサルティング）
デザイン協力　浮岳 喜（株式会社東京100ミリバールスタジオ）
印刷・製本　TOPPANクロレ株式会社

ISBN978-4-296-20460-1

本書籍に関するお問い合わせ、ご連絡は下記にて承ります。
https://nkbp.jp/booksQA